普通高等教育基础课系列教材

数值计算方法

主　编　赵振宇　乔　瑜
副主编　吴伟栋　王迎美
参　编　贾现正　郑明文　巩本学
　　　　李萍萍　孙中锋

机械工业出版社

本书是根据普通高等理工科院校“数值分析”和“计算方法”课程的基本要求,结合编者多年的教学实践经验编写而成的. 内容主要包括线性方程组的直接解法、线性方程组的迭代法、函数插值与逼近、非线性方程求根、数值积分与数值微分、矩阵特征值的计算、常微分方程初值问题的数值解法等. 本书注重读者对算法基本思想和操作的掌握,旨在训练读者的数值计算素养. 书中每个核心内容都配备了适当的例题和练习,每章后均配有适量的习题,便于读者掌握和巩固重点内容.

本书可作为普通高等院校数学专业和理工科各相关专业的本科生、研究生的“数值分析”和“计算方法”课程的教材或参考书.

图书在版编目(CIP)数据

数值计算方法/赵振宇,乔瑜主编. —北京:机械工业出版社,2022. 9
(2025. 1 重印)
普通高等教育基础课系列教材
ISBN 978-7-111-71047-9

Ⅰ. ①数…　Ⅱ. ①赵…②乔…　Ⅲ. ①数值计算-计算方法-高等学校-教材　Ⅳ. ①O241

中国版本图书馆 CIP 数据核字(2022)第 108539 号

机械工业出版社(北京市百万庄大街 22 号　邮政编码 100037)
策划编辑:汤　嘉　　责任编辑:汤　嘉
责任校对:张　征　刘雅娜　封面设计:张　静
责任印制:单爱军
北京虎彩文化传播有限公司印刷
2025 年 1 月第 1 版第 5 次印刷
184mm×260mm · 13 印张 · 338 千字
标准书号:ISBN 978-7-111-71047-9
定价:59. 00 元

电话服务　　网络服务
客服电话:010-88361066　　机　工　官　网:www. cmpbook. com
010-88379833　　机　工　官　博:weibo. com/cmp1952
010-68326294　　金　书　网:www. golden-book. com
封底无防伪标均为盗版　　机工教育服务网:www. cmpedu. com

前　言

随着现代科学技术的迅猛发展以及计算机的广泛应用，科学工程中涉及的数值计算问题越来越多.数值计算已成为继理论和试验方法之后的第三种科学研究手段，是人们进行科学活动必不可少的科学工具.培养学生具备数值计算的基本素养也成为理工科高等教育中的必备环节.数值计算方法主要介绍数值分析方面的基础知识，使读者理解数值方法如何使用以及有哪些限制，为读者在后续工作中借助软件工具解决实际问题中的数值计算问题奠定基础.本书要求读者熟悉微积分和线性代数的基础知识，并有一定的编程基础.书中提供了丰富的教学内容，可以满足64学时的教学需求，任课教师也可以根据学时对内容进行适当的取舍.

“深化工程教育改革、建设工程教育强国”是当前我国工科教育领域的重大改革战略目标，对服务和支撑我国经济结构转型升级意义重大.国家层面的政策措施对高层次工程人才的培养提出了更高要求.“计算方法”课程也被纳入了众多高校工科人才培养体系当中.考虑到这一部分读者的需求和特点，本书力求将理论相关的内容以具体实例的形式呈现.例子不求复杂，尽量让读者能够比较直观地理解每一个核心知识点.本书的编者多年来给不同专业和不同层次的学生讲授“数值分析”和“计算方法”课程，在编写本书的过程中综合对比了之前参考选用的教材，在前期课程讲稿的基础上修改完善，完成本书的编写.书中内容基本涵盖了求解各类数学问题近似解的最基本和常用的方法，对每种方法给出了基础的推导过程，进行了误差分析，并结合具体实例对方法的原理和实际流程进行了阐释.

随着高等教育改革的不断发展，各方面的教学改革仍在不断深化.目前课程教学学时的明显减少给教材的编写提出了新的挑战.考虑到这方面的限制，本书的内容在保证体系完整的前提下力求精练简洁，对一些算法深入的内容没有做细致的讨论，读者可以在需要时参考有关书籍.为了满足读者学习的需求，本书配有完整的习题解答和MATLAB程序包，我们对书中涉及的算法都给由了相应的MATLAB代码，并结合例题对相关算法进行展示.有需要的读者可以到本书配套的网站下载或联系作者获取.

本书的编写参考了国内外相关教材和专著，在此向原作者表示衷心感谢.由于编者水平有限，书中不当之处还请读者批评指正.

编　者

目　　录

第 1 章 引论

1.1 数值计算的研究对象与特点

数值计算方法是研究求解数学问题(数学模型)近似解的方法、过程及其理论的一个数学分支.由于它所研究的数学问题往往来源于科学研究与工程计算,故数值计算方法也称为科学计算方法,或称为计算方法.随着计算机的发展,使用计算机通过数值计算或数值模拟的手段解决工程实际问题和科学研究中的关键问题已成为越来越不可或缺的重要环节,在某些领域内代替甚至超过了工程实验的作用.数值计算与模拟已成为与理论研究、科学实验同样重要和有效的第三种手段.

为了研究某些科学与工程实际问题,首先要依据物理现象、力学规律等可以观察的因素,抽象出数学问题,并建立问题相应的数学模型.这些数学模型常常涉及求线性与非线性代数方程系统、微分与积分计算、特征值的计算、数值拟合与函数逼近问题.数值计算方法利用离散、迭代、插值和拟合等最基础的方法,给出针对各个问题的基本数值算法,再编程计算,从而得到数学问题的近似解,进一步分析数值算法的误差、精确度、稳定性和收敛性,最后建立相关的计算数学理论.利用计算机解决实际问题的大致过程如图 1.1 所示.

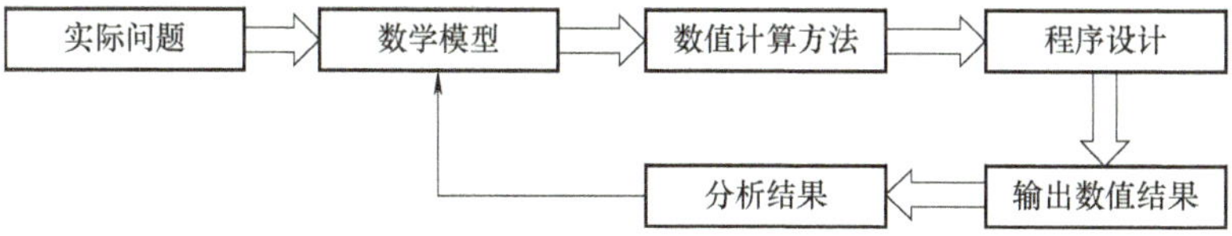

图 1.1 计算机解决实际问题的过程

数值计算方法是研究数值问题的算法.所谓的数值问题就是对给定的问题或模型,给出计算机可以实现的算法或迭代公式,或利用已知数据求出另一组结果数据,使得两组数据满足预先给定的某种关系,得到的这一结果就是数值解.

综上所述,数值计算方法的特点包含以下四个方面:

第一,面向计算机,要根据计算机的特点提供切实可行的有效算法,即算法只能包括加、减、乘、除和逻辑运算,也就是计算机能直接处理的运算.

第二,有可靠的理论分析,能任意逼近并达到精度要求,对近似算法要保证收敛性和数值稳定性,还要对误差进行分析.

第三,要有好的计算复杂性.时间复杂性好是指节省计算时间,空间复杂性好是指节省存储空间,这也是建立算法要研究的问题,它关系到算法能否在计算机上实现.

第四,要有数值实验,即任何一个算法处理理论上除了满足上述三点外,还要通过数值实验证明是有效的.

根据计算方法课程的特点,学习本课程时要注意掌握方法的基本原理和思想、方法处理的技巧及其与计算机的结合,重视误差分析、收敛性及稳定性的基本理论.

1.2 浮点数

我们知道与人类习惯用的十进制不同,计算机一般是采用二进制来处理实数的.为了比较它们,我们回顾一下我们所熟悉的数的表示.十进制中把一个像 325.425 这样的实数详细写出时,有

$$325.425=3\times10^2+2\times10^1+5\times10^0+4\times10^{-1}+2\times10^{-2}+5\times10^{-3},$$

对于任意实数都可以通过这种方式并在前面加上符号(+或-)来表示.十进制的这种表达式中包含了 10 的幂和数字 0,1,2,3,4,5,6,7,8,9,而二进制使用数字 0 和 1 以及 2 的幂次来表示数.例如,

$$(1001.11101)_2=1\times2^3+0\times2^2+0\times2^1+1\times2^0+1\times2^{-1}+1\times2^{-2}+1\times2^{-3}+0\times2^{-4}+1\times2^{-5},$$

这个数与用十进制表示的实数 9.90625 相同.

计算机不能对超过固定位数的实数进行计算,其字长使可以表示的实数精度受到限制.甚至像$\frac{1}{10}$这样简单的数也不能在二进制计算机中精确地存储,因为它对应的二进制表达式具有无穷多位.例如,

$$\frac{1}{10}=(0.0011001100110011\cdots)_2.$$

计算机中数的表示是以浮点数的形式存在的,这是我们在实际操作中必须注意的,下面先给出关于数的表示的一些基本概念.

定义 1.2.1　定点数　设 r 是大于 1 的正整数,$0\leqslant a_i\leqslant r-1$,则位数有限的 r 进制正数 x 可以表示为

$$x=a_l a_{l-1}\cdots a_2 a_1.a_{-1}a_{-2}\cdots a_{-m},$$

那么 x 是有 l 位整数,m 位小数的 r 进制数.这种把小数点固定在指定位置上,位数有限的数称为定点数.

定点数的特点是小数点不能随便移动. 例如，要把十进制数 1105.2391，0.6 表示成 $l=4$，$m=4$ 的定点数，那么可以写成：1105.2391，0000.6000. 也就是说，$l=4$，$m=4$，$r=10$ 的定点数是 8 位定点数. 所以说定点数是有限个、可数的.

定点数、浮点数的定义

定义 1.2.2　浮点数　设 s 是 r 进制数，p 是十进制的整数，记 $x=s\times r^p$，则 x 是 r 进制的数. 若 s 的整数部分为零，即可表示成

$$s=\pm 0.a_1a_2\cdots a_t,$$

即 s 是由 t 位小数构成的，其中 $0\leqslant a_i\leqslant r-1(i=1,2,\cdots,t)$，则有

$$x=s\times r^p=\pm 0.a_1a_2\cdots a_t\times r^p,$$

这时 x 称为 t 位浮点数，其中 s 称为尾数，r 称为基数，p 称为阶数(是一个整数). 若 $a_1\neq 0$，则该浮点数称为 t 位的规格化浮点数. 若取 $r=10$，则 x 称为十进制的 t 位浮点数.

例 1.2.1　把以下十进制数表示成 3 位浮点数和 3 位规格化浮点数：

$$0.015, 15.4, 0.89.$$

解　3 位浮点数的表示是 0.015×10^0，0.154×10^2，0.890×10^0，

还可以表示成 0.150×10^{-1}，0.154×10^2，0.089×10^1.

3 位规格化浮点数的表示是 0.150×10^{-1}，0.154×10^2，0.890×10^0.

因此 3 位浮点数的表示一般不是唯一的，而 3 位规格化浮点数的表示是唯一的. 所以说，一个浮点数其规格化表示是唯一的. 计算机中数的运算都是以浮点数的形式来实现的，并以规定的 t 位规格化的浮点数进行运算.

在计算中必须注意浮点数的运算规则，就是两个浮点数进行加减运算时首先要对阶，然后计算. 即先把两个浮点数的阶数写成同一幂次，然后再对两个浮点数的尾数进行加减运算. 例如，对浮点数 $x=0.156\times 10^3$，$y=0.08\times 10^{-1}$，在 6 位规格化的浮点数的计算机上进行运算时，有

$$\begin{aligned}x+y&=0.156\times 10^3+0.08\times 10^{-1}\\&=0.156000\times 10^3+0.000008\times 10^3\\&=(0.156000+0.000008)\times 10^3\\&=0.156008\times 10^3.\end{aligned}$$

1.3　误差的相关理论

1.3.1　误差的来源

用数值计算方法求解数学问题，不可避免地会产生误差. 实际问题中给的数据一般来说是近似值，很少是精确的，因为它通常源

于测量过程,从而输入的信息中存在误差,并且算法本身通常也会带来误差.这样,输出的信息中将包含误差.

误差的来源主要包含以下几种.

1. 模型误差

解决实际问题时,需要建立对应的数学模型来描述原问题.但是所得模型是对被描述问题进行抽象、简化后得到的,因而是近似的.数学模型与实际问题之间出现的这种误差称为模型误差.

2. 观测误差

数学模型中出现的一些参量是通过观测得到的,如温度、长度、重量等.由于测量手段的限制,这些参量也包含误差,这种由观测产生的误差称为观测误差.

3. 截断误差(方法误差)

当用数学模型不能求出问题的精确解时,就需要用数值计算方法求解.例如,定积分 $\int_a^b f(x)\mathrm{d}x$ 可由梯形公式$\dfrac{b-a}{2}[f(a)+f(b)]$近似求得.这种数学模型的准确值与数值计算方法的准确解之间的误差称为截断误差.因为截断误差是使用方法所固有的,所以又称为方法误差.

4. 舍入误差

受到计算机字长的限制,某些数(如无理数、位数很多的数)不能在计算机内精确表示,它们需被舍入成一定位数的数,这样产生的误差称为舍入误差.例如,用 3.14159 近似 π,则产生的误差 $\pi-3.14159=0.0000026\cdots$就是舍入误差.

本书主要讨论截断误差和舍入误差.

1.3.2 绝对误差与绝对误差限

定义 1.3.1 设 x 是精确值,x^* 是 x 的一个近似值,则称

$$e(x^*)=x-x^* \tag{1.1}$$

为近似值 x^* 的绝对误差,简称误差.

一般情况下难以求出精确值 x,从而不能直接估计误差 $e(x^*)$ 的大小.但是可以根据测量工具或计算情况估计出它的取值范围,也就是误差绝对值的一个上界 ε^*,即

$$|x-x^*|\leqslant\varepsilon^*. \tag{1.2}$$

通常称 ε^* 是近似值 x^* 的绝对误差限,简称为误差限.

利用误差限和近似值,可以得到精确值的取值范围

$$x^*-\varepsilon^*\leqslant x\leqslant x^*+\varepsilon^*,$$

也常记作 $x=x^*\pm\varepsilon^*$.例如,设 $x=\pi=3.1415926\cdots$,取 x 的一个近似值 $x^*=3.1416$,则

$$|x-x^*|\leqslant 0.5\times10^{-4}.$$

显然,误差限是不唯一的.

1.3.3 相对误差与相对误差限

误差限的大小有时不能完全刻画一个近似值的精确程度.例如,测量书桌和手机的边长,误差都是 1cm,显然前者的测量更精确.因此,要刻画近似值的精确程度,不仅要看绝对误差的大小,还需要考虑精确值本身的大小,由此引入相对误差的概念.

定义 1.3.2 设 x 是精确值,x^* 是 x 的一个近似值,则称

$$e_r(x^*)=\frac{x-x^*}{x} \tag{1.3}$$

为近似值 x^* 的相对误差.

由于在实际计算的过程中精确值 x 是未知的,故取 $e_r(x^*)=\frac{x-x^*}{x^*}$为近似值 x^* 的相对误差.当 $|e_r(x^*)|$ 很小时,

$$\begin{aligned}\frac{e(x^*)}{x^*}-\frac{e(x^*)}{x}&=\frac{e(x^*)(x-x^*)}{x^*x}\\&=\frac{e^2(x^*)}{x^*[x^*+e(x^*)]}\\&=\frac{[e(x^*)/x^*]^2}{1+[e(x^*)/x^*]}\end{aligned}$$

是 $e_r(x^*)$ 的高阶无穷小,故可忽略不计.

同样地,若相对误差的绝对值存在一个上界 ε_r^*,使得

$$|e_r(x^*)|=\left|\frac{x-x^*}{x^*}\right|\leqslant\varepsilon_r^*,$$

则称 ε_r^* 是近似值 x^* 的相对误差限.显然,误差限 ε^* 与近似值 x^* 绝对值之比$\frac{\varepsilon^*}{|x^*|}$为 x^* 的一个相对误差限.

例如,设 $x=\pi=3.1415926\cdots$,取 x 的一个近似值 $x^*=3.1416$,则

$$\left|\frac{x-x^*}{x^*}\right|\leqslant 0.5\times10^{-5},$$

所以 0.5×10^{-5} 是 x^* 的一个相对误差限.

1.3.4 有效数字

在计算过程中,当精确值 x 有多位数时,常常按四舍五入的原则取 x 的前几位数 x^* 作为近似值.

例如,$x=\pi=3.14159265358\cdots$.

取 1 位,$x_1^*=3$,$e(x_1^*)\approx0.142\leqslant0.5$.

取 3 位,$x_3^*=3.14$,$e(x_3^*)\approx0.00159\leqslant0.005$.

取 5 位,$x_5^*=3.1416$,$e(x_5^*)\approx0.00000735\leqslant0.00005$.

这些近似值的误差都不超过该近似值的最后一位的半个单

位，即

$$|\pi-3|\leqslant\frac{1}{2}\times10^{0},\quad |\pi-3.14|\leqslant\frac{1}{2}\times10^{-2},\quad |\pi-3.1416|\leqslant\frac{1}{2}\times10^{-4}.$$

定义 1.3.3 如果 x 的近似值 x^* 的误差限是 x^* 某一位的半个单位，则该位到 x^* 的第一个非零数字(即自左向右看最左边的第一个非零数字)共有 n 位，就说 x^* 有 n 位有效数字.

如果近似值 x^* 的误差限是

$$\frac{1}{2}\times10^{-m},$$

则称 x^* 精确到小数点后第 m 位，并从该位到 x^* 最左边第一个非零数字的所有数值均为有效数字.例如，0.03785551 的近似值 0.037 的误差限是$\frac{1}{2}\times10^{-2}$，那么近似值精确到小数点后 2 位，具有 1 位有效数字.若取 0.03785551 的近似值为 0.038，则其误差限是$\frac{1}{2}\times10^{-3}$，那么近似值精确到小数点后 3 位，具有 2 位有效数字.

将近似值 x^* 规格化表示，有效数字有如下定义：

定义 1.3.4 如果 x 的近似值 x^* 的规格化形式为

$$x^*=\pm0.a_1a_2\cdots a_n\cdots\times10^p$$

[其中，$a_i(i=1,2,\cdots)$ 为 0 到 9 之间的一个整数，$a_1\neq0$，p 为整数]，且

$$|x-x^*|\leqslant\frac{1}{2}\times10^{p-n},$$

则 x^* 有 n 位有效数字.

例如，设 $x=3.1415926\cdots$，取 x 的一个近似值 $x^*=0.3142\times10$，则

$$|x-x^*|\leqslant\frac{1}{2}\times10^{1-4},$$

所以 x^* 有 4 位有效数字.用四舍五入法取精确值 x 的前 n 位作为近似值 x^*，则 x^* 有 n 位有效数字.

定义 1.3.4 表明，可以用有效数字位数来刻画绝对误差限.在 p 相同的情况下，有效数字位数 n 越大，误差限越小.而有效数字位数和相对误差限的关系，可由下面的定理得到.

定理 1.3.1 设 x 的近似值 $x^*=\pm0.a_1a_2\cdots a_n\cdots\times10^p$[$a_i(i=1,2,\cdots)$为 0 到 9 之间的一个整数，$a_1\neq0$，$p$ 为整数]，

(1) 若 x^* 有 n 位有效数字，则

$$\left|\frac{x-x^*}{x^*}\right|\leqslant\frac{1}{2a_1}\times10^{1-n};$$

（2）若

$$\left|\frac{x-x^*}{x^*}\right| \leqslant \frac{1}{2(a_1+1)}\times 10^{1-n},$$

则 x^* 至少有 n 位有效数字.

证　由 x^* 的规格化形式可知,

$$a_1\times 10^{p-1}\leqslant |x^*| \leqslant (a_1+1)\times 10^{p-1},$$

所以当 x^* 有 n 位有效数字时,有

$$\left|\frac{x-x^*}{x^*}\right| \leqslant \frac{0.5\times 10^{p-n}}{a_1\times 10^{p-1}} = \frac{1}{2a_1}\times 10^{1-n}.$$

故结论(1)得证.

有题设可知,

$$\begin{aligned} |x-x^*| &\leqslant \frac{1}{2(a_1+1)}\times 10^{1-n}|x^*| \\ &\leqslant \frac{1}{2(a_1+1)}\times 10^{1-n}\times (a_1+1)\times 10^{p-1} \\ &= \frac{1}{2}\times 10^{p-n}, \end{aligned}$$

根据定义 1.3.4, x^* 至少有 n 位有效数字.故结论(2)得证.

例 1.3.1　要使 $\sqrt{11}$ 的近似值的相对误差限不超过 0.1%,应取几位有效数字?

有效数字的定义及举例

解　设取 n 位有效数字.由于 $\sqrt{11}=3.3166\cdots$,知 $a_1=3$.由定理 1.3.1 知,

$$\varepsilon_r^* \leqslant \frac{1}{2a_1}\times 10^{1-n}.$$

要使

$$\varepsilon_r^* \leqslant 0.001,$$

则

$$\frac{1}{2a_1}\times 10^{1-n} = \frac{1}{6}\times 10^{1-n} \leqslant 0.001,$$

故

$$n\geqslant 4.$$

所以只要对 $\sqrt{11}$ 的近似值取 4 位有效数字,其相对误差限就不超过 0.1%.

1.4　误差的传播

1.4.1　函数的误差估计

设 x^* 是 x 的一个近似值.首先以一元函数 $f(x)$ 为例,对函数的

误差进行分析.

设函数 $f(x)$ 在 x^* 的某邻域上连续可微,由泰勒展开式可得

$$f(x)\approx f(x^*)+f'(x^*)(x-x^*),$$

进而

$$f(x)-f(x^*)\approx f'(x^*)(x-x^*).$$

由此可得近似函数值 $f(x^*)$ 的误差限和相对误差限分别为

$$\begin{cases}\varepsilon^*(f(x^*))\approx|f'(x^*)|\varepsilon^*(x^*),\\ \varepsilon_{\mathrm{r}}^*(f(x^*))\approx\left|\dfrac{f'(x^*)}{f(x^*)}\right|\varepsilon^*(x^*).\end{cases}\tag{1.4}$$

对于多元连续可微函数 $y=f(x_1,x_2,\cdots,x_n)$,$x_1,x_2,\cdots,x_n$ 的近似值为 $x_1^*,x_2^*,\cdots,x_n^*$,以 $y^*=f(x_1^*,x_2^*,\cdots,x_n^*)$ 近似 y.利用多元函数的泰勒展开式可得

$$\begin{aligned}y-y^*&=f(x_1,x_2,\cdots,x_n)-f(x_1^*,x_2^*,\cdots,x_n^*)\\&\approx \mathrm{d}f(x_1^*,x_2^*,\cdots,x_n^*)\\&=\sum_{i=1}^{n}\frac{\partial f(x_1^*,x_2^*,\cdots,x_n^*)}{\partial x_i}(x_i-x_i^*).\end{aligned}$$

因此 y^* 的误差限为

$$\varepsilon^*(y^*)\approx\sum_{i=1}^{n}\left|\frac{\partial f(x_1^*,x_2^*,\cdots,x_n^*)}{\partial x_i}\right|\varepsilon^*(x_i^*),\tag{1.5}$$

其相对误差限为

$$\varepsilon_{\mathrm{r}}^*(y^*)\approx\sum_{i=1}^{n}\left|\frac{\partial f(x_1^*,x_2^*,\cdots,x_n^*)}{\partial x_i}\right|\frac{\varepsilon^*(x_i^*)}{|f(x_1^*,x_2^*,\cdots,x_n^*)|}.\tag{1.6}$$

例 1.4.1 设 $x>0$,x 的相对误差限为 δ,求 x^n 的相对误差限.

解 由题设可知 $\varepsilon_{\mathrm{r}}^*(x)=\delta$.由式(1.4)可得

$$\varepsilon_{\mathrm{r}}^*(x^n)\approx\left|\frac{nx^{n-1}}{x^n}\right|x\varepsilon_{\mathrm{r}}^*(x)=n\delta.$$

函数的误差估计

1.4.2 算术运算的误差估计

特别地,用计算机进行数值计算时,算术运算是重要的运算方式,因此有必要对其进行误差估计.

分别设

$$f(x_1,x_2)=x_1\pm x_2,\quad f(x_1,x_2)=x_1x_2,\quad f(x_1,x_2)=\frac{x_1}{y_2},$$

且 x_1^* 和 x_2^* 分别为 x_1 和 x_2 的近似数.利用多元函数值的误差估计,不难得到加、减、乘、除运算的误差限和相对误差限的估计式

$$\begin{cases}\varepsilon^*(x_1^*\pm x_2^*)\approx\varepsilon^*(x_1^*)+\varepsilon^*(x_2^*),\\ \varepsilon_{\mathrm{r}}^*(x_1^*\pm x_2^*)\approx\dfrac{\varepsilon^*(x_1^*)+\varepsilon^*(x_2^*)}{|x_1^*\pm x_2^*|},\end{cases}\tag{1.7}$$

$$\begin{cases} \varepsilon^*(x_1^* x_2^*) \approx |x_2^*| \varepsilon^*(x_1^*) + |x_1^*| \varepsilon^*(x_2^*), \\ \varepsilon_r^*(x_1^* x_2^*) \approx \dfrac{\varepsilon^*(x_1^*)}{|x_1^*|} + \dfrac{\varepsilon^*(x_2^*)}{|x_2^*|} = \varepsilon_r^*(x_1^*) + \varepsilon_r^*(x_2^*), \end{cases} \tag{1.8}$$

$$\begin{cases} \varepsilon^*\left(\dfrac{x_1^*}{x_2^*}\right) \approx \dfrac{|x_2^*| \varepsilon^*(x_1^*) + |x_1^*| \varepsilon^*(x_2^*)}{|x_2^*|^2}, \\ \varepsilon_r^*\left(\dfrac{x_1^*}{x_2^*}\right) \approx \dfrac{\varepsilon^*(x_1^*)}{|x_1^*|} + \dfrac{\varepsilon^*(x_2^*)}{|x_2^*|} = \varepsilon_r^*(x_1^*) + \varepsilon_r^*(x_2^*). \end{cases} \tag{1.9}$$

1.4.3 算法的数值稳定性

误差的传播能否得到控制,是误差分析的重要内容,也是衡量一个算法优劣的重要指标,可以用算法的数值稳定性表示误差传播的控制.

定义 1.4.1　对于某种数值算法,如果输入数据的误差在计算过程中不断被扩大而难以得到控制,那么称该算法是数值不稳定的,否则称该算法是数值稳定的.如果某算法在一定的条件下才是数值稳定的,那么称该算法是条件稳定(相对稳定)的.若在任何条件下,某种算法都是数值稳定的,那么称该算法是无条件稳定(绝对稳定)的.

例 1.4.2　计算积分

$$I_n = \int_0^1 \frac{x^n}{x+5} \mathrm{d}x \quad (n = 0,1,2,\cdots).$$

算法稳定性的举例

解　由关系式

$$I_n + 5I_{n-1} = \int_0^1 \frac{x^n}{x+5} \mathrm{d}x + \int_0^1 \frac{5x^{n-1}}{x+5} \mathrm{d}x = \int_0^1 x^{n-1} \mathrm{d}x = \frac{1}{n},$$

且

$$\frac{1}{6(n+1)} < I_n < \frac{1}{5(n+1)}.$$

可设计如下两种算法:

算法 1　取

$$I_0 = \int_0^1 \frac{1}{x+5} \mathrm{d}x = \ln 1.2,$$

按公式

$$I_n = \frac{1}{n} - 5I_{n-1} \quad (n = 1,2,\cdots) \tag{1.10}$$

依次计算 $I_1, I_2, \cdots$ 的近似值.

算法 2　取

$$I_n^* \approx \frac{1}{2}\left[\frac{1}{6(n+1)}+\frac{1}{5(n+1)}\right],$$

按公式

$$I_{k-1}=\frac{1}{5}\left(\frac{1}{k}-I_k\right) \quad (k=n,n-1,\cdots,1) \tag{1.11}$$

依次计算 $I_{n-1},I_{n-2},\cdots,I_0$的近似值.

分别取

$$I_0^* \approx 0.1823,$$

$$I_9^* \approx 0.01833,$$

算法 1、2 的计算结果如表 1.1 所示.

表 1.1 计算结果

I_n	算法 1	算法 2	I_n	算法 1	算法 2
I_0	0.1823	0.1823	I_5	0.09583	0.02847
I_1	0.08850	0.08839	I_6	-0.3125	0.02431
I_2	0.05750	0.05804	I_7	-1.705	0.02129
I_3	0.04583	0.04314	I_8	-8.402	0.01856
I_4	0.02083	0.03431	I_9	42.12	0.01833

对于算法 1,从表 1.1 可知,I_6为负值,这与 $I_n>0$ 矛盾.

设 I_0^* 是 I_0的一个近似值,记 $e_n=I_n-I_n^*$,且 $e_0=I_0-I_0^*$,则误差公式

$$e_n=I_n-I_n^*=-5I_{n-1}+5I_{n-1}^*=-5e_{n-1} \quad (n=1,2,\cdots),$$

进而有

$$e_n=(-5)^n e_0. \tag{1.12}$$

初始数据 I_0^* 的误差经式(1.10)计算一次,误差就扩大到五倍.例如,I_0^* 有四位有效数字,故其误差限

$$\varepsilon_0^*=\frac{1}{2}\times 10^{-4}.$$

由式(1.12)得

$$\varepsilon_5^*=5^5\varepsilon_0^*>\frac{1}{2}\times 10^{-1},$$

因而 I_5^* 无一位有效数字.通过上述分析可知算法 1 在计算的过程中产生的误差相当大,所以该算法不可行.

类似地,应用算法 2 从 I_n 计算 I_{n-1}时,有

$$e_{n-1}=-\frac{1}{5}e_n,$$

即每次计算的误差都缩小为原来的$\frac{1}{5}$,因此算法 2 是数值稳定的.

1.5　数值计算中需注意的问题

为了避免误差的影响，在数值计算的过程中除了采用数值稳定的算法，还需要注意以下几个方面.

1.5.1　避免两个相近数相减

由算术运算的误差公式可知，两数之差 $u=x-y$ 的相对误差为

$$e_r(u)=e_r(x-y)=\frac{e(x)-e(y)}{x-y}.$$

当 x 与 y 很接近时，u 的相对误差很大，导致有效数字严重丢失.例如，求 $x=\sqrt{1+10^{-7}}-1$ 的近似值.当运算过程中取 9 位有效数字时，得 $x\approx 0.5\times 10^{-7}$，只有一位有效数字.这意味着近似值的绝对误差和相对误差非常大，使得计算结果精度不高.如果将 $x=\sqrt{1+10^{-7}}-1$ 改写为

$$x=\frac{10^{-7}}{\sqrt{1+10^{-7}}+1},$$

则得 $x\approx 0.499999988\times 10^{-7}$，结果有 9 位有效数字.

例 1.5.1　利用函数表求 $x=1-\cos 2°$的近似值.

解　算法 1　由函数表知 $\cos 2°\approx 0.9994$，于是

$$x\approx 1-0.9994=0.0006=x^*,$$

且

$$|x-x^*|=|\cos 2°-0.9994|\leqslant\frac{1}{2}\times 10^{-4},$$

故近似值只有一位有效数字.

算法 2　$x=1-\cos 2°=2\sin^2 1°$.由函数表知 $\sin 1°\approx 0.0175$，于是

$$x\approx 0.6125\times 10^{-3}=x^*,$$

而

$$\begin{aligned}|x-x^*|&=|4\sin 1° e(\sin 1°)+4e^2(\sin 1°)|\\&\leqslant 4\times 0.0175\times\frac{1}{2}\times 10^{-4}+4\times\left(\frac{1}{2}\times 10^{-4}\right)^2\\&<\frac{1}{2}\times 10^{-5},\end{aligned}$$

故近似值至少有两位有效数字，由此可知算法 2 的精度较高.此例说明，可通过改变计算公式避免或减少有效数字的损失.

1.5.2　避免大数“吃”小数的现象

计算机在进行运算时，首先要把参与运算的数对阶，即把两数都写成绝对值小于 1 而阶码相同的数.例如，$\alpha=10^9+1$ 必须改写成

$$\alpha=0.1\times10^{10}+0.0000000001\times10^{10}.$$

如果计算机只能表示 8 位小数，则算出 $\alpha=0.1\times10^{10}$. 这样大数就“吃”了小数，需避免这种情况.

例 1.5.2 求二次方程 $x^2-(10^9+1)x+10^9=0$ 的根.

解 利用因式分解可求出，方程的根为 $x_1=10^9$, $x_2=1$. 但是若用求根公式，则得

$$x=\frac{10^9+1\pm\sqrt{(10^9+1)^2-4\times10^9}}{2}.$$

若用 8 位小数的计算机运算，由于对阶有

$$10^9+1\approx10^9,\quad \sqrt{(10^9+1)^2-4\times10^9}\approx10^9.$$

于是求得 $x_1=10^9$, $x_2=0$，显然结果是错误的. 为避免大数“吃”了小数，可将计算公式

$$x_2=\frac{10^9+1-\sqrt{(10^9+1)^2-4\times10^9}}{2}$$

改写为

$$x_2=\frac{2\times10^9}{10^9+1+\sqrt{(10^9+1)^2-4\times10^9}},$$

则有

$$x_2\approx\frac{2\times10^9}{10^9+10^9}=1,$$

此结果是正确的.

1.5.3 避免绝对值较小的数作为除数

利用算术运算的误差估计可得

$$e\left(\frac{x}{y}\right)=\frac{ye(x)-xe(y)}{y^2},$$

故当 $|y|\ll|x|$ 时，舍入误差可能会增大很多.

例 1.5.3 计算

$$\frac{x}{y}=\frac{2.7182}{0.001}.$$

解

$$\frac{x}{y}=\frac{2.7182}{0.001}=2718.2.$$

若将 y 变为 0.0011，则

$$\frac{x}{y}=\frac{2.7182}{0.0011}\approx2471.1.$$

可见当分母的绝对值很小时，即使改变一点，也会导致计算结果的巨大变化.

举例说明常见的一些减小误差的变换

1.5.4 简化计算步骤，提高运算效率

对于数值计算问题，如果能减少运算次数，不仅能节省计算量，还能减少误差的累积.

例 1.5.4　计算 n 次多项式

$$P_n(x)=a_0x^n+a_1x^{n-1}+\cdots+a_{n-1}x+a_n \tag{1.13}$$

的值.

解　算法 1　直接按式(1.13)计算，共需要$\frac{n(n+1)}{2}$次乘法和 n 次加法.

算法 2　将 $P_n(x)$ 改写成

$$P_n(x)=\{\cdots[(a_0x+a_1)x+a_2]x+\cdots+a_{n-1}\}x+a_n. \tag{1.14}$$

设

$$\begin{cases}b_0=a_0,\\ b_1=b_0x+a_1,\\ \qquad\vdots\\ b_n=b_{n-1}x+a_n=P_n(x),\end{cases}$$

得递推公式

$$\begin{cases}b_0=a_0,\\ b_k=b_{k-1}x+a_k \quad (k=1,\cdots,n).\end{cases}$$

此算法称为秦九韶算法，按照该算法求值只需 n 次乘法和 n 次加法.由此可见算法 2 比算法 1 不仅运算次数少，而且可以有效减少误差的累积和传播机会.该算法是由我国南宋数学家秦九韶于 1247 年提出的，西方称此算法为霍纳(Horner)算法，是 1819 年给出的，比秦九韶算法晚 500 多年.

习题 1

1. 把下列各数表示成规格化的浮点数.

(1) 6.5231；(2) 356.32005；(3) 0.235651；(4) 0.007851.

2. 按四舍五入原则，求下列各数的具有四位有效数字的近似值.

(1) 168.957；(2) 3.00045；(3) 73.2250；(4) 0.00152632.

3. 设 $x=3.6716$，$x^*=3.671$，则 x^* 有几位有效数字？

4. 设 $x^*=3.6573$ 是经过四舍五入得到的近似值，则 $|x^*-x|\leqslant$ ______.

5. 设原始数据的下列近似值每位都是有效数字.

$$a_1=1.1021,a_2=0.031,a_3=385.6,a_4=56.430.$$

试计算:(1) $a_1+a_2+a_4$;(2) $a_1a_2a_3$;(3) $\frac{a_2}{a_4}$,并估计它们的相对误差限.

6. 设 x 的相对误差限为 δ,求 x^n 的相对误差限.

7. 要使 $\sqrt{17}$ 的相对误差不超过 0.1%,应取几位有效数字?

8. 正方形的边长约 100cm,问测量边长时误差应多大,才能保证面积的误差不超过 1cm^2?

9. 计算球的体积,为使其相对误差限为 1%,问测量半径 R 时,相对误差最大为多少?

10. 求方程 $x^2-56x+1=0$ 的两个根,使它们至少具有四位有效数字,其中取 $\sqrt{783}\approx27.982$.

11. 试改变下列表达式,使计算结果比较精确.

(1) $\frac{1}{1+2x}-\frac{1-x}{1+x}$, $|x|\ll1$;

(2) $\sqrt{x+\frac{1}{x}}-\sqrt{x-\frac{1}{x}}$, $|x|\gg1$.

12. 计算 $f=(\sqrt{2}-1)^6$,取 $\sqrt{2}\approx1.4$,利用下列等式计算,哪一个效果最好?

(1) $\frac{1}{(\sqrt{2}+1)^6}$; (2) $(3-2\sqrt{2})^3$;

(3) $\frac{1}{(3+2\sqrt{2})^3}$; (4) $99-70\sqrt{2}$.

13. 序列 $\{y_n\}$ 满足递推关系

$$y_n=10y_{n-1}-1,\quad n=1,2,\cdots,$$

如果 $y_0=\sqrt{2}\approx1.41$(三位有效数字),计算到 y_{10} 时误差有多大?这个计算过程稳定吗?

14. 设 $I_n=\int_0^1\frac{x^n}{1+6x}\mathrm{d}x$,设计一个计算 I_{10} 的算法,并说明算法的合理性.

15. 用秦九韶算法求多项式 $p(x)=3x^5-2x^3+x+7$ 在 $x=3$ 处的值.

第 2 章 线性方程组的直接解法

2.1 引　　言

本章主要考虑如下形式的线性方程组的求解问题：

$$\begin{cases} a_{11}x_1+a_{12}x_2+\cdots+a_{1n}x_n=b_1, \\ a_{21}x_1+a_{22}x_2+\cdots+a_{2n}x_n=b_2, \\ \qquad\vdots \\ a_{n1}x_1+a_{n2}x_2+\cdots+a_{nn}x_n=b_n, \end{cases} \tag{2.1}$$

元素 a_{ij}和 b_i为预先给定的实数，即为由 n 个方程来确定 n 个未知数 $x_1, x_2, \cdots, x_n$. 在工程计算与科学研究中，很多问题最终都归结为线性方程组的求解，如电网络分析、电磁场数值计算、结构设计问题等. 再有，很多问题的数值处理过程中，其关键的步骤也是求解线性方程组，如样条插值、曲线拟合、用离散方法求解各类问题对应的微积分方程等.

在线性代数中我们已经学过，方程组(2.1)可以写成矩阵方程的形式，即

$$\boldsymbol{A}\boldsymbol{x}=\boldsymbol{b}, \tag{2.2}$$

其中

$$\boldsymbol{A}=\begin{pmatrix} a_{11} & a_{12} & \cdots & a_{1n} \\ a_{21} & a_{22} & \cdots & a_{2n} \\ \vdots & \vdots & & \vdots \\ a_{n1} & a_{n2} & \cdots & a_{nn} \end{pmatrix}, \quad \boldsymbol{x}=\begin{pmatrix} x_1 \\ x_2 \\ \vdots \\ x_n \end{pmatrix}, \quad \boldsymbol{b}=\begin{pmatrix} b_1 \\ b_2 \\ \vdots \\ b_n \end{pmatrix}. \tag{2.3}$$

线性代数的课程中已经告诉大家如果线性方程组(2.1)的系数矩阵 $\boldsymbol{A}$ 的行列式不为零，即 $\det(\boldsymbol{A})\neq 0$，则该方程组有唯一解，并且其解可以通过克拉默(Cramer)法则获得. 克拉默法则中需要计算 $n+1$ 个行列式的值，计算量很大，不便于实际应用. 目前实际计算中线性方程组的解法主要分为两大类：直接法和迭代法. 所谓直接法就是指假定计算过程中没有舍入误差，经过有限次代数运算，直接求解出方程组精确解的方法. 实际过程中，由于舍入误差的存在和影响，这类方法也只能求出方程组的近似解. 迭代法是指通过构造

某种无穷序列去逐步逼近方程组精确解的方法，一般无法在有限步内得到精确解.

本章主要介绍常用的几种线性方程组的直接解法及相关的一些问题.下文中，若不做特别说明，均假设方程组(2.1)的系数矩阵非奇异，即方程组存在唯一解.我们首先复习一些线性代数的知识，进一步的内容会在后续章节需要时进行讨论，如果读者对这一部分内容已经很熟悉，可以简单浏览一下或者直接跳过.

2.1.1 向量和矩阵

用 $\mathbf{R}^{m\times n}$ 表示全部 $m\times n$ 实矩阵的向量空间，$\mathbf{C}^{m\times n}$ 表示全部 $m\times n$ 复矩阵的向量空间.

$$\boldsymbol{A}\in\mathbf{R}^{m\times n}\Leftrightarrow\boldsymbol{A}=(a_{ij})=\begin{pmatrix}a_{11}&a_{12}&\cdots&a_{1n}\\a_{21}&a_{22}&\cdots&a_{2n}\\\vdots&\vdots&&\vdots\\a_{m1}&a_{m2}&\cdots&a_{mn}\end{pmatrix}$$

称作 m 行 n 列的矩阵.例如，

$$\begin{pmatrix}3.0&1.1&-0.12\\4.5&0.0&0.15\\0.6&-4.0&1.4\\9.3&2.1&7.8\end{pmatrix},\quad\left(3,6,\frac{11}{7},-11\right),\quad\begin{pmatrix}3.2\\4.7\\0.3\end{pmatrix}$$

分别是 4×3,1×4 和 3×1 矩阵.一个 $m\times 1$ 的矩阵称为**列向量**或者就称为**向量**.

矩阵有如下基本运算：

(1) 矩阵加法：$\boldsymbol{C}=\boldsymbol{A}+\boldsymbol{B}$, $c_{ij}=a_{ij}+b_{ij}$ $(\boldsymbol{A}\in\mathbf{R}^{m\times n},\boldsymbol{B}\in\mathbf{R}^{m\times n},\boldsymbol{C}\in\mathbf{R}^{m\times n})$.

(2) 矩阵与标量的乘法：$\boldsymbol{C}=\alpha\boldsymbol{A}$, $c_{ij}=\alpha a_{ij}$.

(3) 矩阵与矩阵乘法：$\boldsymbol{C}=\boldsymbol{AB}$, $c_{ij}=\sum\limits_{k=1}^{n}a_{ik}b_{kj}$ $(\boldsymbol{A}\in\mathbf{R}^{m\times n},\boldsymbol{B}\in\mathbf{R}^{n\times p},\boldsymbol{C}\in\mathbf{R}^{m\times p})$.

(4) 转置矩阵：$\boldsymbol{A}\in\mathbf{R}^{m\times n}$, $\boldsymbol{C}=\boldsymbol{A}^{\mathrm{T}}$, $c_{ij}=a_{ji}$.

下面是一些矩阵运算的例子：

$$\begin{pmatrix}1&3\\2&-1\\4&-4\end{pmatrix}+\begin{pmatrix}6&0\\3&-7\\8&2\end{pmatrix}=\begin{pmatrix}7&3\\5&-8\\12&-2\end{pmatrix},$$

$$3\begin{pmatrix}1&3\\2&-1\\4&-4\end{pmatrix}=\begin{pmatrix}3&9\\6&-3\\12&-12\end{pmatrix},$$

$$\begin{pmatrix}2&1&3\\1&5&-6\\2&1&5\\0&1&-2\end{pmatrix}\begin{pmatrix}1&0\\-5&4\\0&3\end{pmatrix}=\begin{pmatrix}-3&13\\-24&2\\-3&19\\-5&-2\end{pmatrix},$$

$$\begin{pmatrix}2&1&3\\1&5&-6\\2&1&5\\0&1&-2\end{pmatrix}^{\mathrm{T}}=\begin{pmatrix}2&1&2&0\\1&5&1&1\\3&-6&5&-2\end{pmatrix},$$

$n\times n$ 矩阵

$$\boldsymbol{I}=\begin{pmatrix}1&0&\cdots&0\\0&1&\cdots&0\\\vdots&\vdots&&\vdots\\0&0&\cdots&1\end{pmatrix}$$

称为**单位矩阵**.对任何 $n\times n$ 矩阵 $\boldsymbol{A}$,它有性质:$\boldsymbol{IA}=\boldsymbol{A}=\boldsymbol{AI}$.

设 $\boldsymbol{A}\in\mathbf{R}^{n\times n}$,$\boldsymbol{B}\in\mathbf{R}^{n\times n}$.如果 $\boldsymbol{BA}=\boldsymbol{AB}=\boldsymbol{I}$,则称 $\boldsymbol{B}$ 是 $\boldsymbol{A}$ 的**逆矩阵**,记为 $\boldsymbol{A}^{-1}$,且 $(\boldsymbol{A}^{-1})^{\mathrm{T}}=(\boldsymbol{A}^{\mathrm{T}})^{-1}$.如果 $\boldsymbol{A}^{-1}$ 存在,则称 $\boldsymbol{A}$ 为**非奇异矩阵**.如果 $\boldsymbol{A},\boldsymbol{B}\in\mathbf{R}^{n\times n}$ 均为非奇异矩阵,则 $(\boldsymbol{AB})^{-1}=\boldsymbol{B}^{-1}\boldsymbol{A}^{-1}$.如果 $\boldsymbol{A}$ 可逆,则方程组 $\boldsymbol{Ax}=\boldsymbol{b}$ 有解 $\boldsymbol{x}=\boldsymbol{A}^{-1}\boldsymbol{b}$.如果 $\boldsymbol{A}^{-1}$ 已经得到,那么这提供了一个计算 $\boldsymbol{x}$ 的好方法.但如果没有得到 $\boldsymbol{A}^{-1}$,一般不应仅为了得到 $\boldsymbol{x}$ 计算 $\boldsymbol{A}^{-1}$,更有效的方法将在后面讨论.

设 $\boldsymbol{A}\in\mathbf{R}^{n\times n}$,则 $\boldsymbol{A}$ 的行列式可按任一行(或列)展开,即

$$\det(\boldsymbol{A})=\sum_{j=1}^{n}a_{ij}A_{ij},\quad i=1,2,\cdots,n,$$

其中 A_{ij} 为 a_{ij} 的代数余子式,$A_{ij}=(-1)^{i+j}M_{ij}$,M_{ij} 为元素 a_{ij} 的余子式.

行列式的性质:

(1) $\det(\boldsymbol{AB})=\det(\boldsymbol{A})\det(\boldsymbol{B})$,$\boldsymbol{A},\boldsymbol{B}\in\mathbf{R}^{n\times n}$.

(2) $\det(\boldsymbol{A}^{\mathrm{T}})=\det(\boldsymbol{A})$,$\boldsymbol{A}\in\mathbf{R}^{n\times n}$.

(3) $\det(c\boldsymbol{A})=c^{n}\det(\boldsymbol{A})$,$c\in\mathbf{R}$,$\boldsymbol{A}\in\mathbf{R}^{n\times n}$.

(4) $\det(\boldsymbol{A})\neq 0\Leftrightarrow\boldsymbol{A}$ 是非奇异矩阵.

2.1.2 矩阵的特征值与谱半径

定义 2.1.1　设 $\boldsymbol{A}=(a_{ij})\in\mathbf{R}^{n\times n}$,若存在数 λ(实数或复数)和非零向量 $\boldsymbol{x}=(x_1,x_2,\cdots,x_n)^{\mathrm{T}}\in\mathbf{R}^{n}$,使

$$\boldsymbol{Ax}=\lambda\boldsymbol{x},\tag{2.4}$$

则称 λ 为 $\boldsymbol{A}$ 的**特征值**,$\boldsymbol{x}$ 为 $\boldsymbol{A}$ 对应 λ 的**特征向量**,$\boldsymbol{A}$ 的全体特征值称为 $\boldsymbol{A}$ 的**谱**,记为 $\sigma(\boldsymbol{A})$,即 $\sigma(\boldsymbol{A})=\{\lambda_1,\lambda_2,\cdots,\lambda_n\}$.记

$$\rho(\boldsymbol{A})=\max_{1\leqslant i\leqslant n}|\lambda_i|,\tag{2.5}$$

称为矩阵 $\boldsymbol{A}$ 的**谱半径**.

由式(2.4)可知 λ 可以使线性方程组

$$(\lambda \boldsymbol{I}-\boldsymbol{A})\boldsymbol{x}=\boldsymbol{0}$$

有非零解，故系数行列式 $\det(\lambda \boldsymbol{I}-\boldsymbol{A})=0$，记

$$p(\lambda)=\det(\lambda \boldsymbol{I}-\boldsymbol{A})=\begin{vmatrix} \lambda-a_{11} & -a_{12} & \cdots & -a_{1n} \\ -a_{21} & \lambda-a_{22} & \cdots & -a_{2n} \\ \vdots & \vdots & & \vdots \\ -a_{n1} & -a_{n2} & \cdots & \lambda-a_{nn} \end{vmatrix}$$

$$=\lambda^{n}+c_1\lambda^{n-1}+\cdots+c_{n-1}\lambda+c_n=0. \tag{2.6}$$

$p(\lambda)$称为矩阵 $\boldsymbol{A}$ 的**特征多项式**，方程(2.6)称为 $\boldsymbol{A}$ 的**特征方程**.因为 n 次代数方程 $p(\lambda)$在复数域中有 n 个根 $\lambda_1,\lambda_2,\cdots,\lambda_n$，所以

$$p(\lambda)=(\lambda-\lambda_1)(\lambda-\lambda_2)\cdots(\lambda-\lambda_n).$$

由式(2.6)中的行列式展开可得

$$-c_1=\lambda_1+\lambda_2+\cdots+\lambda_n=\sum_{i=1}^{n}a_{ii},$$

$$c_n=(-1)^n\lambda_1\lambda_2\cdots\lambda_n=(-1)^n\det(\boldsymbol{A}).$$

故矩阵 $\boldsymbol{A}=(a_{ij})\in\mathbf{R}^{n\times n}$ 的 n 个特征值 $\lambda_1,\lambda_2,\cdots,\lambda_n$ 是它特征方程(2.6)的 n 个根.并有

$$\det(\boldsymbol{A})=\lambda_1\lambda_2\cdots\lambda_n, \tag{2.7}$$

及

$$\operatorname{tr}(\boldsymbol{A})=\sum_{i=1}^{n}a_{ii}=\sum_{i=1}^{n}\lambda_i. \tag{2.8}$$

称 $\operatorname{tr}(\boldsymbol{A})$为 $\boldsymbol{A}$ 的**迹**.

$\boldsymbol{A}$ 的特征值 λ 和特征向量 $\boldsymbol{x}$ 还有以下性质：

(1) $\boldsymbol{A}^{\mathrm{T}}$与 $\boldsymbol{A}$ 有相同的特征值 λ.

(2) 若 $\boldsymbol{A}$ 非奇异，则 $\boldsymbol{A}^{-1}$的特征值为 λ^{-1}，特征向量为 $\boldsymbol{x}$.

(3) 相似矩阵具有相同的特征多项式.

矩阵特征值回顾：矩阵的特征值定义的重温及举例求解

例 2.1.1 求 $\boldsymbol{A}=\begin{pmatrix} 1 & -2 & 2 \\ -2 & -2 & 4 \\ 2 & 4 & -2 \end{pmatrix}$的特征值及谱半径.

解 $\boldsymbol{A}$ 的特征方程为

$$\det(\lambda \boldsymbol{I}-\boldsymbol{A})=\begin{vmatrix} \lambda-1 & 2 & -2 \\ 2 & \lambda+2 & -4 \\ -2 & -4 & \lambda+2 \end{vmatrix}$$

$$=\lambda^3+3\lambda^2-24\lambda+28$$

$$=(\lambda-2)^2(\lambda+7)=0,$$

故 $\boldsymbol{A}$ 的特征值为 $\lambda_1=\lambda_2=2,\lambda_3=-7$，其谱半径 $\rho(\boldsymbol{A})=7$.

2.1.3 特殊矩阵

设 $\boldsymbol{A}=(a_{ij})\in\mathbf{R}^{n\times n}$.

(1) 对角矩阵：如果当 $i\neq j$ 时，$a_{ij}=0$.

(2) 三对角矩阵：如果 $|i-j|>1$ 时，$a_{ij}=0$.

(3) 上三角矩阵：如果 $i>j$ 时，$a_{ij}=0$.

(4) 对称矩阵：如果 $\boldsymbol{A}^{\mathrm{T}}=\boldsymbol{A}$.

(5) 对称正定矩阵：如果 $\boldsymbol{A}$ 对称，且对任意非零向量 $\boldsymbol{x}\in\mathbf{R}^n$，

$$(\boldsymbol{A}\boldsymbol{x},\boldsymbol{x})=\boldsymbol{x}^{\mathrm{T}}\boldsymbol{A}\boldsymbol{x}>0.$$

定理 2.1.1　设 $\boldsymbol{A}\in\mathbf{R}^{n\times n}$ 为对称正定矩阵，则

(1) $\boldsymbol{A}$ 为非奇异矩阵，且 $\boldsymbol{A}^{-1}$ 也是对称正定矩阵.

(2) 记 $\boldsymbol{A}_k$ 为 $\boldsymbol{A}$ 的顺序主子阵，则 $\boldsymbol{A}_k(k=1,2,\cdots,n)$ 也是对称正定矩阵，其中

$$\boldsymbol{A}_k=\begin{pmatrix} a_{11} & \cdots & a_{1k} \\ \vdots & & \vdots \\ a_{k1} & \cdots & a_{kk} \end{pmatrix},\quad k=1,2,\cdots,n.$$

(3) $\boldsymbol{A}$ 的特征值 $\lambda_i>0(i=1,2,\cdots,n)$.

(4) $\boldsymbol{A}$ 的所有顺序主子式都大于零，即 $\det(\boldsymbol{A}_k)>0(k=1,2,\cdots,n)$.

定理 2.1.2　设 $\boldsymbol{A}\in\mathbf{R}^{n\times n}$ 为对称矩阵，如果 $\det(\boldsymbol{A}_k)>0(k=1,2,\cdots,n)$，或 $\boldsymbol{A}$ 的特征值 $\lambda_i>0(i=1,2,\cdots,n)$. 则 $\boldsymbol{A}$ 为对称正定矩阵.

2.2　高斯消元法及三角分解法

首先，我们考虑几种比较容易求解的特殊形式. 例如，假设矩阵 $\boldsymbol{A}$ 为对角阵，也就是说 $\boldsymbol{A}$ 的所有非零元素都在主对角线上，即方程组(2.1)具有如下形式：

$$\begin{pmatrix} a_{11} & 0 & \cdots & 0 \\ 0 & a_{22} & \cdots & 0 \\ \vdots & \vdots & & \vdots \\ 0 & 0 & \cdots & a_{nn} \end{pmatrix}\begin{pmatrix} x_1 \\ x_2 \\ \vdots \\ x_n \end{pmatrix}=\begin{pmatrix} b_1 \\ b_2 \\ \vdots \\ b_n \end{pmatrix}. \tag{2.9}$$

这种情况下，如果对角元素 $a_{ii}\neq 0, i=1,2,\cdots,n$，则方程组退化为 n 个简单方程的求解，其解为

$$\boldsymbol{x}=\begin{pmatrix} b_1/a_{11} \\ b_2/a_{22} \\ \vdots \\ b_n/a_{nn} \end{pmatrix}, \tag{2.10}$$

如果对某一指标 i，$a_{ii}=0$，那么如果 b_i 也等于 0，则 x_i 可以为任意实数；反之，如果 $b_i\neq 0$，则对应方程组无解.

继续考虑方程组(2.1)的简单情况，假设 $\boldsymbol{A}$ 为下三角矩阵，也就是说方程组具有如下形式：

$$\begin{pmatrix} a_{11} & 0 & \cdots & 0 \\ a_{21} & a_{22} & \cdots & 0 \\ \vdots & \vdots & & \vdots \\ a_{n1} & a_{n2} & \cdots & a_{nn} \end{pmatrix}\begin{pmatrix} x_1 \\ x_2 \\ \vdots \\ x_n \end{pmatrix}=\begin{pmatrix} b_1 \\ b_2 \\ \vdots \\ b_n \end{pmatrix}. \tag{2.11}$$

此时,如果假设 $a_{ii}\neq 0, i=1,2,\cdots,n$,则我们首先可以由第一个方程解出 x_1,然后将已知的 x_1 代入第二个方程就可以得到 x_2.按照同样的方式,就可以依次得到 $x_3,x_4,\cdots,x_n$.即

$$\begin{cases} x_1 = b_1/a_{11}, \\ x_k = \left(b_k - \sum\limits_{l=1}^{k-1} a_{kl}x_l\right) / a_{kk}, k = 2,3,\cdots,n. \end{cases} \tag{2.12}$$

类似地,当矩阵 $\boldsymbol{A}$ 为上三角矩阵时,即求解

$$\begin{pmatrix} a_{11} & a_{12} & \cdots & a_{1n} \\ 0 & a_{22} & \cdots & a_{2n} \\ \vdots & \vdots & & \vdots \\ 0 & 0 & \cdots & a_{nn} \end{pmatrix}\begin{pmatrix} x_1 \\ x_2 \\ \vdots \\ x_n \end{pmatrix}=\begin{pmatrix} b_1 \\ b_2 \\ \vdots \\ b_n \end{pmatrix}, \tag{2.13}$$

同样假设 $a_{ii}\neq 0, i=1,2,\cdots,n$ 的情况下,我们可以首先由最后一个方程解出 x_n,然后依次求解出 $x_{n-1},x_{n-2},\cdots,x_1$,即

$$\begin{cases} x_n = b_n/a_{nn}, \\ x_k = \left(b_k - \sum\limits_{l=k+1}^{n} a_{kl}x_l\right) / a_{kk}, \quad 1 \leqslant k \leqslant n-1. \end{cases} \tag{2.14}$$

2.2.1 高斯消元法

从上面的过程可以看出,如果线性方程组的系数矩阵是三角形矩阵,则方程组易于求解.高斯消元法的基本思想就是将方程组(2.1)变形为等价的三角形方程组,下面我们首先给出一个简单的例子来分析高斯消元法的基本过程.

例 2.2.1 用消元法解线性方程组

$$\begin{pmatrix} 6 & -2 & 2 & 4 \\ 12 & -8 & 6 & 10 \\ 3 & -13 & 9 & 3 \\ -6 & 4 & 1 & -18 \end{pmatrix}\begin{pmatrix} x_1 \\ x_2 \\ x_3 \\ x_4 \end{pmatrix}=\begin{pmatrix} 12 \\ 34 \\ 27 \\ -38 \end{pmatrix}. \tag{2.15}$$

解 第一步:用第一个方程消去其他方程里的 x_1.首先第二个方程减去第一个方程乘以 2,然后第三个方程减去第一个方程乘以 $\frac{1}{2}$,最后第四个方程减去第一个方程乘以 -1,得到等价方程组

$$\begin{pmatrix} 6 & -2 & 2 & 4 \\ 0 & -4 & 2 & 2 \\ 0 & -12 & 8 & 1 \\ 0 & 2 & 3 & -14 \end{pmatrix}\begin{pmatrix} x_1 \\ x_2 \\ x_3 \\ x_4 \end{pmatrix}=\begin{pmatrix} 12 \\ 10 \\ 21 \\ -26 \end{pmatrix}, \tag{2.16}$$

数 2，$\frac{1}{2}$，-1 称作第一步消元过程的乘数.这一过程中第一个方程保持不变.

第二步：用第二个方程消去后面两个方程里的 x_2.首先，第三个方程减去第二个方程乘以 3，然后第四个方程减去第二个方程乘以 $-\frac{1}{2}$.得到

$$\begin{pmatrix} 6 & -2 & 2 & 4 \\ 0 & -4 & 2 & 2 \\ 0 & 0 & 2 & -5 \\ 0 & 0 & 4 & -13 \end{pmatrix}\begin{pmatrix} x_1 \\ x_2 \\ x_3 \\ x_4 \end{pmatrix}=\begin{pmatrix} 12 \\ 10 \\ -9 \\ -21 \end{pmatrix}, \tag{2.17}$$

这一步的乘数为 3 和 $-\frac{1}{2}$.

第三步：将第四个方程减去第三个方程乘以 2，得到与原始方程等价的上三角方程组

$$\begin{pmatrix} 6 & -2 & 2 & 4 \\ 0 & -4 & 2 & 2 \\ 0 & 0 & 2 & -5 \\ 0 & 0 & 0 & -3 \end{pmatrix}\begin{pmatrix} x_1 \\ x_2 \\ x_3 \\ x_4 \end{pmatrix}=\begin{pmatrix} 12 \\ 10 \\ -9 \\ -3 \end{pmatrix}. \tag{2.18}$$

利用前面上三角方程组求解的回代过程即可得到原始方程组的解

$$\begin{pmatrix} 1 \\ -3 \\ -2 \\ 1 \end{pmatrix}.$$

现在我们回过头来观察消元的过程，如果我们将消元中使用的乘数按照相应的位置存储到单位下三角矩阵

$$\boldsymbol{L}=\begin{pmatrix} 1 & 0 & 0 & 0 \\ 2 & 1 & 0 & 0 \\ \frac{1}{2} & 3 & 1 & 0 \\ -1 & -\frac{1}{2} & 2 & 1 \end{pmatrix}, \tag{2.19}$$

它和消元最终形成的上三角矩阵为

$$\boldsymbol{U}=\begin{pmatrix} 6 & -2 & 2 & 4 \\ 0 & -4 & 2 & 2 \\ 0 & 0 & 2 & -5 \\ 0 & 0 & 0 & -3 \end{pmatrix}. \tag{2.20}$$

可以看出矩阵 $\boldsymbol{L}$ 和 $\boldsymbol{U}$ 恰好给出了方程组原始系数矩阵 $\boldsymbol{A}$ 的一个分解，即 $\boldsymbol{A}=\boldsymbol{LU}$，也即

高斯消元法与三角分解：结合例 2.2.1 描述高斯消元法与 LU 分解的关系

$$\begin{pmatrix} 6 & -2 & 2 & 4 \\ 12 & -8 & 6 & 10 \\ 3 & -13 & 9 & 3 \\ -6 & 4 & 1 & -18 \end{pmatrix} = \begin{pmatrix} 1 & 0 & 0 & 0 \\ 2 & 1 & 0 & 0 \\ \dfrac{1}{2} & 3 & 1 & 0 \\ -1 & -\dfrac{1}{2} & 2 & 1 \end{pmatrix} \begin{pmatrix} 6 & -2 & 2 & 4 \\ 0 & -4 & 2 & 2 \\ 0 & 0 & 2 & -5 \\ 0 & 0 & 0 & -3 \end{pmatrix}. \tag{2.21}$$

这一结果并不是偶然的,如果我们定义矩阵 $\boldsymbol{A}$ 的行分别为 $\boldsymbol{A}_1,\boldsymbol{A}_2,\boldsymbol{A}_3,\boldsymbol{A}_4$,$\boldsymbol{U}$ 的行分别为 $\boldsymbol{U}_1,\boldsymbol{U}_2,\boldsymbol{U}_3,\boldsymbol{U}_4$.从消元的过程可以看出 $\boldsymbol{U}_2=\boldsymbol{A}_2-2\boldsymbol{A}_1$,因此 $\boldsymbol{A}_2=2\boldsymbol{A}_1+\boldsymbol{U}_2=2\boldsymbol{U}_1+\boldsymbol{U}_2$.对应下三角矩阵第二行的元素必然是 2 和 1.类似地,由 $\boldsymbol{U}_3=\left(\boldsymbol{A}_3-\dfrac{1}{2}\boldsymbol{A}_1\right)-3\boldsymbol{U}_2$,可得 $\boldsymbol{A}_3=\dfrac{1}{2}\boldsymbol{A}_1+3\boldsymbol{U}_2+\boldsymbol{U}_3=\dfrac{1}{2}\boldsymbol{U}_1+3\boldsymbol{U}_2+\boldsymbol{U}_3$.也就是说 $\boldsymbol{L}$ 的第三行元素必然是$\dfrac{1}{2}$,3,1,以此类推.

对于一般 n 阶矩阵 $\boldsymbol{A}$ 对应的线性方程组,高斯消元法的过程可以通过矩阵序列来描述:

$$\boldsymbol{A}=\boldsymbol{A}^{(1)}\to\boldsymbol{A}^{(2)}\to\cdots\to\boldsymbol{A}^{(n)}. \tag{2.22}$$

第 $k-1$ 步消元完成后,得到矩阵 $\boldsymbol{A}^{(k)}$ 为

$$\begin{pmatrix} a_{11}^{(1)} & a_{12}^{(1)} & \cdots & a_{1k}^{(1)} & \cdots & a_{1n}^{(1)} \\ & a_{22}^{(2)} & \cdots & a_{2k}^{(2)} & \cdots & a_{2n}^{(2)} \\ & & \ddots & \vdots & & \vdots \\ & & & a_{kk}^{(k)} & \cdots & a_{kn}^{(k)} \\ & & & \vdots & & \vdots \\ & & & a_{nk}^{(k)} & \cdots & a_{nn}^{(k)} \end{pmatrix}, \tag{2.23}$$

进一步计算 $\boldsymbol{A}^{(k+1)}$ 的计算公式为

$$a_{ij}^{(k+1)}=\begin{cases} a_{ij}^{(k)}, & i\leqslant k, \\ a_{ij}^{(k)}-(a_{ik}^{(k)}/a_{kk}^{(k)})\,a_{kj}^{(k)}, & i\geqslant k+1 \text{ 且 } j>k, \\ 0, & i\geqslant k+1 \text{ 且 } j\leqslant k. \end{cases} \tag{2.24}$$

我们定义矩阵 $\boldsymbol{L}$ 为

$$l_{ik}=\begin{cases} a_{ik}^{(k)}/a_{kk}^{(k)}, & i\geqslant k+1, \\ 1, & i=k, \\ 0, & i<k. \end{cases} \tag{2.25}$$

以及 $\boldsymbol{U}=\boldsymbol{A}^{(n)}$,则可得 $\boldsymbol{A}=\boldsymbol{L}\boldsymbol{U}$.

练习 2.2.1 用消元法解线性方程组

$$\begin{pmatrix} 6 & -2 & 2 & 4 \\ 12 & -8 & 6 & 10 \\ 3 & -13 & 9 & 3 \\ -6 & 4 & 1 & -18 \end{pmatrix}\begin{pmatrix} x_1 \\ x_2 \\ x_3 \\ x_4 \end{pmatrix}=\begin{pmatrix} -12 \\ -38 \\ -57 \\ -2 \end{pmatrix}. \tag{2.26}$$

在很多实际问题中模型是固定的,只是测量数据有时会随着不同情况变化.也就是说,我们求解的方程组中系数矩阵 $\boldsymbol{A}$ 保持不变,只是右端项 $\boldsymbol{b}$ 发生变化.根据上面的分析可以看到如果高斯消元法的过程可以进行,则矩阵 $\boldsymbol{A}$ 可以分解为一个下三角矩阵 $\boldsymbol{L}$ 和一个上三角矩阵 $\boldsymbol{U}$ 的乘积,即 $\boldsymbol{A}=\boldsymbol{L}\boldsymbol{U}$,这时候方程组 $\boldsymbol{A}\boldsymbol{x}=\boldsymbol{b}$ 的求解可以转换为对如下两个方程组的求解:

(1) $\boldsymbol{L}\boldsymbol{y}=\boldsymbol{b}$;

(2) $\boldsymbol{U}\boldsymbol{x}=\boldsymbol{y}$.

而这两个方程组的求解可以由式(2.12)和式(2.14)简单给出.这样如果我们把消元过程中产生的 $\boldsymbol{L}$ 和 $\boldsymbol{U}$ 矩阵记录下来,则在只有右端项发生变化时,无须重复消元过程,可以简化计算.

2.2.2 LU 分解

从前面的分析中可以看出,消元过程实际上是把系数矩阵 $\boldsymbol{A}$ 分解成单位下三角矩阵 $\boldsymbol{L}$ 与上三角矩阵 $\boldsymbol{U}$ 乘积的过程,即寻找矩阵

$$\boldsymbol{L}=\begin{pmatrix}1 & 0 & \cdots & 0\\ l_{21} & 1 & \cdots & 0\\ \vdots & \vdots & & \vdots\\ l_{n1} & l_{n2} & \cdots & 1\end{pmatrix},\quad \boldsymbol{U}=\begin{pmatrix}u_{11} & u_{12} & \cdots & u_{1n}\\ 0 & u_{22} & \cdots & u_{2n}\\ \vdots & \vdots & & \vdots\\ 0 & 0 & \cdots & u_{nn}\end{pmatrix}\tag{2.27}$$

满足

$$\boldsymbol{A}=\boldsymbol{L}\boldsymbol{U}.\tag{2.28}$$

这一分解过程称作杜利特尔(Doolittle)分解,也称作 **LU** 分解.关于分解的存在唯一性问题,我们有如下定理:

定理 2.2.1　设 $\boldsymbol{A}$ 为 n 阶方阵,如果 $\boldsymbol{A}$ 的顺序主子式 $D_i(i=1,2,\cdots,n-1)$ 均不为零,则 $\boldsymbol{A}$ 可以分解为一个单位下三角矩阵 $\boldsymbol{L}$ 和一个上三角矩阵 $\boldsymbol{U}$ 的乘积,即

$$\boldsymbol{A}=\boldsymbol{L}\boldsymbol{U}=\begin{pmatrix}1 & 0 & \cdots & 0\\ l_{21} & 1 & \cdots & 0\\ \vdots & \vdots & & \vdots\\ l_{n1} & l_{n2} & \cdots & 1\end{pmatrix}\begin{pmatrix}u_{11} & u_{12} & \cdots & u_{1n}\\ 0 & u_{22} & \cdots & u_{2n}\\ \vdots & \vdots & & \vdots\\ 0 & 0 & \cdots & u_{nn}\end{pmatrix},\tag{2.29}$$

且这种分解唯一.

证　由前面高斯消元法的过程以及行列式的运算性质,分解的存在性已经得到证明.现在仅在 $\boldsymbol{A}$ 为非奇异的假定下证明唯一性.设

$$\boldsymbol{A}=\boldsymbol{L}\boldsymbol{U}=\boldsymbol{L}_1\boldsymbol{U}_1,$$

其中 $\boldsymbol{L},\boldsymbol{L}_1$ 为单位下三角矩阵,$\boldsymbol{U},\boldsymbol{U}_1$ 为上三角矩阵.因为 $\boldsymbol{A}$ 非奇异,所以 $\boldsymbol{L},\boldsymbol{L}_1,\boldsymbol{U},\boldsymbol{U}_1$ 均为非奇异矩阵,故

$$\boldsymbol{L}_1^{-1}\boldsymbol{L}=\boldsymbol{U}_1\boldsymbol{U}^{-1},$$

上式右边为上三角矩阵,左边为单位下三角矩阵,从而上式两边必须都等于单位矩阵,故

$$\boldsymbol{U}=\boldsymbol{U}_1,\boldsymbol{L}=\boldsymbol{L}_1.$$

消元法已经给出一种计算 $\boldsymbol{LU}$ 分解的过程,下面考虑直接从矩阵 $\boldsymbol{A}$ 的元素得到计算 $\boldsymbol{L},\boldsymbol{U}$ 的递推公式.由分解式(2.29)有

$$a_{1i}=u_{1i},\quad i=1,2,\cdots,n, \tag{2.30}$$

得 $\boldsymbol{U}$ 的第一行元素;

$$a_{i1}=l_{i1}u_{11},\quad l_{i1}=\frac{a_{i1}}{u_{11}},\quad i=2,3,\cdots,n, \tag{2.31}$$

得 $\boldsymbol{L}$ 的第一列元素.

设已经定出了 $\boldsymbol{U}$ 的第一行到第 $r-1$ 行元素与 $\boldsymbol{L}$ 的第一列到第 $r-1$ 列元素.由分解式(2.29),利用矩阵乘法公式

$$a_{ri}=\sum_{k=1}^{n}l_{rk}u_{ki}=\sum_{k=1}^{r-1}l_{rk}u_{ki}+u_{ri},$$

所以

$$u_{ri}=a_{ri}-\sum_{k=1}^{r-1}l_{rk}u_{ki},\quad i=r,r+1,\cdots,n.$$

再由

$$a_{ir}=\sum_{k=1}^{n}l_{ik}u_{kr}=\sum_{k=1}^{r-1}l_{ik}u_{kr}+l_{ir}u_{rr}. \tag{2.32}$$

可得相应的下三角元素.

综上所述,可以得到直接计算矩阵三角分解 $\boldsymbol{A}=\boldsymbol{LU}$(要求 $\boldsymbol{A}$ 的所有顺序主子式不为零)的计算公式.

(1) $u_{1i}=a_{1i},\quad i=1,2,\cdots,n,\quad l_{i1}=a_{i1}/u_{11},\quad i=2,3,\cdots,n;$

计算 $\boldsymbol{U}$ 的第 r 行,$\boldsymbol{L}$ 的第 r 列元素:

(2)

$$u_{ri}=a_{ri}-\sum_{k=1}^{r-1}l_{rk}u_{ki},\quad i=r,r+1,\cdots,n; \tag{2.33}$$

(3)

$$l_{ir}=\left(a_{ir}-\sum_{k=1}^{r-1}l_{ik}u_{kr}\right)\Big/u_{rr},\quad i=r+1,\cdots,n,\text{且 } r\neq n. \tag{2.34}$$

例 2.2.2 求矩阵

$$\boldsymbol{A}=\begin{pmatrix}2&2&3\\4&7&7\\-2&4&5\end{pmatrix} \tag{2.35}$$

的三角分解.

解 由式(2.33)和式(2.34)可得

$$u_{11}=a_{11}=2,u_{12}=a_{12}=2,u_{13}=a_{13}=3,$$

$$l_{21}=a_{21}/u_{11}=\frac{4}{2}=2,l_{31}=a_{31}/u_{11}=\frac{-2}{2}=-1,$$

$$u_{22}=a_{22}-l_{21}u_{12}=7-2\times 2=3,$$
$$u_{23}=a_{23}-l_{21}u_{13}=7-2\times 3=1,$$
$$l_{32}=(a_{32}-l_{31}u_{12})/u_{22}=[4-(-1)\times 2]/3=2,$$
$$u_{33}=a_{33}-(l_{31}u_{13}+l_{32}u_{23})=5-[(-1)\times 3+2\times 1]=6.$$

因此，

$$\boldsymbol{A}=\begin{pmatrix}2&2&3\\4&7&7\\-2&4&5\end{pmatrix}=\begin{pmatrix}1&0&0\\2&1&0\\-1&2&1\end{pmatrix}\begin{pmatrix}2&2&3\\0&3&1\\0&0&6\end{pmatrix}.$$

练习 2.2.2　求矩阵

$$\boldsymbol{A}=\begin{pmatrix}2&1&5\\4&1&12\\-2&-4&5\end{pmatrix}\tag{2.36}$$

的三角分解.

从上面的计算过程可以看出，在算出 u_{kj} 后，a_{kj} 不再有用，在算出 l_{ik} 后，a_{ik} 不再有用，因此在实际计算过程中，可以将 $\boldsymbol{L}$，$\boldsymbol{U}$ 的元素放入 $\boldsymbol{A}$ 相应元素的位置，按表 2.1 所示的紧凑格式及顺序进行.

表 2.1　$\boldsymbol{L}$，$\boldsymbol{U}$ 的计算及存储

u_{11}	u_{12}	u_{13}	$\cdots$	u_{1n}	(1)
l_{21}	u_{22}	u_{23}	$\cdots$	u_{2n}	(3)
l_{31}	l_{32}	u_{33}	$\cdots$	u_{3n}	(5)
$\vdots$	$\vdots$	$\vdots$		$\vdots$	
l_{n1}	l_{n2}	l_{n3}	$\cdots$	u_{nn}	
(2)	(4)	(6)			

直接三角分解法：LU 分解法的计算过程及紧凑存储

例 2.2.3　用紧凑格式求矩阵

$$\boldsymbol{A}=\begin{pmatrix}3&2&5\\-1&4&3\\1&-1&3\end{pmatrix}\tag{2.37}$$

的三角分解.

解　按表 2.1 计算：

(3)3	(2)2	(5)5
$(-1)\ -\frac{1}{3}$	$(4)\ 4+\frac{2}{3}=\frac{14}{3}$	$(3)\ 3+\frac{5}{3}=\frac{14}{3}$
$(1)\ \frac{1}{3}$	$(-1)\ \left(-1-\frac{2}{3}\right)/\frac{14}{3}=-\frac{5}{14}$	$(3)\ 3-\frac{5}{3}+\frac{5}{3}=3$

如果线性方程组 $\boldsymbol{Ax}=\boldsymbol{b}$ 的系数矩阵已经进行了三角分解，$\boldsymbol{A}=\boldsymbol{LU}$，则求解方程组 $\boldsymbol{Ax}=\boldsymbol{b}$ 等价于求解两个三角形方程组 $\boldsymbol{Ly}=\boldsymbol{b}$，$\boldsymbol{Ux}=\boldsymbol{y}$，即由

$$
\boldsymbol{L y}=\begin{pmatrix} 1 & & & \\ l_{21} & 1 & & \\ \vdots & \vdots & \ddots & \\ l_{n1} & l_{n2} & \cdots & 1 \end{pmatrix}\begin{pmatrix} y_1 \\ y_2 \\ \vdots \\ y_n \end{pmatrix}=\begin{pmatrix} b_1 \\ b_2 \\ \vdots \\ b_n \end{pmatrix} \tag{2.38}
$$

可以求出

$$
\begin{aligned} & y_1=b_1, \\ & y_k=b_k-\sum_{l=1}^{k-1} l_{kl} y_l, \quad 2 \leqslant k \leqslant n . \end{aligned} \tag{2.39}
$$

再由

$$
\boldsymbol{U x}=\begin{pmatrix} u_{11} & u_{12} & \cdots & u_{1n} \\ & u_{22} & \cdots & u_{2n} \\ & & \ddots & \vdots \\ & & & u_{nn} \end{pmatrix}\begin{pmatrix} x_1 \\ x_2 \\ \vdots \\ x_n \end{pmatrix}=\begin{pmatrix} y_1 \\ y_2 \\ \vdots \\ y_n \end{pmatrix} \tag{2.40}
$$

解得

$$
\begin{aligned} & x_n=y_n / u_{nn}, \\ & x_k=\left(y_k-\sum_{l=k+1}^{n} u_{kl} x_l\right) / u_{kk}, \quad 1 \leqslant k \leqslant n-1 . \end{aligned} \tag{2.41}
$$

容易看出,式(2.39)和式(2.33)的运算规律相同,故在利用三角分解求解方程组时,只需要对方程组的增广矩阵进行类似表 2.1 的操作(把右端向量 $\boldsymbol{b}$ 列在表 2.1 的最后一列),按 u_{kj} 的计算方法即可求出 y_k.

表 2.2 是求解线性方程组的紧凑格式,其计算顺序与计算方法与三角分解相同.按表 2.2 计算后,只需按式(2.41)即可求出方程组的解.

表 2.2 三角分解求解方程组的紧凑格式

$(a_{11})u_{11}$	$(a_{12})u_{12}$	$(a_{13})u_{13}$	$\cdots$	$(a_{1n})u_{1n}$	$(b_1)y_1$
$(a_{21})l_{21}$	$(a_{22})u_{22}$	$(a_{23})u_{23}$	$\cdots$	$(a_{2n})u_{2n}$	$(b_2)y_2$
$(a_{31})l_{31}$	$(a_{32})l_{32}$	$(a_{33})u_{33}$	$\cdots$	$(a_{3n})u_{3n}$	$(b_3)y_3$
$\vdots$	$\vdots$	$\vdots$		$\vdots$	$\vdots$
$(a_{n1})l_{n1}$	$(a_{n2})l_{n2}$	$(a_{n3})l_{n3}$	$\cdots$	$(a_{nn})u_{nn}$	$(b_n)y_n$

例 2.2.4 用紧凑格式解线性方程组

$$
\begin{cases} x_1+2x_2+3x_3=14, \\ 2x_1+5x_2+2x_3=18, \\ 3x_1+x_2+5x_3=20. \end{cases} \tag{2.42}
$$

解 求 $\boldsymbol{LU}$ 分解.所以

(1)1	(2)2	(3)3	(14)14
(2)2	(5)1	(2)−4	(18)−10
(3)3	(1)−5	(5)−24	(20)−72

$$L=\begin{pmatrix}1&0&0\\2&1&0\\3&-5&1\end{pmatrix},\quad U=\begin{pmatrix}1&2&3\\0&1&-4\\0&0&-24\end{pmatrix},\quad y=\begin{pmatrix}14\\-10\\-72\end{pmatrix}. \tag{2.43}$$

进而解方程组

$$Ux=\begin{pmatrix}1&2&3\\0&1&-4\\0&0&-24\end{pmatrix}\begin{pmatrix}x_1\\x_2\\x_3\end{pmatrix}=\begin{pmatrix}14\\-10\\-72\end{pmatrix}, \tag{2.44}$$

可得

$$x=\begin{pmatrix}1\\2\\3\end{pmatrix}. \tag{2.45}$$

练习 2.2.3 用紧凑格式解线性方程组

$$\begin{cases}4x_1+2x_2+1x_3+5x_4=1,\\8x_1+7x_2+2x_3+10x_4=-1,\\4x_1+8x_2+3x_3+6x_4=-2,\\12x_1+6x_2+11x_3+20x_4=2.\end{cases} \tag{2.46}$$

2.2.3 楚列斯基分解法

应用有限元方法解结构力学问题时,所形成的方程组的系数矩阵大多数具有对称正定的性质.此时式(2.27)可以给定为一种特殊形式.

定理 2.2.2 设 A 是对称正定矩阵,则存在唯一的非奇异下三角矩阵 L,使得

$$A=LL^{\mathrm{T}}=\begin{pmatrix}l_{11}&&&\\l_{21}&l_{22}&&\\\vdots&\vdots&\ddots&\\l_{n1}&l_{n2}&\cdots&l_{nn}\end{pmatrix}\begin{pmatrix}l_{11}&l_{21}&\cdots&l_{n1}\\&l_{22}&\cdots&l_{n2}\\&&\ddots&\vdots\\&&&l_{nn}\end{pmatrix}, \tag{2.47}$$

且 $l_{ii}>0(i=1,2,\cdots,n)$.

下面我们确定 L 中元素的计算公式.由式(2.47)及矩阵乘法计算公式,注意到当 $j<k$ 时,$l_{jk}=0$,可得

$$a_{ij}=\sum_{k=1}^{n}l_{ik}l_{jk}=\sum_{k=1}^{j-1}l_{ik}l_{jk}+l_{jj}l_{ij}, \tag{2.48}$$

于是得到,对于 $j=1,2,\cdots,n$,

$$\begin{cases}l_{jj}=\left(a_{jj}-\sum\limits_{k=1}^{j-1}l_{jk}^2\right)^{\frac{1}{2}},\\l_{ij}=\left(a_{ij}-\sum\limits_{k=1}^{j-1}l_{ik}l_{jk}\right)\Big/l_{jj},i=j+1,\cdots,n.\end{cases} \tag{2.49}$$

计算顺序按列进行,即

$$l_{11}\to l_{i1}\quad (i=2,3,\cdots,n)\to l_{22}\to l_{i2}\quad (i=3,\cdots,n)\to\cdots, \tag{2.50}$$

完成矩阵 $\boldsymbol{A}$ 的楚列斯基(Cholesky)分解之后,对方程组 $\boldsymbol{Ax}=\boldsymbol{b}$ 的求解就转化为求解两个三角形方程组

$$\boldsymbol{Ly}=\boldsymbol{b},\quad \boldsymbol{L}^{\mathrm{T}}\boldsymbol{x}=\boldsymbol{y}. \tag{2.51}$$

它们的解分别为

$$\begin{aligned} y_i &= \left(b_i - \sum_{k=1}^{i-1} l_{ik}y_k\right)\Big/ l_{ii},\quad i=1,2,\cdots,n. \\ x_i &= \left(y_i - \sum_{k=i+1}^{n} l_{ki}x_k\right)\Big/ l_{ii},\quad i=n,n-1,\cdots,1. \end{aligned} \tag{2.52}$$

由公式(2.49)看出,进行楚列斯基分解时需要进行开方运算,为了避免开方,下面我们考虑另一种分解方式.事实上,将 $\boldsymbol{U}$ 再分解为

$$\boldsymbol{U}=\begin{pmatrix} u_{11} & & & \\ & u_{22} & & \\ & & \ddots & \\ & & & u_{nn} \end{pmatrix}\begin{pmatrix} 1 & \dfrac{u_{12}}{u_{11}} & \cdots & \dfrac{u_{1n}}{u_{11}} \\ & 1 & \cdots & \dfrac{u_{2n}}{u_{22}} \\ & & \ddots & \vdots \\ & & & 1 \end{pmatrix}=\boldsymbol{DU}_0, \tag{2.53}$$

其中 $\boldsymbol{D}$ 为对角矩阵,$\boldsymbol{U}_0$ 为单位上三角矩阵.于是

$$\boldsymbol{A}=\boldsymbol{LU}=\boldsymbol{LDU}_0. \tag{2.54}$$

利用 $\boldsymbol{A}$ 的对称性得

$$\boldsymbol{A}=\boldsymbol{A}^{\mathrm{T}}=\boldsymbol{U}_0^{\mathrm{T}}(\boldsymbol{DL}^{\mathrm{T}}), \tag{2.55}$$

由分解的唯一性即得

$$\boldsymbol{U}_0^{\mathrm{T}}=\boldsymbol{L}. \tag{2.56}$$

改进平方根法的计算过程:结合式(2.53)说明改进平方根法的计算过程

也就是说矩阵 $\boldsymbol{A}$ 存在如下分解式:

$$\boldsymbol{A}=\boldsymbol{LDL}^{\mathrm{T}}=\begin{pmatrix} 1 & & & \\ l_{21} & 1 & & \\ \vdots & \vdots & \ddots & \\ l_{n1} & l_{n2} & \cdots & 1 \end{pmatrix}\begin{pmatrix} d_1 & & & \\ & d_2 & & \\ & & \ddots & \\ & & & d_n \end{pmatrix}\begin{pmatrix} 1 & l_{21} & \cdots & l_{n1} \\ & 1 & \cdots & l_{n2} \\ & & \ddots & \vdots \\ & & & 1 \end{pmatrix}. \tag{2.57}$$

由矩阵乘法,注意到 $l_{ii}=1, l_{jk}=0(j<k)$,得

$$a_{ij}=\sum_{k=1}^{n}(\boldsymbol{LD})_{ik}(\boldsymbol{L}^{\mathrm{T}})_{kj}=\sum_{k=1}^{n} l_{ik}d_k l_{jk}=\sum_{k=1}^{j-1} l_{ik}d_k l_{jk}+l_{ij}d_j l_{jj}. \tag{2.58}$$

于是得到 $\boldsymbol{L}$ 和 $\boldsymbol{D}$ 对角元素计算公式:

对于 $i=1,2,\cdots,n$,

$$\begin{cases} d_i = a_{ii} - \sum\limits_{k=1}^{i-1} l_{ik}^2 d_k, \\ l_{ij} = \left(a_{ij} - \sum\limits_{k=1}^{j-1} l_{ik} d_k l_{jk}\right) \Big/ d_j, j = 1,2,\cdots,i-1. \end{cases} \tag{2.59}$$

计算顺序如下：

$$d_1 \to l_{i1} \quad (i=2,3,\cdots,n) \to d_2 \to l_{i2} \quad (i=3,\cdots,n) \to d_3 \to \cdots. \tag{2.60}$$

为了避免重复计算，引入辅助量 $t_{ij}=l_{ij}d_j$，则式(2.59)可以改写为

$$\begin{cases} d_i = a_{ii} - \sum\limits_{k=1}^{i-1} t_{ik} l_{ik}, \\ t_{ij} = a_{ij} - \sum\limits_{k=1}^{j-1} t_{ik} l_{jk}, \quad j = 1,2,\cdots,i-1, \\ l_{ij} = t_{ij}/d_j, \quad j = 1,2,\cdots,i-1. \end{cases} \tag{2.61}$$

获得 $\boldsymbol{A}$ 的 $\boldsymbol{LDL}^{\mathrm{T}}$ 后，求解方程组 $\boldsymbol{Ax}=\boldsymbol{b}$ 的过程可以分为两步进行：

（1）解方程组 $\boldsymbol{Ly}=\boldsymbol{b}$.

（2）再由 $\boldsymbol{L}^{\mathrm{T}}\boldsymbol{x}=\boldsymbol{D}^{-1}\boldsymbol{y}$ 求出 $\boldsymbol{x}$.

具体计算公式为

$$\begin{cases} y_1 = b_1, \\ y_i = b_i - \sum\limits_{k=1}^{i-1} l_{ik} y_k, \quad i = 2,3,\cdots,n. \end{cases} \tag{2.62a}$$

$$\begin{cases} x_n = y_n/d_n, \\ x_i = y_i/d_i - \sum\limits_{k=i+1}^{n} l_{ki} x_k, \quad i = n-1,\cdots,2,1. \end{cases} \tag{2.62b}$$

求解线性方程组的这一方法称为**改进平方根法**.

例 2.2.5　用改进平方根法求解方程组

$$\begin{cases} x_1 + 2x_2 + x_3 = 4, \\ 2x_1 + 5x_2 = 7, \\ x_1 + 14x_2 = 15. \end{cases} \tag{2.63}$$

解　系数矩阵

$$\boldsymbol{A} = \begin{pmatrix} 1 & 2 & 1 \\ 2 & 5 & 0 \\ 1 & 0 & 14 \end{pmatrix}$$

为正定矩阵.按式(2.61)计算分解式，得

$$d_1 = 1,$$
$$t_{21} = 2, t_{31} = 1,$$
$$l_{21} = 2, l_{31} = 1,$$
$$d_2 = 5-2\times 2 = 1,$$

$$t_{32}=0-1\times2=-2,l_{32}=-2,$$
$$d_3=14-1\times1-(-2)\times(-2)=9.$$

按式(2.62a)和式(2.62b)计算,得

$$y_1=4,$$
$$y_2=7-2\times4=-1,$$
$$y_3=15-1\times4-(-2)\times(-1)=9,$$
$$x_3=1,$$
$$x_2=-1-(-2)\times1=1,$$
$$x_1=4-2\times1-1\times1=1.$$

所以,方程组的解为

$$\boldsymbol{x}=\begin{pmatrix}1\\1\\1\end{pmatrix}.$$

练习 2.2.4

$$\begin{cases}4x_1+x_2-x_3=7,\\x_1+3x_2-x_3=8,\\-x_1-x_2+5x_3+2x_4=-4,\\2x_3+4x_4=6.\end{cases}\tag{2.64}$$

2.2.4 追赶法

在常微分方程边值问题的求解、三次样条插值等问题中,经常要求解系数矩阵为对角占优的三对角矩阵的线性方程组,也就是说式(2.2)具有如下形式:

$$\boldsymbol{Ax}=\begin{pmatrix}d_1&e_1&&&\\c_2&d_2&e_2&&\\&\ddots&\ddots&\ddots&\\&&c_{n-1}&d_{n-1}&e_{n-1}\\&&&c_n&d_n\end{pmatrix}\begin{pmatrix}x_1\\x_2\\\vdots\\x_{n-1}\\x_n\end{pmatrix}=\begin{pmatrix}b_1\\b_2\\\vdots\\b_{n-1}\\b_n\end{pmatrix}.\tag{2.65}$$

此时,矩阵 $\boldsymbol{A}$ 的三角分解具有更简洁的形式,有如下定理:

定理 2.2.3 设方程组(2.65)的系数矩阵 $\boldsymbol{A}$ 满足条件:

(1) $|d_1|>|e_1|>0$;

(2) $|d_i|\geqslant|c_i|+|e_i|,c_i,e_i\neq0,i=2,3,\cdots,n-1$;

(3) $|d_n|>|c_n|>0$.

则 $\boldsymbol{A}$ 可以唯一的分解为

$$\boldsymbol{A}=\boldsymbol{LU}=\begin{pmatrix}1&&&\\l_2&1&&\\&\ddots&\ddots&\\&&l_n&1\end{pmatrix}\begin{pmatrix}u_1&e_1&&\\&u_2&\ddots&\\&&\ddots&e_{n-1}\\&&&u_n\end{pmatrix}\tag{2.66}$$

其中 $e_i(i=1,2,\cdots,n-1)$ 由原矩阵给出,且

$$\begin{cases} u_1 = b_1, \\ l_i = \dfrac{c_i}{u_{i-1}}, \\ u_i = d_i - e_{i-1} l_i, \quad i = 2, 3, \cdots, n. \end{cases} \tag{2.67}$$

得到 $\boldsymbol{A}$ 的三角分解后，求解方程组(2.65)转化为求解方程组 $\boldsymbol{Ly}=\boldsymbol{b}$ 和 $\boldsymbol{Ux}=\boldsymbol{y}$，从而得到求解三对角线方程组的**追赶法公式**：

$$\begin{cases} y_1 = b_1, \\ y_i = b_i - l_i y_{i-1}, \quad i = 2, 3, \cdots, n. \end{cases}$$
$$\begin{cases} x_n = y_n / u_n, \\ x_i = (y_i - e_i x_{i+1}) / u_i, \quad i = n-1, \cdots, 2, 1. \end{cases} \tag{2.68}$$

追赶法公式实际上就是把高斯消元法用到求解三对角线方程组的结果.这时由于系数矩阵 $\boldsymbol{A}$ 特别简单，因此使得求解的计算公式非常简单.

追赶法：追赶法的基本计算过程

例 2.2.6　用追赶法解线性方程组

$$\begin{pmatrix} -2 & 1 & & \\ 1 & -2 & 0 & \\ & 1 & -2 & 1 \\ & & 1 & -2 \end{pmatrix} \begin{pmatrix} x_1 \\ x_2 \\ x_3 \\ x_4 \end{pmatrix} = \begin{pmatrix} 1 \\ 1 \\ 0 \\ -1 \end{pmatrix}. \tag{2.69}$$

解

$$u_1 = -2, y_1 = 1,$$

$$l_2 = -\frac{1}{2}, u_2 = -\frac{3}{2}, y_2 = \frac{3}{2},$$

$$l_3 = -\frac{2}{3}, u_3 = -2, y_3 = 1,$$

$$l_4 = -\frac{1}{2}, u_4 = -\frac{3}{2}, y_4 = -\frac{1}{2},$$

$$x_4 = \frac{1}{3}, x_3 = -\frac{1}{3}, x_2 = -1, x_1 = -1.$$

所以方程组的解为

$$\begin{pmatrix} -1 \\ -1 \\ -\dfrac{1}{3} \\ \dfrac{1}{3} \end{pmatrix} = \begin{pmatrix} \dfrac{1}{3} \\ -\dfrac{1}{3} \\ -1 \\ -1 \end{pmatrix}.$$

练习 2.2.5　用追赶法解线性方程组

$$\begin{pmatrix} 3 & 1 & & \\ 2 & 3 & 1 & \\ & 2 & 3 & 1 \\ & & 1 & 3 \end{pmatrix} \begin{pmatrix} x_1 \\ x_2 \\ x_3 \\ x_4 \end{pmatrix} = \begin{pmatrix} 1 \\ 1 \\ 0 \\ -1 \end{pmatrix}. \tag{2.70}$$

2.2.5 选主元的高斯消元法

高斯消元法的过程简单易行,但它对如下简单的方程组都是无效的.

$$\begin{pmatrix} 0 & 1 \\ 1 & 1 \end{pmatrix} \begin{pmatrix} x_1 \\ x_2 \end{pmatrix} = \begin{pmatrix} 1 \\ 2 \end{pmatrix}. \tag{2.71}$$

也就是说只要在消元过程中出现 $a_{kk}^{(k)}=0$ 的情况,消元法就无法进行.我们再观察下面例子.

例 2.2.7 用高斯消元法求解下面方程组

$$\begin{pmatrix} \varepsilon & 1 \\ 1 & 1 \end{pmatrix} \begin{pmatrix} x_1 \\ x_2 \end{pmatrix} = \begin{pmatrix} 1 \\ 2 \end{pmatrix}. \tag{2.72}$$

由高斯消元法可得

$$\begin{pmatrix} \varepsilon & 1 \\ 0 & 1-\varepsilon^{-1} \end{pmatrix} \begin{pmatrix} x_1 \\ x_2 \end{pmatrix} = \begin{pmatrix} 1 \\ 2-\varepsilon^{-1} \end{pmatrix}, \tag{2.73}$$

它的解为

$$\begin{cases} x_2 = \dfrac{(2-\varepsilon^{-1})}{(1-\varepsilon^{-1})} \approx 1, \\ x_1 = (1-x_2)\varepsilon^{-1} \approx 0. \end{cases} \tag{2.74}$$

选主元的高斯消元法：以书中例题说明其他教材中列主元存在的问题

在计算机中用浮点数计算时,ε 足够小时,$2-\varepsilon^{-1}$ 和 $1-\varepsilon^{-1}$ 都将视为 ε^{-1} 进行计算.此时,计算结果为 $x_2=1,x_1=0$.而该方程组的精确解为 $x_1=\dfrac{1}{1-\varepsilon}\approx 1, x_2=\dfrac{1-2\varepsilon}{1-\varepsilon}\approx 1$,可以看出该结果偏差是比较大的.下面我们再给一个例子,从这个例子可以看出引起麻烦的原因不是 a_{11} 本身太小,而是它相对于该行其他元素而言太小.

例 2.2.8 考察方程组

$$\begin{pmatrix} 1 & \varepsilon^{-1} \\ 1 & 1 \end{pmatrix} \begin{pmatrix} x_1 \\ x_2 \end{pmatrix} = \begin{pmatrix} \varepsilon^{-1} \\ 2 \end{pmatrix}, \tag{2.75}$$

它跟例 2.2.7 的方程组是等价的.

简单高斯消元可得

$$\begin{pmatrix} 1 & \varepsilon^{-1} \\ 0 & 1-\varepsilon^{-1} \end{pmatrix} \begin{pmatrix} x_1 \\ x_2 \end{pmatrix} = \begin{pmatrix} \varepsilon^{-1} \\ 2-\varepsilon^{-1} \end{pmatrix}. \tag{2.76}$$

它的解为

$$\begin{cases} x_2 = \dfrac{(2-\varepsilon^{-1})}{(1-\varepsilon^{-1})} \approx 1, \\ x_1 = (1-x_2)\varepsilon^{-1} \approx 0. \end{cases} \tag{2.77}$$

得到的结果跟前面是一样的,对于小的 ε 同样得到错误的结果.

我们发现只要改变方程求解的次序,那么这些例子中的困难就不会出现,比如交换方程组(2.72)中两个方程得到

$$\begin{pmatrix}1 & 1\\ \varepsilon & 1\end{pmatrix}\begin{pmatrix}x_1\\ x_2\end{pmatrix}=\begin{pmatrix}2\\ 1\end{pmatrix}, \tag{2.78}$$

应用消元法可得

$$\begin{pmatrix}1 & 1\\ 0 & 1-\varepsilon\end{pmatrix}\begin{pmatrix}x_1\\ x_2\end{pmatrix}=\begin{pmatrix}2\\ 1-2\varepsilon\end{pmatrix}, \tag{2.79}$$

它的解为

$$\begin{cases}x_2=\dfrac{(1-2\varepsilon)}{(1-\varepsilon)}\approx 1,\\ x_1=2-x_2\approx 1.\end{cases} \tag{2.80}$$

这样得到的就是原始方程组比较好的一个近似解.

基于上述分析,下面我们给出行尺度主元消元法求解方程组 $\boldsymbol{Ax}=\boldsymbol{b}$ 的过程.

首先,取初始的置换数组 $\boldsymbol{p}=(p_1,p_2,\cdots,p_n)$ 为 $(1,2,\cdots,n)$ 并计算每行的尺度量

$$s_i=\max_{1\leqslant j\leqslant n}|a_{ij}|=\max\{|a_{i1}|,|a_{i2}|,\cdots,|a_{in}|\},\quad (1\leqslant i\leqslant n). \tag{2.81}$$

这些值记录在数组 $\boldsymbol{s}$ 中.接下来进行消元的过程:第一步,选取 $a_{i_1,1}$ 满足

$$|a_{i_11}|/s_{i_1}=\max_{1\leqslant i\leqslant n}|a_{i1}|/s_i, \tag{2.82}$$

然后利用 a_{i_11} 通过初等行变换将其他行的第一个元素消为 0,同时在置换数组中将 p_{i_1} 与 p_1 交换.重复上述过程,设我们已经完成第 $k-1$ 列的消元过程,则第 k 步我们首先选取 i_k 满足

$$|a_{p_{i_k}1}|/s_{p_{i_k}}\geqslant|a_{p_i1}|/s_i,\ \forall k\leqslant i\leqslant n. \tag{2.83}$$

然后利用 a_{i_kk} 通过初等行变换将第 k 列,第 $p_{k+1},p_{k+2},\cdots,p_n$ 行的元素消成 0,同时在置换数组中将 p_{i_k} 与 p_k 交换.最后通过置换数组记录的顺序进行回代就可以获得原始方程组的解.

例 2.2.9　给出矩阵

$$\begin{pmatrix}2 & 3 & -6\\ 1 & -6 & 8\\ 3 & -2 & 1\end{pmatrix}$$

的行尺度选主元分解过程.

解　首先,

$$\boldsymbol{p}=(1,2,3),\quad \boldsymbol{s}=(6,8,3).$$

为选择第 1 个主行,看比

$$\left\{\frac{2}{6},\frac{1}{8},\frac{3}{3}\right\}$$

最大的比对应 $j=3$,因而选取第 3 行为第 1 个主行.故我们用 p_3 交换

p_1得到 $p=(3,2,1)$.进行消元可得

$$\begin{pmatrix} \boxed{\frac{2}{3}} & \frac{13}{3} & -\frac{20}{3} \\ \boxed{\frac{1}{3}} & -\frac{16}{3} & \frac{23}{3} \\ 3 & -2 & -1 \end{pmatrix}$$

用方框框住的元素是乘子.接下来,主行的选择是根据 $|a_{p_2,2}|/s_{p_2}=(16/3)\frac{1}{8}=2/3$ 和 $|a_{p_3,2}|/s_{p_3}=(13/3)\frac{1}{6}=13/18$ 作出的.故 $j=3$,我们用 p_3交换 p_2,得到 $p=(3,1,2)$.进而消元可得

$$\begin{pmatrix} \boxed{\frac{2}{3}} & \frac{13}{3} & -\frac{20}{3} \\ \boxed{\frac{1}{3}} & \boxed{-\frac{16}{13}} & -\frac{7}{13} \\ 3 & -2 & 1 \end{pmatrix}$$

乘子$-16/13$ 放在 a_{22}的位置.

若原始的系数矩阵 $\boldsymbol{A}$ 的行已经按照置换数组 p 进行了交换,则我们可以得到如下分解:

$$\boldsymbol{PA}=\begin{pmatrix} 1 & 0 & 0 \\ \frac{2}{3} & 1 & 0 \\ \frac{1}{3} & -\frac{16}{13} & 1 \end{pmatrix}\begin{pmatrix} 3 & -2 & 1 \\ 0 & \frac{13}{3} & -\frac{20}{3} \\ 0 & 0 & -\frac{7}{13} \end{pmatrix}=\begin{pmatrix} 3 & -2 & 1 \\ 2 & 3 & -6 \\ 1 & -6 & 8 \end{pmatrix}$$

其中,

$$\boldsymbol{P}=\begin{pmatrix} 0 & 0 & 1 \\ 1 & 0 & 0 \\ 0 & 1 & 0 \end{pmatrix},\quad \boldsymbol{A}=\begin{pmatrix} 2 & 3 & -6 \\ 1 & -6 & 8 \\ 3 & -2 & 1 \end{pmatrix}.$$

行尺度选主元算法的过程等价于将方程组转化为

$$\boldsymbol{PAx}=\boldsymbol{Pb} \tag{2.84}$$

进行求解,这里 $\boldsymbol{P}$ 是一个行置换矩阵.也就是说把原方程组的求解分成了

(1) 分解 $\boldsymbol{PA}=\boldsymbol{LU}$

(2) 求解 $\boldsymbol{Ly}=\boldsymbol{Pb}$ 和 $\boldsymbol{Ux}=\boldsymbol{y}$

两大部分.上述消元的过程同样可以通过矩阵的三角分解完成,具体可参照参考文献[3].

练习 2.2.6 说明矩阵

$$\begin{pmatrix} -9 & 1 & 17 \\ 3 & 2 & -1 \\ 6 & 8 & 1 \end{pmatrix}$$

行尺度主元消元法的过程.确定 $\boldsymbol{P},\boldsymbol{L},\boldsymbol{U}$,并验证 $\boldsymbol{PA}=\boldsymbol{LU}$.

2.2.6 运算量分析

由于计算机做乘、除法的时间相当并且比加、减法耗时多得多,所以传统上进行运算量分析时一般只考虑算法的乘、除法次数,并把它们归并到一起称作长运算.这里我们首先分析消元法的运算量,实际上我们前面已经看到消元法和矩阵的 $\boldsymbol{LU}$ 分解过程是一致的.前面的直接三角分解和我们通过消元法计算矩阵三角分解实际上只是运算的次序不同,它们所消耗的乘除法次数是一样的.

通过前面消元法的步骤可知,在进行第 k 次消元时,需进行 $n-k$ 次除法,$(n-k)\times(n-k+1)$ 次乘法,故消元过程的乘除法运算总量为

乘法次数: $$\sum_{k=1}^{n-1}(n-k)(n-k+1)=\frac{n}{3}(n^2-1),$$

除法次数: $$\sum_{k=1}^{n-1}(n-k)=\frac{n}{2}(n-1).$$

而回代过程,计算 x_k 需要 $n-k+1$ 次乘除法,整个回代过程需要乘、除法运算总量为

$$\sum_{k=1}^{n}(n-k+1)=\frac{n}{2}(n+1).$$

所以高斯消元法的乘、除法运算总量为

$$N=\frac{n^3}{3}+n^2-\frac{n}{3}.$$

高斯消元法的结构允许有效地处理问题 $\boldsymbol{Ax}^{(i)}=\boldsymbol{b}^{(i)}$, $i=1,2,\cdots,m$,也就是说求解 m 个具有相同系数的矩阵而右端项不同的线性方程组问题.我们首先得到分解 $\boldsymbol{PA}=\boldsymbol{LU}$,然后利用 m 次回代求解即可得到所有方程组的解.利用类似的思路我们可以计算 $\boldsymbol{A}^{-1}$:即求解 n 个方程组 $\boldsymbol{Ax}^{(i)}=\boldsymbol{e}_i$.这也告诉我们,当求解 $\boldsymbol{Ax}=\boldsymbol{b}$ 时,不要计算 $\boldsymbol{A}^{-1}$ 而应该直接求解 $\boldsymbol{x}$.

通过对比我们可以发现楚列斯基分解只需要大概计算 $\boldsymbol{LU}$ 分解一半的元素,所以它的计算约需要 $\frac{n^3}{6}$ 次乘除法.而对于三对角方程组的追赶法,由于 $\boldsymbol{A}$ 特别简单,只需要经过 $5n-4$ 次乘除法就能完成方程组的求解.

2.3 误差分析

2.3.1 向量和矩阵的范数

在线性代数中大家已经学过,对于 n 维实向量

$$\boldsymbol{x}=\begin{pmatrix}x_1\\x_2\\\vdots\\x_n\end{pmatrix},\quad \boldsymbol{y}=\begin{pmatrix}y_1\\y_2\\\vdots\\y_n\end{pmatrix}.$$

实数

$$\langle \boldsymbol{x},\boldsymbol{y}\rangle=\boldsymbol{y}^{\mathrm{T}}\boldsymbol{x}=\sum_{i=1}^{n}x_iy_i$$

称作 $\boldsymbol{x}$ 和 $\boldsymbol{y}$ 的内积.它具有如下性质:

(1) 对称性:$\langle \boldsymbol{x},\boldsymbol{y}\rangle=\langle \boldsymbol{y},\boldsymbol{x}\rangle$;

(2) 齐次性:对任意实数 k,有 $\langle k\boldsymbol{x},\boldsymbol{y}\rangle=k\langle \boldsymbol{x},\boldsymbol{y}\rangle$;

(3) 分配律:$\langle \boldsymbol{x}+\boldsymbol{y},\boldsymbol{z}\rangle=\langle \boldsymbol{x},\boldsymbol{z}\rangle+\langle \boldsymbol{y},\boldsymbol{z}\rangle$;

(4) 正定性:$\langle \boldsymbol{x},\boldsymbol{x}\rangle\geqslant 0$,当且仅当 $\boldsymbol{x}=\boldsymbol{0}$ 时,$\langle \boldsymbol{x},\boldsymbol{x}\rangle=0$;

(5) 柯西-施瓦茨(Cauchy-Schwarz)不等式:$|\langle \boldsymbol{x},\boldsymbol{y}\rangle|^2\leqslant\langle \boldsymbol{x},\boldsymbol{x}\rangle\langle \boldsymbol{y},\boldsymbol{y}\rangle$.

通过上述内积的概念可以引入向量长度(模)的概念:

$$\|\boldsymbol{x}\|_2=\langle \boldsymbol{x},\boldsymbol{x}\rangle^{\frac{1}{2}}. \tag{2.85}$$

在数学中,范数是用来衡量“大小”的量,其一般定义为

定义 2.3.1　如果向量 $\boldsymbol{x}\in\mathbf{R}^n$ 的某个实值函数 $N(\boldsymbol{x})=\|\boldsymbol{x}\|$,满足

(1) $\|\boldsymbol{x}\|\geqslant 0$,且 $\|\boldsymbol{x}\|=0$ 当且仅当 $\boldsymbol{x}=0$;

(2) 对任意实数 α,都有 $\|\alpha\boldsymbol{x}\|=|\alpha|\,\|\boldsymbol{x}\|$;

(3) 对任意 $\boldsymbol{x},\boldsymbol{y}\in\mathbf{R}^n$,都有

$$\|\boldsymbol{x}+\boldsymbol{y}\|\leqslant\|\boldsymbol{x}\|+\|\boldsymbol{y}\|. \tag{2.86}$$

则称 $\|\boldsymbol{x}\|$ 为向量 $\boldsymbol{x}$ 的范数.

容易验证,向量的模符合范数的三个条件.常用的向量范数有以下四种:

(1) 2-范数(欧氏范数)

$$\|\boldsymbol{x}\|_2=\langle \boldsymbol{x},\boldsymbol{x}\rangle^{\frac{1}{2}}.$$

(2) 1-范数

$$\|\boldsymbol{x}\|_1=\sum_{i=1}^{n}|x_i|.$$

(3) ∞-范数

$$\|\boldsymbol{x}\|_\infty=\max_{1\leqslant i\leqslant n}|x_i|.$$

(4) p-范数

$$\|\boldsymbol{x}\|_p=\left(\sum_{i=1}^{n}|x_i|^p\right)^{\frac{1}{p}}.$$

其中 $p\in[1,\infty)$,容易证明 $N(\boldsymbol{x})\equiv\|\boldsymbol{x}\|_p$ 是 $\mathbf{R}^n$ 空间中向量的范数,且易说明前面三种范数是 p-范数的特殊情况($\|\boldsymbol{x}\|_\infty=$

$\lim\limits_{p\to\infty}\|\boldsymbol{x}\|_p$).

例 2.3.1　计算向量 $\boldsymbol{x}=(1,0,-1,2)^{\mathrm{T}}$ 的三种范数 $\|\boldsymbol{x}\|_1$, $\|\boldsymbol{x}\|_2$, $\|\boldsymbol{x}\|_\infty$.

解

$$\|\boldsymbol{x}\|_1=|1|+|0|+|-1|+|2|=4,$$

$$\|\boldsymbol{x}\|_2=\sqrt{1^2+0^2+(-1)^2+2^2}=\sqrt{6},$$
$$\|\boldsymbol{x}\|_\infty=\max\{1,0,1,2\}=2.$$

练习 2.3.1　计算向量 $\boldsymbol{x}=(3,-2,4,1)^{\mathrm{T}}$ 的三种范数 $\|\boldsymbol{x}\|_1$, $\|\boldsymbol{x}\|_2$, $\|\boldsymbol{x}\|_\infty$.

定理 2.3.1　设非负函数 $N(\boldsymbol{x})=\|\boldsymbol{x}\|$ 为 $\mathbf{R}^n$ 上的任意范数,则 $N(\boldsymbol{x})$ 是 $\boldsymbol{x}$ 的分量 $x_1,x_2,\cdots,x_n$ 的连续函数.

证　设 $\boldsymbol{x}=\sum\limits_{i=1}^{n}x_i\boldsymbol{e}_i$, $\boldsymbol{y}=\sum\limits_{i=1}^{n}y_i\boldsymbol{e}_i$, 其中 $\boldsymbol{e}_i=(0,\cdots,1,0,\cdots,0)^{\mathrm{T}}$.只需证明当 $\boldsymbol{x}\to\boldsymbol{y}$ 时, $N(\boldsymbol{x})\to N(\boldsymbol{y})$ 即可.事实上,

$$\begin{aligned}|N(\boldsymbol{x})-N(\boldsymbol{y})|&=|\,\|\boldsymbol{x}\|-\|\boldsymbol{y}\|\,|\leqslant\|\boldsymbol{x}-\boldsymbol{y}\|\\&=\left\|\sum_{i=1}^{n}(x_i-y_i)\boldsymbol{e}_i\right\|\leqslant\sum_{i=1}^{n}|x_i-y_i|\,\|\boldsymbol{e}_i\|\\&\leqslant\|\boldsymbol{x}-\boldsymbol{y}\|_\infty\sum_{i=1}^{n}\|\boldsymbol{e}_i\|,\end{aligned}\tag{2.87}$$

即

$$|N(\boldsymbol{x})-N(\boldsymbol{y})|\leqslant c\|\boldsymbol{x}-\boldsymbol{y}\|_\infty\to 0\quad(\text{当 }\boldsymbol{x}\to\boldsymbol{y}\text{ 时}),\tag{2.88}$$

其中

$$c=\sum_{i=1}^{n}\|\boldsymbol{e}_i\|.$$

定理 2.3.2　设 $\|\boldsymbol{x}\|_s$, $\|\boldsymbol{x}\|_t$ 为 $\mathbf{R}^n$ 上向量的任意两种范数,则存在常数 $c_1,c_2>0$,使得对一切 $\boldsymbol{x}\in\mathbf{R}^n$ 有

$$c_1\|\boldsymbol{x}\|_s\leqslant\|\boldsymbol{x}\|_t\leqslant c_2\|\boldsymbol{x}\|_s.\tag{2.89}$$

证　只需要对 $\|\boldsymbol{x}\|_s=\|\boldsymbol{x}\|_\infty$ 证明上式成立即可,即证明存在常数 $c_1,c_2>0$,使

$$c_1\leqslant\frac{\|\boldsymbol{x}\|_t}{\|\boldsymbol{x}\|_\infty}\leqslant c_2,\quad\text{对一切 }\boldsymbol{x}\in\mathbf{R}^n\text{ 且 }\boldsymbol{x}\neq\boldsymbol{0}.\tag{2.90}$$

考虑函数

$$f(\boldsymbol{x})=\|\boldsymbol{x}\|_t\geqslant 0,\quad\boldsymbol{x}\in\mathbf{R}^n.\tag{2.91}$$

记 $S=\{\boldsymbol{x}\mid\|\boldsymbol{x}\|_\infty=1,\boldsymbol{x}\in\mathbf{R}^n\}$,则 S 是一个有界闭集.由于 $f(\boldsymbol{x})$ 为 S 上的连续函数,所以 $f(\boldsymbol{x})$ 在 S 上可达到最大、最小值,即存在 $\boldsymbol{x}'$, $\boldsymbol{x}''\in S$ 使得

$$f(\boldsymbol{x}')=\min_{\boldsymbol{x}\in S}f(\boldsymbol{x})=c_1,\quad f(\boldsymbol{x}'')=\max_{\boldsymbol{x}\in S}f(\boldsymbol{x})=c_2.\tag{2.92}$$

设 $\boldsymbol{x}\in\mathbf{R}^n$ 且 $\boldsymbol{x}\neq\boldsymbol{0}$,则 $\dfrac{\boldsymbol{x}}{\|\boldsymbol{x}\|_\infty}\in S$,从而有

$$c_1 \leqslant f\left(\frac{\boldsymbol{x}}{\|\boldsymbol{x}\|_\infty}\right) \leqslant c_2, \tag{2.93}$$

显然 $c_1, c_2>0$，上式为

$$c_1 \leqslant \left\|\frac{\boldsymbol{x}}{\|\boldsymbol{x}\|_\infty}\right\|_t \leqslant c_2, \tag{2.94}$$

即

$$c_1\|\boldsymbol{x}\|_\infty \leqslant \|\boldsymbol{x}\|_t \leqslant c_2\|\boldsymbol{x}\|_\infty, \quad \forall \boldsymbol{x} \in \mathbf{R}^n \tag{2.95}$$

注意，定理 2.3.2 结论不能推广到无穷维空间.

2.3.2 矩阵范数

下面我们将向量范数的概念推广到矩阵中.如果将 $\mathbf{R}^{n\times n}$ 中的矩阵看作 $\mathbf{R}^{n^2}$ 中的向量，则由 $\mathbf{R}^{n^2}$ 上的 2-范数可以得到 $\mathbf{R}^{n\times n}$ 中的一种范数：

$$\|\boldsymbol{A}\|_F = \left(\sum_{i,j=1}^{n} a_{ij}^2\right)^{\frac{1}{2}}$$

称作矩阵 $\boldsymbol{A}$ 的弗罗贝尼乌斯(Frobenius)范数. $\|\boldsymbol{A}\|_F$ 显然满足正定性、齐次性和三角不等式.

下面给出矩阵范数的一般定义.

定义 2.3.2 对于任意 n 阶方阵 $\boldsymbol{A} \in \mathbf{R}^{n\times n}$，如果实值函数 $N(\boldsymbol{A}) = \|\boldsymbol{A}\|$ 满足条件

(1) 正定条件：$\|\boldsymbol{A}\| \geqslant 0$（$\|\boldsymbol{A}\| = 0 \Leftrightarrow \boldsymbol{A} = \boldsymbol{O}$）；

(2) 齐次条件：$\|c\boldsymbol{A}\| = |c|\,\|\boldsymbol{A}\|$，$c$ 为实数；

(3) 三角不等式：$\|\boldsymbol{A}+\boldsymbol{B}\| \leqslant \|\boldsymbol{A}\| + \|\boldsymbol{B}\|$；

(4) 相容性条件：$\|\boldsymbol{AB}\| \leqslant \|\boldsymbol{A}\|\,\|\boldsymbol{B}\|$.

则称 $N(\boldsymbol{A})$ 是 $\mathbf{R}^{n\times n}$ 上的一个矩阵范数.

例 2.3.2 已知 $\boldsymbol{A} = (a_{ij})_{n\times n}$，证明：$\|\boldsymbol{A}\| = \sum\limits_{i=1}^{n}\sum\limits_{j=1}^{n}|a_{ij}|$ 是一种矩阵范数.

证

(1) $\|\boldsymbol{A}\| = \sum\limits_{i=1}^{n}\sum\limits_{j=1}^{n}|a_{ij}| \geqslant 0$ 且 $\|\boldsymbol{A}\| = 0 \Leftrightarrow \boldsymbol{A} = \mathbf{0}$.

(2) 对任意实数 c，有

$$\|c\boldsymbol{A}\| = \sum_{i=1}^{n}\sum_{j=1}^{n}|ca_{ij}| = |c|\sum_{i=1}^{n}\sum_{j=1}^{n}|a_{ij}| = |c|\,\|\boldsymbol{A}\|. \tag{2.96}$$

(3)
$$\begin{aligned}\|\boldsymbol{A}+\boldsymbol{B}\| &= \sum_{i=1}^{n}\sum_{j=1}^{n}|a_{ij}+b_{ij}| \leqslant \sum_{i=1}^{n}\sum_{j=1}^{n}|a_{ij}| + \sum_{i=1}^{n}\sum_{j=1}^{n}|b_{ij}| \\ &= \|\boldsymbol{A}\| + \|\boldsymbol{B}\|.\end{aligned}$$

向量和矩阵的范数：
介绍几种主要范数的计算

（4）

$$\begin{aligned}\|AB\| &= \sum_{i=1}^{n}\sum_{j=1}^{n}\left|\sum_{k=1}^{n}a_{ik}b_{kj}\right| \leqslant \sum_{i=1}^{n}\sum_{j=1}^{n}\sum_{k=1}^{n}|a_{ik}||b_{kj}| \\ &\leqslant \left(\sum_{i=1}^{n}\sum_{k=1}^{n}|a_{ik}|\right)\left(\sum_{k=1}^{n}\sum_{j=1}^{n}|b_{kj}|\right) \\ &= \|A\|\cdot\|B\|.\end{aligned}$$

故 $\|A\|$ 是一种矩阵范数.

在实际应用中,矩阵经常和向量相关联,为此我们引进一种矩阵范数.

定义 2.3.3(矩阵的算子范数) 设 $x\in\mathbf{R}^n, A\in\mathbf{R}^{n\times n}$,给出一种向量范数 $\|x\|_p$,$(p=1,2,\infty)$,相应地定义一个矩阵的非负函数

$$\|A\|_p=\max_{x\neq 0}\frac{\|Ax\|_p}{\|x\|_p}. \tag{2.97}$$

则称 $\|A\|_p$ 为向量范数导出的矩阵范数,也称 $\|A\|_p$ 为算子范数.算子范数满足定义 2.3.2 中的 4 个性质.

定理 2.3.3 设 x 为 n 维向量,A 为 n 阶方阵,则算子范数有如下性质:

（1） $\|A\|_\infty=\max\limits_{1\leqslant i\leqslant n}\sum\limits_{j=1}^{n}|a_{ij}|$（称为 A 的行范数）;

（2） $\|A\|_1=\max\limits_{1\leqslant j\leqslant n}\sum\limits_{i=1}^{n}|a_{ij}|$（称为 A 的列范数）;

（3） $\|A\|_2=\sqrt{\lambda_{\max}(A^{\mathrm{T}}A)}$（称为 A 的 2-范数）,其中 $\lambda_{\max}(A^{\mathrm{T}}A)$ 表示 $A^{\mathrm{T}}A$ 的最大特征值.

证 只就(1),(3),给出证明,(2)同理可证.

(1) 设 $x=(x_1,x_2,\cdots,x_n)^{\mathrm{T}}\neq 0$,不妨设 $A\neq O$.记

$$t=\|x\|_\infty=\max_{1\leqslant i\leqslant n}|x_i|,\quad \mu=\max_{1\leqslant i\leqslant n}\sum_{j=1}^{n}|a_{ij}|, \tag{2.98}$$

则

$$\|Ax\|_\infty=\max_{1\leqslant i\leqslant n}\left|\sum_{j=1}^{n}a_{ij}x_j\right|\leqslant \max_{1\leqslant i\leqslant n}\sum_{j=1}^{n}|a_{ij}||x_j|\leqslant t\max_{1\leqslant i\leqslant n}\sum_{j=1}^{n}|a_{ij}|. \tag{2.99}$$

这说明对任何非零向量 $x\in\mathbf{R}^n$,有

$$\frac{\|Ax\|_\infty}{\|x\|_\infty}\leqslant\mu. \tag{2.100}$$

下面来说明存在一向量 $x_0\neq 0$,使 $\dfrac{\|Ax_0\|_\infty}{\|x_0\|_\infty}=\mu$.设 $\mu=\sum\limits_{j=1}^{n}|a_{i_0j}|$,取向量 $x_0=(x_1,x_2,\cdots,x_n)^{\mathrm{T}}$,其中 $x_j=\mathrm{sgn}(a_{i_0j})(j=1,2,\cdots,n)$.显然,$\|x_0\|_\infty=1$,且 Ax_0 的第 i_0 个分量为 $\sum\limits_{j=1}^{n}a_{i_0j}x_j=\sum\limits_{j=1}^{n}|a_{i_0j}|$,这

说明

$$\|Ax_0\|_\infty = \max_{1\leqslant i\leqslant n}\left|\sum_{j=1}^{n} a_{ij}x_j\right| = \sum_{j=1}^{n}|a_{i_0j}| = \mu. \tag{2.101}$$

(3) 由于一切 $x\in\mathbf{R}^n$, $\|Ax\|_2^2=(Ax,Ax)=(A^{\mathrm{T}}Ax,x)\geqslant 0$,从而 $A^{\mathrm{T}}A$ 的特征值为非负实数,设为

$$\lambda_1\geqslant\lambda_2\geqslant\cdots\geqslant\lambda_n\geqslant 0. \tag{2.102}$$

$A^{\mathrm{T}}A$ 为对称矩阵,设 $u_1,u_2,\cdots,u_n$ 为 $A^{\mathrm{T}}A$ 的相应特征向量且 $(u_i,u_j)=\delta_{ij}$,又设 $x\in\mathbf{R}^n$ 为任一非零向量,于是有

$$x=\sum_{i=1}^{n} c_i u_i, \tag{2.103}$$

其中 c_i 为组合系数,

$$\frac{\|Ax\|_2^2}{\|x\|_2^2}=\frac{(Ax,Ax)}{(x,x)}=\frac{\sum_{i=1}^{n} c_i^2\lambda_i}{\sum_{i=1}^{n} c_i^2}\leqslant\lambda_1. \tag{2.104}$$

另一方面,取 $x=u_1$,则上式等号成立,故

$$\|A\|_2=\max_{x\neq 0}\frac{\|Ax\|_2}{\|x\|_2}=\sqrt{\lambda_1}=\sqrt{\lambda_{\max}(A^{\mathrm{T}}A)}. \tag{2.105}$$

例 2.3.3 设 $A=\begin{pmatrix}4 & -3\\ 2 & 1\end{pmatrix}$,求:$\|A\|_1$, $\|A\|_\infty$, $\|A\|_2$.

解

$$\|A\|_1=\max\{6,4\}=6,$$
$$\|A\|_\infty=\max\{7,3\}=7,$$

因为 $A^{\mathrm{T}}A$ 有特征值 $\lambda_1=15+5\sqrt{5}$, $\lambda_2=15-5\sqrt{5}$,则

$$\|A\|_2=\sqrt{15+5\sqrt{5}}\approx 5.1167.$$

矩阵的谱半径与范数有以下关系.

定理 2.3.4 设 G 为 n 阶方阵, $\|\cdot\|$ 为任一由向量范数诱导出的矩阵范数,则

$$\rho(G)\leqslant\|G\|. \tag{2.106}$$

证 对 G 的任一特征值 λ_i 及相应的特征向量 u_i,都有

$$|\lambda_i|\,\|u_i\|=\|\lambda_i u_i\|=\|Gu_i\|\leqslant\|G\|\|u_i\|.$$

因为 u_i 为非零向量,于是有

$$|\lambda_i|\leqslant\|G\|,$$

由 λ_i 的任意性即得结论.

定理 2.3.5 设 G 为 n 阶方阵,则对任意正数 ε,存在一种矩阵算子范数 $\|\cdot\|$,使得

$$\|G\|\leqslant\rho(G)+\varepsilon.$$

定理 2.3.6 如果 $A\in\mathbf{R}^{n\times n}$ 为对称矩阵,则 $\|A\|_2=\rho(A)$.

2.3.3 病态方程组与条件数

线性方程组 $Ax=b$ 的解是由它的系数矩阵 A 和它的右端向量

$\boldsymbol{b}$ 所确定的.在实际问题中,由于各种原因,$\boldsymbol{A}$ 或 $\boldsymbol{b}$ 往往有误差,从而使得解也会产生误差.下面我们研究 $\boldsymbol{A}$(或 $\boldsymbol{b}$)的微小误差对解的影响.先来看一个例子.

例 2.3.4　解线性方程组

$$\begin{pmatrix}1 & 1\\ 1 & 1.0001\end{pmatrix}\begin{pmatrix}x_1\\ x_2\end{pmatrix}=\begin{pmatrix}2\\ 2.0001\end{pmatrix}. \tag{2.107}$$

解　其准确解为 $\boldsymbol{x}=(1,1)^{\mathrm{T}}$.当 $\boldsymbol{A}$ 有微小变化时,如方程组变为

$$\begin{pmatrix}1 & 1\\ 1 & 0.9999\end{pmatrix}\begin{pmatrix}x_1\\ x_2\end{pmatrix}=\begin{pmatrix}2\\ 2.0001\end{pmatrix}, \tag{2.108}$$

准确解变为 $\hat{\boldsymbol{x}}=\boldsymbol{x}+\delta\boldsymbol{x}=(3,-1)^{\mathrm{T}}$.

例 2.3.5

$$\begin{pmatrix}10 & 7 & 8 & 7\\ 7 & 5 & 6 & 5\\ 8 & 6 & 10 & 9\\ 7 & 5 & 9 & 10\end{pmatrix}\begin{pmatrix}x_1\\ x_2\\ x_3\\ x_4\end{pmatrix}=\begin{pmatrix}32\\ 23\\ 33\\ 31\end{pmatrix}. \tag{2.109}$$

解　其准确解 $\boldsymbol{x}^*=(1,1,1,1)^{\mathrm{T}}$.当 $\boldsymbol{A}$ 没有变化,$\boldsymbol{b}$ 有微小变化时,

$$\boldsymbol{b}+\delta\boldsymbol{b}=\begin{pmatrix}32.1\\ 22.9\\ 33.1\\ 30.9\end{pmatrix}, \tag{2.110}$$

则方程组的解变为

$$\boldsymbol{x}+\delta\boldsymbol{x}=\begin{pmatrix}9.2\\ -12.6\\ 4.5\\ -1.1\end{pmatrix}. \tag{2.111}$$

上述两个例子表明,$\boldsymbol{A}$ 与 $\boldsymbol{b}$ 的微小变化会引起方程组解 $\boldsymbol{x}$ 的很大变化,这种现象的出现完全是由方程组的性态决定的.

定义 2.3.4　如果矩阵 $\boldsymbol{A}$ 或右端项 $\boldsymbol{b}$ 的微小变化,引起线性方程组 $\boldsymbol{Ax}=\boldsymbol{b}$ 的解的巨大变化,则称此方程组为**“病态”方程组**,矩阵 $\boldsymbol{A}$ 称为**“病态”矩阵**,否则称线性方程组为**“良态”方程组**,$\boldsymbol{A}$ 称为**“良态”矩阵**.

应该注意,矩阵“病态”性质是矩阵本身的特性,下面我们希望找出刻画矩阵“病态”性质的量.设有线性方程组

$$\boldsymbol{Ax}=\boldsymbol{b}, \tag{2.112}$$

其中 $\boldsymbol{A}$ 为非奇异矩阵,$\boldsymbol{x}$ 为线性方程组(2.112)的准确解.下面我们研究系数矩阵和右端项的扰动对解的影响.

现设 $\boldsymbol{A}$ 是精确的,$\boldsymbol{b}$ 有误差 $\delta\boldsymbol{b}$,解为 $\boldsymbol{x}+\delta\boldsymbol{x}$,则

病态方程组与条件数

$$A(x+\delta x)=b+\delta b,\quad \delta x=A^{-1}\delta b,\quad \|\delta x\|\leqslant\|A^{-1}\|\ \|\delta b\|.\tag{2.113}$$

由线性方程组(2.112)有

$$\|b\|\leqslant\|A\|\ \|x\|,\quad \frac{1}{\|x\|}\leqslant\frac{\|A\|}{\|b\|}\quad(\text{设 } b\neq 0).\tag{2.114}$$

于是由式(2.113)及式(2.114),得到如下定理.

定理 2.3.7　设 A 是非奇异矩阵,$Ax=b\neq 0$,且

$$A(x+\delta x)=b+\delta b.$$

则

$$\frac{\|\delta x\|}{\|x\|}\leqslant\|A^{-1}\|\ \|A\|\frac{\|\delta b\|}{\|b\|}.\tag{2.115}$$

上式给出了解的相对误差的上界,右端项 b 的相对误差在解中放大不超过 $\|A^{-1}\|\ \|A\|$ 倍.

现设 b 是精确的,A 有微小误差 δA,解为 $x+\delta x$,则

$$(A+\delta A)(x+\delta x)=b,\tag{2.116}$$

将式(2.116)与式(2.112)相减得

$$\delta A(x+\delta x)+A\delta x=0,\tag{2.117}$$

则

$$\delta x=-A^{-1}\delta A(x+\delta x).\tag{2.118}$$

由范数的定义得

$$\|\delta x\|\leqslant\|A^{-1}\|\ \|\delta A\|\ \|x+\delta x\|,\tag{2.119}$$

于是有

$$\frac{\|\delta x\|}{\|x+\delta x\|}\leqslant\|A\|\ \|A^{-1}\|\frac{\|\delta A\|}{\|A\|}.\tag{2.120}$$

式(2.120)说明当系数矩阵 A 有扰动时,解的相对误差仍与 $\|A^{-1}\|\ \|A\|$ 有关,$\|A^{-1}\|\ \|A\|$ 越大,解的误差越大.

当系数矩阵 A 和右端项 b 同时含有误差 δA 和 δb 时,在

$$\|A^{-1}\delta A\|\leqslant\|A^{-1}\|\ \|\delta A\|<1\tag{2.121}$$

条件下,可以推出

$$\frac{\|\delta x\|}{\|x\|}\leqslant\frac{\|A\|\ \|A^{-1}\|}{1-\|A\|\ \|A^{-1}\|\dfrac{\|\delta A\|}{\|A\|}}\left(\frac{\|\delta b\|}{\|b\|}+\frac{\|\delta A\|}{\|A\|}\right).\tag{2.122}$$

由式(2.115)、式(2.120)和式(2.122)可知,量 $\|A\|\ \|A^{-1}\|$ 越小,由 A(或 b)的相对误差引起的解的相对误差就越小;量 $\|A\|\ \|A^{-1}\|$ 越大,解的相对误差就可能越大.所以量 $\|A\|\ \|A^{-1}\|$ 刻画了方程组 $Ax=b$ 的"病态"程度及解对 A,b 扰动的敏感程度,于是引出如下定义.

定义 2.3.5　设 $\boldsymbol{A}$ 为 n 阶非奇异矩阵，称

$$\mathrm{cond}_\nu(\boldsymbol{A})=\|\boldsymbol{A}^{-1}\|_\nu\|\boldsymbol{A}\|_\nu\quad(\nu=1,2\text{ 或 }\infty)$$

为矩阵 $\boldsymbol{A}$ 的条件数.

条件数的性质：

(1) 对任何非奇异矩阵 $\boldsymbol{A}$，都有 $\mathrm{cond}_\nu(\boldsymbol{A})\geqslant 1$.事实上，

$$\mathrm{cond}_\nu(\boldsymbol{A})=\|\boldsymbol{A}^{-1}\|_\nu\|\boldsymbol{A}\|_\nu\geqslant\|\boldsymbol{A}^{-1}\boldsymbol{A}\|_\nu=1.\tag{2.123}$$

(2) 设 $\boldsymbol{A}$ 为非奇异矩阵且 $c\neq 0$(常数)，则

$$\mathrm{cond}_\nu(c\boldsymbol{A})=\mathrm{cond}_\nu(\boldsymbol{A}).\tag{2.124}$$

(3) 如果 $\boldsymbol{A}$ 为正交矩阵，则 $\mathrm{cond}_2(\boldsymbol{A})=1$，如果 $\boldsymbol{A}$ 为非奇异矩阵，$\boldsymbol{R}$ 为正交矩阵，则

$$\mathrm{cond}_2(\boldsymbol{RA})=\mathrm{cond}_2(\boldsymbol{AR})=\mathrm{cond}_2(\boldsymbol{A}).$$

例 2.3.6　已知方程组

$$\begin{pmatrix}1&\frac{1}{2}&\frac{1}{3}\\\frac{1}{2}&\frac{1}{3}&\frac{1}{4}\\\frac{1}{3}&\frac{1}{4}&\frac{1}{5}\end{pmatrix}\begin{pmatrix}x_1\\x_2\\x_3\end{pmatrix}=\begin{pmatrix}1\\0\\0\end{pmatrix},\tag{2.125}$$

则方程组对应的系数矩阵 $\boldsymbol{A}=\begin{pmatrix}1&\frac{1}{2}&\frac{1}{3}\\\frac{1}{2}&\frac{1}{3}&\frac{1}{4}\\\frac{1}{3}&\frac{1}{4}&\frac{1}{5}\end{pmatrix}$，解为 $\boldsymbol{x}=(9,-36,30)^{\mathrm{T}}$.

若把系数取成 2 位有效数字的小数，得扰动方程组为

$$\begin{pmatrix}1.00&0.50&0.33\\0.50&0.33&0.25\\0.33&0.25&0.20\end{pmatrix}\begin{pmatrix}x_1\\x_2\\x_3\end{pmatrix}=\begin{pmatrix}1\\0\\0\end{pmatrix},\tag{2.126}$$

求解扰动方程组，并分析所得结果.

解　用消元法可得

$$\begin{pmatrix}1.00&0.50&0.33\\&0.08&0.085\\&&7.875\times10^{-4}\end{pmatrix}\begin{pmatrix}x_1\\x_2\\x_3\end{pmatrix}=\begin{pmatrix}1\\-0.50\\0.20125\end{pmatrix},\tag{2.127}$$

回代可得解

$$\begin{pmatrix}255.55556\\-277.77778\\55.55556\end{pmatrix}.$$

比较两个方程组可以看出，它们的右端项相同，系数矩阵中元素的最大相对误差仅为 0.01，而得到的解却严重失真.事实上，可以

求出

$$A^{-1}=\begin{pmatrix}9 & -36 & 30\\ -36 & 192 & -180\\ 30 & -180 & 180\end{pmatrix}.$$

于是有

$$\mathrm{cond}_{\infty}(A)=\|A\|_{\infty}\|A^{-1}\|_{\infty}=\frac{11}{6}\times 408=748,$$

条件数很大,所以"病态"很严重.

上述例子中方程组的一般形式为

$$\begin{pmatrix}1 & \frac{1}{2} & \cdots & \frac{1}{n}\\ \frac{1}{2} & \frac{1}{3} & \cdots & \frac{1}{n+1}\\ \vdots & \vdots & & \vdots\\ \frac{1}{n} & \frac{1}{n+1} & \cdots & \frac{1}{2n-1}\end{pmatrix}\begin{pmatrix}x_1\\ x_2\\ \vdots\\ x_n\end{pmatrix}=\begin{pmatrix}b_1\\ b_2\\ \vdots\\ b_n\end{pmatrix}, \tag{2.128}$$

它是典型的"病态"方程组,称为希尔伯特(Hilbert)方程组,n 越大,"病态"越严重.如 $n=6$ 时,$\mathrm{cond}_{\infty}(A)=2.9\times10^{7}$;$n=10$ 时,$\mathrm{cond}_{\infty}(A)=3.5\times10^{12}$.严重"病态"的方程组,即使使用主元素方法求解也是数值不稳定的.

由于条件数需要求矩阵的逆矩阵,因而计算有一定困难.但在下列情况中,方程组往往是"病态"的:

1. 在用主元素法时,出现小主元;
2. 系数矩阵中有行(或列)近似线性相关;
3. 系数矩阵中元素值的数量级相差很大.

对于病态方程组,可以采用如下措施:

1. 采用高精度的运算,减轻病态影响;

2. 采用预处理方法改善矩阵 A 的条件数.例如,可选择非奇异的对角或三角矩阵 P,Q 将 $Ax=b$ 转化为以下等价形式

$$\begin{cases}PAQy=Pb,\\ y=Q^{-1}x.\end{cases}$$

使 $\mathrm{cond}(PAQ)<\mathrm{cond}(A)$.

3. 当矩阵 A 的元素数量级较大时,对 A 的行(列)乘以适当的比例因子,使 A 的所有行(列)的 ∞-范数相近,可以使 A 的条件数得到改善.

习题 2

1. 用高斯消元法求解方程组:

$$\begin{cases}2x_1+\ x_2+2x_3=6,\\4x_1+3x_2+\ x_3=11,\\6x_1+\ x_2+5x_3=13,\end{cases}$$

并给出相应系数矩阵的一种 $\boldsymbol{LU}$ 分解.

2. 求矩阵

$$\boldsymbol{A}=\begin{pmatrix}6&10&0\\12&26&4\\0&9&12\end{pmatrix}$$

的分解 $\boldsymbol{A}=\boldsymbol{LU}$,其中 $\boldsymbol{L}$ 为主对角元为 2 的下三角矩阵,$\boldsymbol{U}$ 为上三角矩阵.

3. 用紧凑格式解下列方程组,并写出对应的 $\boldsymbol{L}$,$\boldsymbol{U}$ 矩阵.

$$\begin{pmatrix}1&2&3&4\\1&4&9&16\\1&8&27&64\\1&16&81&256\end{pmatrix}\begin{pmatrix}x_1\\x_2\\x_3\\x_4\end{pmatrix}=\begin{pmatrix}2\\10\\44\\190\end{pmatrix}.$$

4. 证明:若 $\boldsymbol{A}$ 对称,则在它的杜利特尔分解中 $\boldsymbol{L}$ 的列是 $\boldsymbol{U}$ 的行的倍数.

5. 分别用平方根法和改进平方根法求解方程组.

$$\begin{pmatrix}1&2&1&-3\\2&5&0&-5\\1&0&14&1\\-3&-5&1&15\end{pmatrix}\begin{pmatrix}x_1\\x_2\\x_3\\x_4\end{pmatrix}=\begin{pmatrix}1\\2\\16\\8\end{pmatrix}.$$

6. 用追赶法解下列方程组:

$$\begin{pmatrix}2&-1&0&0\\-1&2&-1&0\\0&-1&2&-1\\0&0&-1&2\end{pmatrix}\begin{pmatrix}x_1\\x_2\\x_3\\x_4\end{pmatrix}=\begin{pmatrix}0\\1\\0\\2.5\end{pmatrix}.$$

7. 两次求解线性方程组.第一次使用高斯消元法并给出分解 $\boldsymbol{A}=\boldsymbol{LU}$.第二次使用行尺度高斯消去法并确定分解 $\boldsymbol{PA}=\boldsymbol{LU}$.

$$\begin{pmatrix}-1&1&-4\\2&2&0\\3&3&2\end{pmatrix}\begin{pmatrix}x_1\\x_2\\x_3\end{pmatrix}=\begin{pmatrix}0\\1\\\frac{1}{2}\end{pmatrix}.$$

8. 确定下列表达式是否为定义在 $\mathbf{R}^n$ 上的范数.

(1) $\max\{|x_2|,|x_3|,\cdots,|x_n|\}$;

(2) $\sum\limits_{i=1}^{n}|x_i|^3$;

(3) $\max\{|x_1-x_2|,|x_1+x_2|,|x_3|,|x_4|,\cdots,|x_n|\}$.

9. 设

$$A=\begin{pmatrix}0.6 & 0.5\\ 0.2 & 0.3\end{pmatrix},$$

计算 A 的行范数、列范数、2-范数及 F-范数.

10. 设

$$A=\begin{pmatrix}1 & 1\\ -5 & 1\end{pmatrix},$$

计算 A 的谱半径 $\rho(A)$ 及条件数 $\mathrm{cond}_{\infty}(A)$.

11. 设

$$A=\begin{pmatrix}2 & -1 & 0\\ -1 & 2 & -1\\ 0 & -1 & 2\end{pmatrix},$$

计算 $\mathrm{cond}_2(A)$.

12. 试推导矩阵 A 的另一种三角分解 $A=LU$ 的计算公式,其中 L 为下三角矩阵,U 为单位上三角矩阵.

13. 设 $A\in\mathbf{R}^{n\times n}$ 为对称正定矩阵,定义

$$\|x\|_A=(Ax,x)^{\frac{1}{2}},$$

证明:$\|x\|_A$ 为一种向量范数.

14. 证明:如果 A 是正交矩阵,则 $\mathrm{cond}_2(A)=1$.

15. 设 $Ax=b$,其中 $A\in\mathbf{R}^{n\times n}$,证明:

(1) $A^{\mathrm{T}}A$ 为对称正定;

(2) $\mathrm{cond}_2(A^{\mathrm{T}}A)=(\mathrm{cond}_2(A))^2$.

第 3 章 线性方程组的迭代法

3.1 引　　例

我们在上一章中介绍的解线性方程组的直接法是解低阶稠密线性方程组的有效方法.但是,在工程技术中常产生大型高阶稀疏线性方程组(系数矩阵 $\boldsymbol{A}$ 的大部分元素为 0).例如,在某些偏微分方程数值解中所产生的方程组的阶数很大($n\geqslant 10^4$),但零元素较多.这时,迭代法从计算速度和存储方面具有超过直接法的决定性优点.有时,当精度要求不严格时,适当的迭代次数就可以产生一个可接受的解.迭代法的另一个优点是它们通常是稳定的.

我们结合下面的例子来描述基本迭代法的思想.

例 3.1.1　考察线性方程组

$$\begin{pmatrix} 4 & -1 & 1 \\ 4 & -8 & 1 \\ -2 & 1 & 5 \end{pmatrix}\begin{pmatrix} x_1 \\ x_2 \\ x_3 \end{pmatrix}=\begin{pmatrix} 7 \\ -21 \\ 15 \end{pmatrix}, \tag{3.1}$$

试构造迭代过程求它的解(其精确解为 $\boldsymbol{x}^*=(2,4,3)^{\mathrm{T}}$).

解　上述方程组可以表示成如下形式:

$$x_1=\frac{1}{4}(7+x_2-x_3),$$

$$x_2=\frac{1}{8}(21+4x_1+x_3),$$

$$x_3=\frac{1}{5}(15+2x_1-x_2).$$

这样我们可以构造如下迭代过程:

$$x_1^{(k)}=\frac{1}{4}(7+x_2^{(k-1)}-x_3^{(k-1)}),$$

$$x_2^{(k)}=\frac{1}{8}(21+4x_1^{(k-1)}+x_3^{(k-1)}),$$

$$x_3^{(k)}=\frac{1}{5}(15+2x_1^{(k-1)}-x_2^{(k-1)}).$$

这称为 **雅可比方法** 或 **雅可比迭代**. 取初始向量 $\boldsymbol{x}^{(0)}=$

$(x_1^{(0)},x_2^{(0)},x_3^{(0)})^T=(1,2,2)^T$，然后由上式生成 $\boldsymbol{x}^{(1)}=(x_1^{(1)},x_2^{(1)},x_3^{(1)})^T$. 这个过程重复预定的次数或者直到 $\boldsymbol{x}^{(k)}=(x_1^{(k)},x_2^{(k)},x_3^{(k)})^T$ 达到一定精度.表 3.1 给出了此例中雅可比迭代产生序列中的一些值.

表 3.1 求解方程组(3.1)的收敛雅可比迭代

k	$x_1^{(k)}$	$x_2^{(k)}$	$x_3^{(k)}$
0	1.0	2.0	2.0
1	1.75	3.375	3.0
2	1.84375	3.875	3.025
3	1.9625	3.925	2.9625
4	1.99062500	3.97656250	3.00000000
5	1.99414063	3.99531250	3.00093750
⋮	⋮	⋮	⋮
15	1.99999993	3.99999985	2.99999993
⋮	⋮	⋮	⋮
19	2.00000000	4.00000000	3.00000000

显然这个迭代过程可以加以修正使 $x_1^{(k)}$ 的最新值能用于第 2 个等式中，$x_2^{(k)}$ 的最新值能用于第 3 个等式中，由此得到的方法为**高斯-赛德尔方法**或**高斯-赛德尔迭代**.即迭代公式变为

$$x_1^{(k)}=\frac{1}{4}(7+x_2^{(k-1)}-x_3^{(k-1)}),$$

$$x_2^{(k)}=\frac{1}{8}(21+4x_1^{(k)}+x_3^{(k-1)}),$$

$$x_3^{(k)}=\frac{1}{5}(15+2x_1^{(k)}-x_2^{(k)}).$$

表 3.2 是此例中高斯-赛德尔迭代产生序列中的一些值，可以看出在这个例子中它比雅可比迭代的收敛速度要快.

表 3.2 求解方程组(3.1)的收敛高斯-赛德尔迭代

k	$x_1^{(k)}$	$x_2^{(k)}$	$x_3^{(k)}$
0	1.0	2.0	2.0
1	1.75	3.75	2.95
2	1.95	3.96875	2.98625
3	1.995625	3.99609375	2.99903125
⋮	⋮	⋮	⋮
9	1.99999998	3.99999999	3.00000000
10	2.00000000	4.00000000	3.00000000

迭代过程并不是一直有效的，通过下面的例子可以看出，重新排列初始方程组后，利用雅可比迭代可以产生一个发散的序列.

例 3.1.2　重新排列线性方程组(3.1)如下：

$$\begin{pmatrix} -2 & 1 & 5 \\ 4 & -8 & 1 \\ 4 & -1 & 1 \end{pmatrix}\begin{pmatrix} x_1 \\ x_2 \\ x_3 \end{pmatrix}=\begin{pmatrix} 15 \\ -21 \\ 7 \end{pmatrix}. \tag{3.2}$$

给出求解它的雅可比迭代过程.

解　上述方程组可以表示成如下形式：

$$x_1=\frac{1}{2}(-15+x_2+5x_3),$$

$$x_2=\frac{1}{8}(21+4x_1+x_3),$$

$$x_3=7-4x_1+x_2.$$

这样我们可以构造如下迭代过程：

$$x_1^{(k)}=\frac{1}{2}[-15+x_2^{(k-1)}+5x_3^{(k-1)}],$$

$$x_2^{(k)}=\frac{1}{8}[21+4x_1^{(k-1)}+x_3^{(k-1)}],$$

$$x_3^{(k)}=7-4x_1^{(k-1)}+x_2^{(k-1)}.$$

同样取初始向量 $\boldsymbol{x}^{(0)}=(x_1^{(0)},x_2^{(0)},x_3^{(0)})^{\mathrm{T}}=(1,2,2)^{\mathrm{T}}$，计算结果见表 3.3，可以明显看出这一过程产生的序列是发散的.

表 3.3　求解方程组(3.2)的发散雅可比迭代

k	$x_1^{(k)}$	$x_2^{(k)}$	$x_3^{(k)}$
0	1.0	2.0	2.0
1	-1.5	3.375	5.0
2	6.6875	2.5	16.375
3	34.6875	8.015625	-17.25
4	-46.617188	17.8125	-123.73438
5	-307.929688	-36.150391	211.28125
⋮	⋮	⋮	⋮

通过前面的例子大家可以看到迭代法求解线性方程组的基本过程就是通过初值和构造迭代公式形成方程组解的一个逼近序列，这一过程需要考虑以下几个方面的问题：

（1）如何保证构造序列的收敛性？

（2）在序列收敛的情况下，如何保证其极限是方程组的解？

（3）如何控制迭代过程的终止？

迭代法的核心要素：
结合书中的引例引出
构造迭代法的基本要素

3.2　迭代法基本原理

下面我们在一般意义下考虑用迭代方法求解方程组

$$Ax=b. \tag{3.3}$$

一般的迭代过程可以描述如下：首先，将系数矩阵 A 分裂为

$$A=M-N, \tag{3.4}$$

其中 M 为可选择的非奇异矩阵，称作**分裂矩阵**.此时原问题可改写成

$$Mx=Nx+b, \tag{3.5}$$

这样就可以构造迭代格式

$$Mx^{(k)}=Nx^{(k-1)}+b \quad (k=1,2,\cdots), \tag{3.6}$$

初始向量 $x^{(0)}$ 可以是任意的（猜测值）.如果式（3.6）定义的迭代法对任意初始向量 $x^{(0)}$ 都收敛，则称迭代法收敛.分裂矩阵 M 的选取目标是能够满足下列两个条件：

（1）序列 $\{x^{(k)}\}$ 易于计算；

（2）序列 $\{x^{(k)}\}$ 能够快速收敛到方程组的真实解.

分裂法构造迭代法的基本过程：分裂法构造一阶定常迭代的基本过程

若令 $G=M^{-1}N, f=M^{-1}b$，通过前面的分析可以构造一阶定常迭代：

$$\begin{cases} x^{(0)} & \text{（初始向量）}, \\ x^{(k)}=Gx^{(k-1)}+f, & k=1,2,\cdots. \end{cases} \tag{3.7}$$

下面讨论迭代法的收敛性问题.

定义 3.2.1 设 $\{x^{(k)}\}$ 为 $\mathbf{R}^n$ 中的一个向量序列，$x^*\in\mathbf{R}^n$，记 $x^{(k)}=(x_1^{(k)},x_2^{(k)},\cdots,x_n^{(k)})^{\mathrm{T}}$，$x^*=(x_1^*,x_2^*,\cdots,x_n^*)^{\mathrm{T}}$.如果

$$\lim_{k\to\infty}x_i^{(k)}=x_i^*, \quad i=1,2,\cdots,n, \tag{3.8}$$

则称 $x^{(k)}$ 收敛于向量 x^*，记为

$$\lim_{k\to\infty}x^{(k)}=x^*. \tag{3.9}$$

由定理 2.3.2 可得推论：如果在一种范数意义下向量序列收敛时，则在任何一种范数意义下该向量序列收敛.

定理 3.2.1 $\lim\limits_{k\to\infty}x^{(k)}=x^*\Leftrightarrow\lim\limits_{k\to\infty}\|x^{(k)}-x^*\|=0$，其中 $\|\cdot\|$ 为向量的任一范数.

证 显然 $\lim\limits_{k\to\infty}x^{(k)}=x^*\Leftrightarrow\lim\limits_{k\to\infty}\|x^{(k)}-x^*\|_\infty=0$，而对于 $\mathbf{R}^n$ 上任一范数 $\|\cdot\|$，由定理 2.3.2，存在常数 $c_1,c_2>0$，使得

$$c_1\|x^{(k)}-x^*\|_\infty\leqslant\|x^{(k)}-x^*\|\leqslant c_2\|x^{(k)}-x^*\|_\infty, \tag{3.10}$$

于是又有

$$\lim_{k\to\infty}\|x^{(k)}-x^*\|_\infty=0\Leftrightarrow\lim_{k\to\infty}\|x^{(k)}-x^*\|=0. \tag{3.11}$$

定义 3.2.2 设有矩阵序列 $\{G^{(k)}\}=[g_{ij}^{(k)}]$ 为 n 阶方阵序列，$G=(g_{ij})$ 为 n 阶方阵.如果 n^2 个数列极限存在且有

$$\lim_{k\to\infty}g_{ij}^{(k)}=g_{ij}, \quad i,j=1,2,\cdots,n,$$

则称 $\{G^{(k)}\}$ 收敛于 $G=(g_{ij})$，记为 $\lim\limits_{k\to\infty}G^{(k)}=G$.

显然,

$$\lim_{k\to\infty}\boldsymbol{G}^{(k)}=\boldsymbol{G}\Leftrightarrow\lim_{k\to\infty}\|\boldsymbol{G}^{(k)}-\boldsymbol{G}\|=0, \tag{3.12}$$

其中,$\|\cdot\|$ 为矩阵的任意一种算子范数.

定理 3.2.2 矩阵序列 $\lim\limits_{k\to\infty}\boldsymbol{G}^{(k)}=\boldsymbol{O}$ 的充要条件是

$$\lim_{k\to\infty}\boldsymbol{G}^{(k)}\boldsymbol{x}=\boldsymbol{0},\quad \forall\boldsymbol{x}\in\mathbf{R}^n, \tag{3.13}$$

其中两个极限右端分别指**零矩阵**和**零向量**.

证 对任一矩阵的算子范数,有

$$\|\boldsymbol{G}^{(k)}\boldsymbol{x}\|\leqslant\|\boldsymbol{G}^{(k)}\|\|\boldsymbol{x}\|.$$

若 $\lim\limits_{k\to\infty}\boldsymbol{G}^{(k)}=\boldsymbol{O}$,则$\lim\limits_{k\to\infty}\|\boldsymbol{G}^{(k)}\|=0$,故对一切 $\boldsymbol{x}\in\mathbf{R}^n$,有

$$\lim_{k\to\infty}\|\boldsymbol{G}^{(k)}\boldsymbol{x}\|=0,$$

故式(3.13)成立.

反之,若式(3.13)成立,取 $\boldsymbol{x}$ 的第 j 个坐标向量 $\boldsymbol{e}_j$,则$\lim\limits_{k\to\infty}\boldsymbol{G}^{(k)}\boldsymbol{e}_j=\boldsymbol{0}$,表示 $\boldsymbol{G}^{(k)}$ 的第 j 列元素的极限为零.取 $j=1,2,\cdots,n$ 就证明了

$$\lim_{k\to\infty}\boldsymbol{G}^{(k)}=\boldsymbol{O}.$$

定理 3.2.3 设 $\boldsymbol{G}$ 为 n 阶方阵,则

$$\lim_{k\to\infty}\boldsymbol{G}^k=\boldsymbol{O}$$

的充要条件为

$$\rho(\boldsymbol{G})<1. \tag{3.14}$$

证 必要性.若

$$\lim_{k\to\infty}\boldsymbol{G}^k=\boldsymbol{O},$$

由式(3.12)

$$\lim_{k\to\infty}\|\boldsymbol{G}^k\|=0.$$

而

$$0\leqslant\rho(\boldsymbol{G}^k)=[\rho(\boldsymbol{G})]^k\leqslant\|\boldsymbol{G}^k\|,$$

于是由极限存在准则,有

$$\lim_{k\to\infty}[\rho(\boldsymbol{G})]^k=0,$$

所以 $\rho(\boldsymbol{G})<1$.

充分性.若 $\rho(\boldsymbol{G})<1$,取 $\varepsilon=\dfrac{1-\rho(\boldsymbol{G})}{2}>0$,由定理 2.3.5,存在一种矩阵算子范数 $\|\cdot\|$,使得

$$\|\boldsymbol{G}\|\leqslant\rho(\boldsymbol{G})+\varepsilon=\frac{1+\rho(\boldsymbol{G})}{2}<1$$

而 $\|\boldsymbol{G}^k\|\leqslant\|\boldsymbol{G}\|^k$,于是

$$\lim_{k\to\infty}\|\boldsymbol{G}^k\|=0,$$

所以

$$\lim_{k\to\infty}\boldsymbol{G}^k=\boldsymbol{O}.$$

定理 3.2.4 给定方程组(3.3)及一阶定常迭代法式(3.7),对任意初始向量 $\boldsymbol{x}^{(0)}$,迭代法式(3.7)收敛的充分必要条件是矩阵 $\boldsymbol{G}$ 的谱半径

$$\rho(\boldsymbol{G})<1.$$

证 必要性.设存在 n 维向量 $\boldsymbol{x}^*$,使得 $\lim\limits_{k\to\infty}\boldsymbol{x}^{(k)}=\boldsymbol{x}^*$,则 $\boldsymbol{x}^*$ 满足

$$\boldsymbol{x}^*=\boldsymbol{G}\boldsymbol{x}^*+\boldsymbol{f}. \tag{3.15}$$

于是有

$$\begin{aligned}\boldsymbol{x}^{(k)}-\boldsymbol{x}^*&=\boldsymbol{G}\boldsymbol{x}^{(k-1)}+\boldsymbol{f}-\boldsymbol{G}\boldsymbol{x}^*-\boldsymbol{f}\\&=\boldsymbol{G}(\boldsymbol{x}^{(k-1)}-\boldsymbol{x}^*)=\boldsymbol{G}^2(\boldsymbol{x}^{(k-2)}-\boldsymbol{x}^*)\\&=\boldsymbol{G}^k(\boldsymbol{x}^{(0)}-\boldsymbol{x}^*),\end{aligned}$$

于是有

$$\lim_{k\to\infty}\boldsymbol{G}^k(\boldsymbol{x}^{(0)}-\boldsymbol{x}^*)=\lim_{k\to\infty}(\boldsymbol{x}^{(k)}-\boldsymbol{x}^*)=\boldsymbol{0}.$$

于是由 $\boldsymbol{x}^{(0)}$ 的任意性及定理 3.2.2 可得

$$\lim_{k\to\infty}\boldsymbol{G}^k=\boldsymbol{O},$$

进而由定理 3.2.4 得到

$$\rho(\boldsymbol{G})<1.$$

充分性.若 $\rho(\boldsymbol{G})<1$,则 $\lambda=1$ 不是 $\boldsymbol{G}$ 的特征值,因而有 $|\boldsymbol{I}-\boldsymbol{G}|\neq 0$,于是对任意 n 维向量 $\boldsymbol{f}$,方程组 $(\boldsymbol{I}-\boldsymbol{G})\boldsymbol{x}=\boldsymbol{f}$ 有唯一解,记为 $\boldsymbol{x}^*$,即

$$\boldsymbol{x}^*=\boldsymbol{G}\boldsymbol{x}^*+\boldsymbol{f},$$

且

$$\lim_{k\to\infty}\boldsymbol{G}^k=\boldsymbol{O}.$$

又因为

$$\boldsymbol{x}^{(k)}-\boldsymbol{x}^*=\boldsymbol{G}(\boldsymbol{x}^{(k-1)}-\boldsymbol{x}^*)=\boldsymbol{G}^k(\boldsymbol{x}^{(0)}-\boldsymbol{x}^*).$$

所以,对任意初始向量 $\boldsymbol{x}^{(0)}$,都有

$$\lim_{k\to\infty}(\boldsymbol{x}^{(k)}-\boldsymbol{x}^*)=\lim_{k\to\infty}\boldsymbol{G}^k(\boldsymbol{x}^{(0)}-\boldsymbol{x}^*)=\boldsymbol{0}.$$

例 3.2.1 考察用迭代法求解线性方程组

$$\boldsymbol{x}^{(k+1)}=\boldsymbol{G}\boldsymbol{x}^{(k)}+\boldsymbol{f}$$

的收敛性,其中 $\boldsymbol{G}=\begin{pmatrix}0&3/8&-1/4\\-4/11&0&1/11\\-1/2&-1/4&0\end{pmatrix}$,$\boldsymbol{f}=\begin{pmatrix}1\\1\\0\end{pmatrix}$.

解 先求迭代矩阵的特征值.由特征方程

$$\det(\lambda\boldsymbol{I}-\boldsymbol{G})=\begin{vmatrix}\lambda&-3/8&1/4\\4/11&\lambda&-1/11\\1/2&1/4&\lambda\end{vmatrix}=0,$$

可得

$$\det(\lambda\boldsymbol{I}-\boldsymbol{G})=\lambda^3+0.034090909\lambda+0.039772727=0,$$

解得

$$\lambda_1=-0.3082,\quad \lambda_2=0.1541+\mathrm{i}0.3245,\quad \lambda_3=0.1541-\mathrm{i}0.3245,$$

即 $\rho(\boldsymbol{G})<1$.所以迭代法收敛.

练习 3.2.1 考察用迭代法求解线性方程组

迭代法收敛的充要条件:结合例题讲述判别迭代法收敛性的充要条件

$$x^{(k+1)}=Gx^{(k)}+f$$

的收敛性，其中 $G=\begin{pmatrix}0&2\\3&0\end{pmatrix}$，$f=\begin{pmatrix}5\\5\end{pmatrix}$.

由于 $\rho(G)<\|G\|$，下面利用矩阵的算子范数建立判别迭代法收敛性的充分条件.

定理 3.2.5　设有线性方程组

$$x=Gx+f,\quad G\in\mathbf{R}^{n\times n},$$

及一阶定常迭代

$$x^{(k+1)}=Gx^{(k)}+f.$$

如果有 G 的某种算子范数 $\|G\|=q<1$，则

(1) 迭代法收敛，即对任取的 $x^{(0)}$ 有

$$\lim_{k\to\infty}x^{(k)}=x^*,\quad 且\ x^*=Gx^*+f;$$

(2) $\|x^*-x^{(k)}\|\leqslant q^k\|x^*-x^{(0)}\|$；

(3) $\|x^*-x^{(k)}\|\leqslant\dfrac{q}{1-q}\|x^{(k)}-x^{(k-1)}\|$；

(4) $\|x^*-x^{(k)}\|\leqslant\dfrac{q^k}{1-q}\|x^{(1)}-x^{(0)}\|$.

证　(1) 由基本定理知，结论(1)是显然的.

(2) 显然有关系式 $x^*-x^{(k+1)}=G(x^*-x^{(k)})$ 及

$$x^{(k+1)}-x^{(k)}=G(x^{(k)}-x^{(k-1)}).$$

于是有

$$\|x^{(k+1)}-x^{(k)}\|\leqslant q\|x^{(k)}-x^{(k-1)}\| \tag{3.16}$$

以及

$$\|x^*-x^{(k+1)}\|\leqslant q\|x^*-x^{(k)}\|.$$

反复利用上式即可得结论(2).

(3) 考查

$$\begin{aligned}\|x^{(k+1)}-x^{(k)}\|&=\|x^*-x^{(k)}-(x^*-x^{(k+1)})\|\\&\geqslant\|x^*-x^{(k)}\|-\|x^*-x^{(k+1)}\|\\&\geqslant(1-q)\|x^*-x^{(k)}\|,\end{aligned}$$

即有

$$\|x^*-x^{(k)}\|\leqslant\frac{1}{1-q}\|x^{(k+1)}-x^{(k)}\|\leqslant\frac{q}{1-q}\|x^{(k)}-x^{(k-1)}\|.$$

(4) 由(3)的结论，反复用式(3.16)即可得.

3.3　经典迭代法

3.3.1　雅可比迭代法

将线性方程组(3.3)的系数矩阵 $A=(a_{ij})\in\mathbf{R}^{n\times n}$ 分解成 $A=D-$

$\boldsymbol{L}-\boldsymbol{U}$,其中

$$\boldsymbol{D}=\begin{pmatrix} a_{11} & & & \\ & a_{22} & & \\ & & \ddots & \\ & & & a_{nn} \end{pmatrix}, \tag{3.17}$$

$$\boldsymbol{L}=-\begin{pmatrix} 0 & & & & \\ a_{21} & 0 & & & \\ \vdots & \vdots & \ddots & & \\ a_{n-1,1} & a_{n-1,2} & \cdots & 0 & \\ a_{n1} & a_{n2} & \cdots & a_{n,n-1} & 0 \end{pmatrix}, \tag{3.18}$$

$$\boldsymbol{U}=-\begin{pmatrix} 0 & a_{12} & \cdots & a_{1,n-1} & a_{1n} \\ & 0 & \cdots & a_{2,n-1} & a_{2n} \\ & & \ddots & \vdots & \vdots \\ & & & 0 & a_{n-1,n} \\ & & & & 0 \end{pmatrix}, \tag{3.19}$$

即假设 $a_{ii}\neq 0(i=1,2,\cdots,n)$,选取分裂 $\boldsymbol{M}=\boldsymbol{D},\boldsymbol{N}=\boldsymbol{L}+\boldsymbol{U}$,得到定常迭代

$$\begin{cases} \boldsymbol{x}^{(0)} & (\text{初始向量}), \\ \boldsymbol{x}^{(k)}=\boldsymbol{G}_J\boldsymbol{x}^{(k-1)}+\boldsymbol{f}_J, & k=1,2,\cdots, \end{cases} \tag{3.20}$$

其中 $\boldsymbol{G}_J=\boldsymbol{D}^{-1}(\boldsymbol{L}+\boldsymbol{U}),\boldsymbol{f}_J=\boldsymbol{D}^{-1}\boldsymbol{b}$.这种迭代方式称作雅可比(Jacobi)迭代法,$\boldsymbol{G}_J$称作求解方程组 $\boldsymbol{Ax}=\boldsymbol{b}$ 的雅可比迭代矩阵.

下面给出雅可比迭代法(3.20)的分量计算公式,记

$$\boldsymbol{x}^{(k)}=(x_1^{(k)},\cdots,x_i^{(k)},\cdots,x_n^{(k)})^{\mathrm{T}},$$

由雅可比迭代公式(3.20)有

$$\boldsymbol{Dx}^{(k+1)}=(\boldsymbol{L}+\boldsymbol{U})\boldsymbol{x}^{(k)}+\boldsymbol{b},$$

或

$$a_{ii}x_i^{(k+1)}=-\sum_{j=1}^{i-1}a_{ij}x_j^{(k)}-\sum_{j=i+1}^{n}a_{ij}x_j^{(k)}+b_i,\quad i=1,2,\cdots,n.$$

于是,解 $\boldsymbol{Ax}=\boldsymbol{b}$ 的雅可比迭代法的计算公式为

$$\begin{cases} \boldsymbol{x}^{(0)}=(x_1^{(0)},x_2^{(0)},\cdots,x_n^{(0)})^{\mathrm{T}}, \\ x_i^{(k+1)}=\dfrac{b_i-\sum\limits_{j=1,j\neq i}a_{ij}x_j^{(k)}}{a_{ii}}, \\ i=1,2,\cdots,n;k=0,1,\cdots,\text{表示迭代次数}. \end{cases}$$

由上式可知,雅可比迭代法计算简单,每次迭代只需计算一次矩阵和向量乘法且计算过程中原始矩阵 $\boldsymbol{A}$ 保持不变.

例 3.3.1　用雅可比迭代法求解方程组

$$\begin{pmatrix}10 & -1 & -2\\ -1 & 10 & -2\\ -1 & -1 & 5\end{pmatrix}\begin{pmatrix}x_1\\ x_2\\ x_3\end{pmatrix}=\begin{pmatrix}72\\ 83\\ 42\end{pmatrix}. \tag{3.21}$$

解　分别从三个方程中求出 x_1, x_2, x_3，得到雅可比迭代公式

$$\begin{cases}x_1^{(k+1)}=\dfrac{1}{10}\left(x_2^{(k)}+2x_3^{(k)}+72\right),\\ x_2^{(k+1)}=\dfrac{1}{10}\left(x_1^{(k)}+2x_3^{(k)}+83\right),\\ x_3^{(k+1)}=\dfrac{1}{5}\left(x_1^{(k)}+x_2^{(k)}+42\right).\end{cases}$$

其矩阵形式为

$$\boldsymbol{x}^{(k+1)}=\begin{pmatrix}0 & 0.1 & 0.2\\ 0.1 & 0 & 0.2\\ 0.2 & 0.2 & 0\end{pmatrix}\boldsymbol{x}^{(k)}+\begin{pmatrix}7.2\\ 8.3\\ 8.4\end{pmatrix}$$

取 $\boldsymbol{x}^{(0)}=(0,0,0)^{\mathrm{T}}$，代入迭代公式，迭代结果见表 3.4

表 3.4　迭代结果

k	$x_1^{(k)}$	$x_2^{(k)}$	$x_3^{(k)}$	k	$x_1^{(k)}$	$x_2^{(k)}$	$x_3^{(k)}$
0	0.00000	0.00000	0.00000	5	10.9510	11.9510	12.9414
1	7.2000	8.3000	8.4000	6	10.9834	11.9834	12.9504
2	9.7100	10.7000	11.5000	7	10.9944	11.9981	12.9934
3	10.5700	11.5700	12.4820	8	10.9981	11.9941	12.9978
4	10.8525	11.8534	12.8282	9	10.9994	11.9994	12.9992

容易验证，方程组的精确解为 $\boldsymbol{x}=(11,12,13)^{\mathrm{T}}$，从表 3.4 可以看出，随着迭代次数增加，迭代结果越来越接近精确解.而我们可以看出此例中迭代矩阵满足 $\|\boldsymbol{G}_J\|_1=0.4<1$，结果与理论相符.

3.3.2 高斯-赛德尔迭代法

仍然将 $\boldsymbol{A}$ 分解成 $\boldsymbol{A}=\boldsymbol{D}-\boldsymbol{L}-\boldsymbol{U}$，选取分裂矩阵 $\boldsymbol{M}=\boldsymbol{D}-\boldsymbol{L}$（$\boldsymbol{A}$ 的下三角部分），此时得到求解方程组 $\boldsymbol{Ax}=\boldsymbol{b}$ 的高斯-赛德尔（Gauss-seidel）迭代法

$$\begin{cases}\boldsymbol{x}^{(0)} & （初始向量）,\\ \boldsymbol{x}^{(k)}=\boldsymbol{G}_{G\text{-}S}\boldsymbol{x}^{(k-1)}+\boldsymbol{f}_{G\text{-}S}, & k=1,2,\cdots,\end{cases} \tag{3.22}$$

其中 $\boldsymbol{G}_{G\text{-}S}=(\boldsymbol{D}-\boldsymbol{L})^{-1}\boldsymbol{U}, \boldsymbol{f}_{G\text{-}S}=(\boldsymbol{D}-\boldsymbol{L})^{-1}\boldsymbol{b}$.

下面给出高斯-赛德尔迭代法的分量计算公式.记

$$\boldsymbol{x}^{(k)}=\left(x_1^{(k)},\cdots,x_i^{(k)},\cdots,x_n^{(k)}\right)^{\mathrm{T}},$$

由高斯-赛德尔迭代公式(3.22)有

$$(\boldsymbol{D}-\boldsymbol{L})\boldsymbol{x}^{(k+1)}=\boldsymbol{Ux}^{(k)}+\boldsymbol{b},$$

或

$$a_{ii}x_i^{(k+1)} = -\sum_{j=1}^{i-1} a_{ij}x_j^{(k+1)} - \sum_{j=i+1}^{n} a_{ij}x_j^{(k)} + b_i, \quad i=1,2,\cdots,n.$$

于是,解 $\boldsymbol{Ax}=\boldsymbol{b}$ 的高斯-赛德尔迭代法的计算公式为

$$\begin{cases} \boldsymbol{x}^{(0)} = (x_1^{(0)}, x_2^{(0)}, \cdots, x_n^{(0)})^{\mathrm{T}}, \\ x_i^{(k+1)} = \dfrac{b_i - \sum\limits_{j=1}^{i-1} a_{ij}x_j^{(k+1)} - \sum\limits_{j=i+1}^{n} a_{ij}x_j^{(k)}}{a_{ii}}, \\ i=1,2,\cdots,n; k=0,1,\cdots,\text{表示迭代次数}. \end{cases}$$

雅可比迭代法不使用变量的最新信息计算 $x_i^{(k+1)}$,而高斯-赛德尔迭代法在计算 $\boldsymbol{x}^{(k+1)}$ 的第 i 个分量 $x_i^{(k+1)}$ 时,利用了已经计算出的最新分量 $x_j^{(k+1)}(j=1,2,\cdots,i-1)$.因此,高斯-赛德尔迭代法可以看作雅可比迭代法的一种改进.高斯-赛德尔迭代法过程中每次迭代也只需计算一次矩阵与向量的乘法.迭代一次,运算次数和矩阵 $\boldsymbol{A}$ 的非零元素个数一样多.我们看一下高斯-赛德尔迭代法计算前面例子的结果.

例 3.3.2 用高斯-赛德尔迭代法求例 3.3.1.

解 高斯-赛德尔迭代公式为

$$\begin{cases} x_1^{(k+1)} = \dfrac{1}{10}(x_2^{(k)} + 2x_3^{(k)} + 72), \\ x_2^{(k+1)} = \dfrac{1}{10}(x_1^{(k+1)} + 2x_3^{(k)} + 83), \\ x_3^{(k+1)} = \dfrac{1}{5}(x_1^{(k+1)} + x_2^{(k+1)} + 42). \end{cases}$$

取 $\boldsymbol{x}^{(0)}=(0,0,0)^{\mathrm{T}}$,计算结果见表 3.5.

表 3.5 计算结果

k	$x_1^{(k)}$	$x_2^{(k)}$	$x_3^{(k)}$	k	$x_1^{(k)}$	$x_2^{(k)}$	$x_3^{(k)}$
0	0.00000	0.00000	0.00000	4	10.9913	11.9947	12.9972
1	7.2000	9.0200	11.6440	5	10.9989	11.9993	12.9996
2	10.4308	11.6719	12.8205	6	10.9999	11.9999	12.9999
3	10.9313	11.9572	12.9778				

计算结果表明,用高斯-赛德尔迭代法求解例 3.3.1 的方程组比雅可比迭代法效果要好,迭代 5 次的结果与例 3.3.1 中迭代 9 次的结果相仿(读者可以自行验证一下本例中迭代矩阵满足收敛性条件).事实上,对有些问题高斯-赛德尔迭代法确实比雅可比迭代法收敛得快,但也有高斯-赛德尔迭代法比雅可比迭代法收敛得慢的情况,甚至有雅可比迭代法收敛而高斯-赛德尔迭代法不收敛的情形.

练习 3.3.1 取初始向量 $\boldsymbol{x}^{(0)}=\boldsymbol{0}$,分别用雅可比迭代法和高斯-

赛德尔迭代法求解下面的方程组并观察其收敛性.

$$\begin{pmatrix} 4 & 1 & -1 \\ 1 & -1 & -1 \\ 2 & -1 & -6 \end{pmatrix}\begin{pmatrix} x_1 \\ x_2 \\ x_3 \end{pmatrix}=\begin{pmatrix} 13 \\ -8 \\ -2 \end{pmatrix}. \tag{3.23}$$

3.3.3 松弛迭代法

选取分裂矩阵 $\boldsymbol{M}$ 为带参数的下三角矩阵

$$\boldsymbol{M}=\frac{1}{\omega}(\boldsymbol{D}-\omega\boldsymbol{L}),$$

其中 $\omega>0$ 为可选择的松弛因子.此时得到求解方程组 $\boldsymbol{Ax}=\boldsymbol{b}$ 的逐次超松弛迭代法(Successive Over Relaxation method),简称 SOR 方法:

$$\begin{cases} \boldsymbol{x}^{(0)} & (\text{初始向量}), \\ \boldsymbol{x}^{(k)}=\boldsymbol{G}_{\omega}\boldsymbol{x}^{(k-1)}+\boldsymbol{f}_{\omega}, & k=1,2,\cdots, \end{cases} \tag{3.24}$$

其中 $\boldsymbol{G}_{\omega}=(\boldsymbol{D}-\omega\boldsymbol{L})^{-1}[(1-\omega)\boldsymbol{D}+\omega\boldsymbol{U}]$, $\boldsymbol{f}_{\omega}=\omega(\boldsymbol{D}-\omega\boldsymbol{L})^{-1}\boldsymbol{b}$.

下面给出 SOR 迭代法的分量计算公式.记

$$\boldsymbol{x}^{(k)}=(x_1^{(k)},\cdots,x_i^{(k)},\cdots,x_n^{(k)})^{\mathrm{T}},$$

由迭代公式(3.24)有

$$(\boldsymbol{D}-\omega\boldsymbol{L})\boldsymbol{x}^{(k+1)}=[(1-\omega)\boldsymbol{D}+\omega\boldsymbol{U}]\boldsymbol{x}^{(k)}+\omega\boldsymbol{b},$$

或

$$\boldsymbol{Dx}^{(k+1)}=\boldsymbol{Dx}^{(k)}+\omega(\boldsymbol{b}+\boldsymbol{Lx}^{(k+1)}+\boldsymbol{Ux}^{(k)}-\boldsymbol{Dx}^{(k)}).$$

由此,得到解 $\boldsymbol{Ax}=\boldsymbol{b}$ 的 SOR 迭代法的计算公式为

$$\begin{cases} \boldsymbol{x}^{(0)}=(x_1^{(0)},x_2^{(0)},\cdots,x_n^{(0)})^{\mathrm{T}}, \\ x_i^{(k+1)}=x_i^{(k)}+\dfrac{\omega\left(b_i-\sum\limits_{j=1}^{i-1}a_{ij}x_j^{(k+1)}-\sum\limits_{j=i}^{n}a_{ij}x_j^{(k)}\right)}{a_{ii}}, \\ i=1,2,\cdots,n;k=0,1,\cdots,\text{表示迭代次数}. \\ \omega\ \text{为松弛因子}. \end{cases}$$

(1) 显然,当 $\omega=1$ 时,SOR 方法即为高斯-赛德尔迭代法;

(2) SOR 方法的每一步迭代主要运算量是计算一次矩阵与向量的乘法;

(3) 当 $\omega>1$ 时,称作超松弛法;当 $\omega<1$ 时,称作低松弛法.

例 3.3.3 取 $\boldsymbol{x}^{(0)}=(0,0,0)^{\mathrm{T}}$,分别用高斯-赛德尔迭代法和 SOR 方法($\omega=1.28$)求解方程组

$$\begin{pmatrix} 2 & -1 & 0 \\ -1 & 2 & -1 \\ 0 & -1 & 2 \end{pmatrix}\begin{pmatrix} x_1 \\ x_2 \\ x_3 \end{pmatrix}=\begin{pmatrix} 1 \\ 0 \\ 1.8 \end{pmatrix}. \tag{3.25}$$

解 计算结果见表 3.6.

三种迭代法的基本过程:讲述三种迭代法的基本计算流程

表 3.6 计算结果

k	高斯-赛德尔迭代 $\boldsymbol{x}^{(k)}$			松弛迭代 $\boldsymbol{x}^{(k)}$		
1	0.5000	0.2500	1.0250	0.6400	0.4096	1.4141
2	0.6250	0.8250	1.3125	0.7229	1.2530	1.5580
3	0.9125	1.1125	1.4563	1.2395	1.4396	1.6371
4	1.0562	1.2563	1.5281	1.2142	1.4218	1.6036
5	1.1281	1.3281	1.5641	1.2099	1.4025	1.6006
6	1.1820	1.3820	1.5910	1.1988	1.3990	1.5992
7	1.1641	1.3641	1.5820	1.1997	1.3995	1.5999
8	1.1910	1.3910	1.5955	1.1998	1.4000	1.6000
9	1.1955	1.3955	1.5978			
10	1.1978	1.3978	1.5989			
11	1.1989	1.3989	1.5994			
12	1.1994	1.3994	1.5997			
13	1.1997	1.3997	1.5999			

由计算结果可以看出 SOR 迭代 8 次所得结果比高斯-赛德尔迭代 13 次的结果还要精确,松弛因子 $\omega=1.28$ 加速收敛效果明显.

松弛因子的选取对收敛速度影响极大,但目前尚无可供使用的计算最佳松弛因子的方法.实际计算时,通常是根据系数矩阵的性质及实际计算的经验,通过试算来确定松弛因子的值.

3.3.4 经典迭代法的收敛性

由定理 3.2.4 立即可得以下结论.

定理 3.3.1 设 $\boldsymbol{Ax}=\boldsymbol{b}$,其中 $\boldsymbol{A}=\boldsymbol{D}-\boldsymbol{L}-\boldsymbol{U}$ 为非奇异矩阵,且对角矩阵 $\boldsymbol{D}$ 也非奇异,则

(1) 解线性方程组的雅可比迭代法收敛的充要条件是 $\rho(\boldsymbol{G}_J)<1$;

(2) 解线性方程组的高斯-赛德尔迭代法收敛的充要条件是 $\rho(\boldsymbol{G}_{G\text{-}S})<1$;

(3) 解线性方程组的 SOR 迭代法收敛的充要条件是 $\rho(\boldsymbol{G}_\omega)<1$.

类似地,通过定理 3.2.5 可知几类迭代法收敛的充分条件是对应的迭代矩阵的某种算子范数小于 1.

在科学及工程计算中,线性方程组的系数矩阵 $\boldsymbol{A}$ 常常具有某些特性.例如,$\boldsymbol{A}$ 具有对角占优性质或者 $\boldsymbol{A}$ 为不可约矩阵,或 $\boldsymbol{A}$ 为正定矩阵等.下面讨论这几种情况下几类经典迭代法的收敛性.

定义 3.3.1 设 $\boldsymbol{A}=(a_{ij})_{n\times n}$,

(1) 如果 $\boldsymbol{A}$ 的元素满足

$$|a_{ii}| > \sum_{j=1,j\neq i}^{n} |a_{ij}|, \quad i=1,2,\cdots,n, \tag{3.26}$$

称 $\boldsymbol{A}$ 为严格对角占优矩阵.

(2) 如果 $\boldsymbol{A}$ 的元素满足

$$|a_{ii}| \geqslant \sum_{j=1,j\neq i}^{n} |a_{ij}|, \quad i=1,2,\cdots,n, \tag{3.27}$$

且上式至少有一个不等式严格成立,则称 $\boldsymbol{A}$ 为 **弱对角占优矩阵**.

定义 3.3.2　设 $\boldsymbol{A}=(a_{ij})_{n\times n}(n\geqslant 2)$,如果存在置换矩阵 $\boldsymbol{P}$ 使

$$\boldsymbol{P}^{\mathrm{T}}\boldsymbol{A}\boldsymbol{P}=\begin{pmatrix}\boldsymbol{A}_{11} & \boldsymbol{A}_{12}\\ \boldsymbol{O} & \boldsymbol{A}_{22}\end{pmatrix}, \tag{3.28}$$

其中 $\boldsymbol{A}_{11}$ 为 r 阶方阵,$\boldsymbol{A}_{22}$ 为 $n-r$ 阶方阵($1\leqslant r<n$),则称 $\boldsymbol{A}$ 为可约矩阵.否则,称 $\boldsymbol{A}$ 为不可约矩阵.

$\boldsymbol{A}$ 为可约矩阵即 $\boldsymbol{A}$ 可以经过若干次行列重排化为式(3.28)或 $\boldsymbol{A}\boldsymbol{x}=\boldsymbol{b}$ 可以化为两个低阶线性方程组求解.

事实上,由 $\boldsymbol{A}\boldsymbol{x}=\boldsymbol{b}$ 可化为

$$\boldsymbol{P}^{\mathrm{T}}\boldsymbol{A}\boldsymbol{P}(\boldsymbol{P}^{\mathrm{T}}\boldsymbol{x})=\boldsymbol{P}^{\mathrm{T}}\boldsymbol{b},$$

且记 $\boldsymbol{y}=\boldsymbol{P}^{\mathrm{T}}\boldsymbol{x}=\begin{pmatrix}\boldsymbol{y}_1\\ \boldsymbol{y}_2\end{pmatrix}$,$\boldsymbol{P}^{\mathrm{T}}\boldsymbol{b}=\begin{pmatrix}\boldsymbol{d}_1\\ \boldsymbol{d}_2\end{pmatrix}$,其中 $\boldsymbol{y}_1,\boldsymbol{d}_1$ 为 r 维向量.于是,求解 $\boldsymbol{A}\boldsymbol{x}=\boldsymbol{b}$ 化为求解

$$\begin{cases}\boldsymbol{A}_{11}\boldsymbol{y}_1+\boldsymbol{A}_{12}\boldsymbol{y}_2=\boldsymbol{d}_1,\\ \qquad\quad \boldsymbol{A}_{22}\boldsymbol{y}_2=\boldsymbol{d}_2.\end{cases}$$

由上式第 2 个方程组求出 $\boldsymbol{y}_2$,再代入第 1 个方程组求出 $\boldsymbol{y}_1$.

显然,如果 $\boldsymbol{A}$ 所有元素都非零,则 $\boldsymbol{A}$ 为不可约矩阵.

例 3.3.4　设有矩阵

$$\boldsymbol{A}=\begin{pmatrix}b_1 & c_1 & & & \\ a_2 & b_2 & c_2 & & \\ & \ddots & \ddots & \ddots & \\ & & a_{n-1} & b_{n-1} & c_{n-1}\\ & & & a_n & b_n\end{pmatrix},\quad a_i,b_i,c_i\text{都不为零},$$

$$\boldsymbol{B}=\begin{pmatrix}4 & -1 & -1 & 0\\ -1 & 4 & 0 & -1\\ -1 & 0 & 4 & -1\\ 0 & -1 & -1 & 4\end{pmatrix},$$

则 $\boldsymbol{A},\boldsymbol{B}$ 都是不可约矩阵

定理 3.3.2　如果 $\boldsymbol{A}=(a_{ij})_{n\times n}$ 为严格对角占优矩阵或 $\boldsymbol{A}$ 为不可约对角占优矩阵,则 $\boldsymbol{A}$ 为非奇异矩阵.

证　只就 $\boldsymbol{A}$ 为严格对角占优矩阵证明此定理.采用反证法,如果 $\det(\boldsymbol{A})=0$,则 $\boldsymbol{A}\boldsymbol{x}=\boldsymbol{0}$ 有非零解,记为 $\boldsymbol{x}=(x_1,x_2,\cdots,x_n)^{\mathrm{T}}$,记 $|x_k|=\max\limits_{1\leqslant i\leqslant n}|x_i|\neq 0$.

由齐次方程组第 k 个方程

$$\sum_{j=1}^{n} a_{kj}x_j = 0,$$

则有

$$|a_{kk}x_k| = \left|\sum_{j=1,j\neq k}^{n} a_{kj}x_j\right| \leqslant \sum_{j=1,j\neq k}^{n} |a_{kj}||x_j| \leqslant |x_k| \sum_{j=1,j\neq k}^{n} |a_{kj}|,$$

即

$$|a_{kk}| \leqslant \sum_{j=1,j\neq k}^{n} |a_{kj}|,$$

与假设矛盾，故 $\det(\boldsymbol{A})\neq 0$.

定理 3.3.3　设 $\boldsymbol{Ax}=\boldsymbol{b}$，如果：

(1) $\boldsymbol{A}$ 为严格对角占优矩阵，则解 $\boldsymbol{Ax}=\boldsymbol{b}$ 的雅可比迭代法及高斯-赛德尔迭代法均收敛.

(2) $\boldsymbol{A}$ 为对角占优矩阵，且 $\boldsymbol{A}$ 为不可约矩阵，则解 $\boldsymbol{Ax}=\boldsymbol{b}$ 的雅可比迭代法及高斯-赛德尔迭代法均收敛.

证　只证(1)中高斯-赛德尔迭代法收敛，其他同理可证.

对角占优矩阵的定义及其非奇异性及相关迭代法的收敛性：讲述对角占优矩阵的定义、非奇异性证明，及相关迭代法的收敛性

由假设可知，$a_{ii}\neq 0(i=1,2,\cdots,n)$，解 $\boldsymbol{Ax}=\boldsymbol{b}$ 的高斯-赛德尔迭代法的迭代矩阵为 $\boldsymbol{G}_{G\text{-}S}=(\boldsymbol{D}-\boldsymbol{L})^{-1}\boldsymbol{U}$，下面考查 $\boldsymbol{G}_{G\text{-}S}$ 的特征值情况.

$$\begin{aligned}\det(\lambda \boldsymbol{I}-\boldsymbol{G}_{G\text{-}S}) &= \det[\lambda \boldsymbol{I}-(\boldsymbol{D}-\boldsymbol{L})^{-1}\boldsymbol{U}] \\ &= \det[(\boldsymbol{D}-\boldsymbol{L})^{-1}]\det[\lambda(\boldsymbol{D}-\boldsymbol{L})-\boldsymbol{U}].\end{aligned}$$

由于 $\det[(\boldsymbol{D}-\boldsymbol{L})^{-1}]\neq 0$，于是 $\boldsymbol{G}_{G\text{-}S}$ 的特征值即为 $\det[\lambda(\boldsymbol{D}-\boldsymbol{L})-\boldsymbol{U}]=0$ 的根.记

$$\boldsymbol{C}\equiv\lambda(\boldsymbol{D}-\boldsymbol{L})-\boldsymbol{U}=\begin{pmatrix}\lambda a_{11} & a_{12} & \cdots & a_{1n}\\ \lambda a_{21} & \lambda a_{22} & \cdots & a_{2n}\\ \vdots & \vdots & & \vdots\\ \lambda a_{n1} & \lambda a_{n2} & \cdots & \lambda a_{nn}\end{pmatrix}$$

下面证明，当 $|\lambda|\geqslant 1$ 时，$\det(\boldsymbol{C})\neq 0$，即 $\boldsymbol{G}_{G\text{-}S}$ 的特征值均满足 $|\lambda|<1$，由基本定理 3.3.1，则高斯-赛德尔迭代法收敛.

事实上，当 $|\lambda|\geqslant 1$ 时，由 $\boldsymbol{A}$ 为严格对角占优矩阵，则有

$$\begin{aligned}|c_{ii}| = |\lambda a_{ii}| &> |\lambda|\left(\sum_{j=1}^{i-1}|a_{ij}| + \sum_{j=i+1}^{n}|a_{ij}|\right)\\ &\geqslant \sum_{j=1}^{i-1}|\lambda a_{ij}| + \sum_{j=i+1}^{n}|a_{ij}| = \sum_{j=1,j\neq i}^{n}|c_{ij}|,\quad i=1,2,\cdots,n.\end{aligned}$$

这说明，当 $|\lambda|\geqslant 1$ 时，$\boldsymbol{C}$ 为严格对角占优矩阵，再由对角占优定理有 $\det(\boldsymbol{C})\neq 0$.

下面的定理告诉我们 SOR 迭代法中 ω 只有在特定范围里选择，SOR 迭代法才可能收敛.

定理 3.3.4　设解线性方程组 $\boldsymbol{Ax}=\boldsymbol{b}$ 的 SOR 迭代法收敛，则 $0<\omega<2$.

证　设 SOR 迭代法收敛，则有 $\rho(\boldsymbol{G}_\omega)<1$，设 $\boldsymbol{G}_\omega$ 的特征值为 $\lambda_1,\lambda_2,\cdots,\lambda_n$，则

$$|\det(\boldsymbol{G}_\omega)| = |\lambda_1\lambda_2\cdots\lambda_n| \leqslant [\rho(\boldsymbol{G}_\omega)]^n,$$

或

$$|\det(\boldsymbol{G}_\omega)|^{\frac{1}{n}} \leqslant \rho(\boldsymbol{G}_\omega) < 1.$$

另一方面，

$$\det(\boldsymbol{G}_\omega) = \det[(\boldsymbol{D}-\omega\boldsymbol{L})^{-1}]\det[(1-\omega)\boldsymbol{D}+\omega\boldsymbol{U}] = (1-\omega)^n,$$

从而，

$$|\det(\boldsymbol{G}_\omega)|^{\frac{1}{n}} = |1-\omega| \leqslant \rho(\boldsymbol{G}_\omega) < 1,$$

即

$$0<\omega<2.$$

SOR 方法收敛时系数的取值范围：定理 3.3.4

下面我们不加证明地给出常用的判别 SOR 迭代法收敛的条件，证明可参见参考文献[1].

定理 3.3.5　设 $\boldsymbol{Ax}=\boldsymbol{b}$，如果：

(1) 若 $\boldsymbol{A}$ 为严格对角占优矩阵，$0<\omega\leqslant 1$，

(2) 若 $\boldsymbol{A}$ 为对称正定矩阵，$0<\omega<2$，

则解 $\boldsymbol{Ax}=\boldsymbol{b}$ 的 SOR 迭代法收敛.

例 3.3.5　设方程组的系数矩阵

$$\boldsymbol{A} = \begin{pmatrix} 1 & \frac{1}{2} & \frac{1}{2} \\ \frac{1}{2} & 1 & \frac{1}{2} \\ \frac{1}{2} & \frac{1}{2} & 1 \end{pmatrix},$$

讨论三种经典迭代法的收敛性.

解　因为 $\boldsymbol{A}$ 为对称矩阵，且其各阶主子式都大于零，故 $\boldsymbol{A}$ 为对称正定矩阵.所以高斯-赛德尔迭代法及 SOR 迭代法($0<\omega<2$)均收敛.但注意 $\boldsymbol{A}$ 不是弱对角占优的，因此我们无法通过前面定理的结论判别雅可比迭代的收敛性.容易算出雅可比迭代的迭代矩阵为

$$\boldsymbol{G}_J = \begin{pmatrix} 0 & -\frac{1}{2} & -\frac{1}{2} \\ -\frac{1}{2} & 0 & -\frac{1}{2} \\ -\frac{1}{2} & -\frac{1}{2} & 0 \end{pmatrix}$$

其特征方程

$$|\lambda\boldsymbol{I}-\boldsymbol{G}_J| = \left|\begin{pmatrix} \lambda & \frac{1}{2} & \frac{1}{2} \\ \frac{1}{2} & \lambda & \frac{1}{2} \\ \frac{1}{2} & \frac{1}{2} & \lambda \end{pmatrix}\right| = \lambda^3+\frac{1}{4}-\frac{3}{4}\lambda.$$

其根为 $\lambda_1=\lambda_2=\dfrac{1}{2},\lambda_3=-1$,所以 $\rho(\boldsymbol{G}_J)=1$,所以雅可比迭代不收敛.

本章第 3.1 节中我们已经指出改变方程组中方程的次序,会改变迭代法的收敛性.我们再来看一个例子,取方程组的系数矩阵为

$$\boldsymbol{A}=\begin{pmatrix}3 & -10\\ 9 & -4\end{pmatrix},$$

雅可比迭代及高斯-赛德尔迭代的迭代矩阵分别为

$$\boldsymbol{G}_J=\begin{pmatrix}0 & -\dfrac{10}{3}\\ -\dfrac{9}{4} & 0\end{pmatrix}\quad \boldsymbol{G}_{G\text{-}S}=\begin{pmatrix}0 & \dfrac{10}{3}\\ 0 & \dfrac{15}{2}\end{pmatrix}$$

它们的谱半径分别为 $\rho(\boldsymbol{G}_J)=\dfrac{\sqrt{30}}{2},\rho(\boldsymbol{G}_{G\text{-}S})=\dfrac{15}{2}$.所以两种迭代法均不收敛.但若交换矩阵 $\boldsymbol{A}$ 两行的顺序可以得到

$$\hat{\boldsymbol{A}}=\begin{pmatrix}9 & -4\\ 3 & -10\end{pmatrix}.$$

则 $\hat{\boldsymbol{A}}$ 为严格对角占优矩阵,所以求解其对应的线性方程组的雅可比迭代及高斯-赛德尔迭代均收敛.

3.3.5 外推法

下面简单介绍一种外推方法,它可以用来改进线性迭代过程的收敛性.考察迭代公式

$$\boldsymbol{x}^{(k)}=\boldsymbol{G}\boldsymbol{x}^{(k-1)}+\boldsymbol{f}, \tag{3.29}$$

我们引入参数 $\gamma\neq 0$,构造新的迭代公式

$$\begin{aligned}\boldsymbol{x}^{(k)}&=\gamma[\boldsymbol{G}\boldsymbol{x}^{(k-1)}+\boldsymbol{f}]+(1-\gamma)\boldsymbol{x}^{(k-1)}\\ &=\boldsymbol{G}_\gamma\boldsymbol{x}^{(k-1)}+\gamma\boldsymbol{f},\end{aligned} \tag{3.30}$$

其中,

$$\boldsymbol{G}_\gamma=\gamma\boldsymbol{G}+(1-\gamma)\boldsymbol{I}.$$

当 $\gamma=1$ 时,式(3.30)退化成原始迭代(3.29).如果式(3.30)中的迭代收敛到 $\boldsymbol{x}$,取极限可得

$$\boldsymbol{x}=\gamma(\boldsymbol{G}\boldsymbol{x}+\boldsymbol{f})+(1-\gamma)\boldsymbol{x}.$$

由 $\gamma\neq 0$ 可得

$$\boldsymbol{x}=\boldsymbol{G}\boldsymbol{x}+\boldsymbol{f},$$

所以,迭代格式和原方程组是相容的.

在试图确定参数 γ 的最优值之前,首先给出一个关于特征值的结果.

定理 3.3.6 如果 λ 是矩阵 $\boldsymbol{A}$ 的特征值,且 p 是一个多项式,则 $p(\lambda)$ 是 $p(\boldsymbol{A})$ 的特征值.

由定理 3.2.4,式(3.30)中的外推法收敛的充要条件是 $\rho(\boldsymbol{G}_\gamma)<1$.

假如我们不能准确知道 $\boldsymbol{G}$ 的特征值,而仅仅知道直线上包含 $\boldsymbol{G}$ 的全部特征值的一个区间$[a,b]$.是否有可能选择 γ 使得 $\rho(\boldsymbol{G}_\gamma)<1$?

根据定理 3.3.6,得

$$\rho(\boldsymbol{G}_\gamma)=\max_{\lambda\in\sigma(\boldsymbol{G}_\gamma)}|\lambda|=\max_{\lambda\in\sigma(\boldsymbol{G})}|\gamma\lambda+1-\gamma|\leqslant\max_{a\leqslant\lambda\leqslant b}|\gamma\lambda+1-\gamma|,\tag{3.31}$$

我们可以导出如下结论:

定理 3.3.7　如果 $\boldsymbol{G}$ 的特征值位于区间$[a,b]$且 $1\notin[a,b]$,则 γ 的最优选择为 $1/(2-a-b)$.对于这个 γ 值,有

$$\rho(\boldsymbol{G}_\gamma)\leqslant 1-|\gamma|d,$$

这里 d 是从 1 到$[a,b]$的距离.

上面讨论的外推方法也可以用于本身并不收敛的方法中.这需要 $\boldsymbol{G}$ 的特征值是实的且位于不包含 1 的一个区间中.

3.4　最速下降法与共轭梯度法

本节中讨论系数矩阵 $\boldsymbol{A}$ 为对称正定矩阵时求解线性方程组

$$\boldsymbol{Ax}=\boldsymbol{b}\tag{3.32}$$

的一类特殊方法.首先,考虑如下二次函数 $\varphi:\mathbf{R}^n\to\mathbf{R}$,

$$\varphi(\boldsymbol{x})=\frac{1}{2}(\boldsymbol{Ax},\boldsymbol{x})-(\boldsymbol{b},\boldsymbol{x})=\frac{1}{2}\sum_{i=1}^{n}\sum_{j=1}^{n}a_{ij}x_ix_j-\sum_{j=1}^{n}b_jx_j.\tag{3.33}$$

函数 φ 具有如下性质:

(1) 对一切 $\boldsymbol{x}\in\mathbf{R}^n$,$\varphi(\boldsymbol{x})$的梯度为

$$\nabla\varphi(\boldsymbol{x})=\boldsymbol{Ax}-\boldsymbol{b}.\tag{3.34}$$

(2) 对一切 $\boldsymbol{x},\boldsymbol{y}\in\mathbf{R}^n$ 及 $\alpha\in\mathbf{R}$

$$\begin{aligned}\varphi(\boldsymbol{x}+\alpha\boldsymbol{y})&=\frac{1}{2}(\boldsymbol{A}(\boldsymbol{x}+\alpha\boldsymbol{y}),\boldsymbol{x}+\alpha\boldsymbol{y})-(\boldsymbol{b}+\boldsymbol{x}+\alpha\boldsymbol{y})\\&=\varphi(\boldsymbol{x})+\alpha(\boldsymbol{Ax}-\boldsymbol{b},\boldsymbol{y})+\frac{\alpha^2}{2}(\boldsymbol{Ay},\boldsymbol{y}).\end{aligned}\tag{3.35}$$

(3) 设 $\boldsymbol{x}^*=\boldsymbol{A}^{-1}\boldsymbol{b}$ 是线性方程组(3.32)的解,则有

$$\varphi(\boldsymbol{x}^*)=-\frac{1}{2}(\boldsymbol{b},\boldsymbol{A}^{-1}\boldsymbol{b})=-\frac{1}{2}(\boldsymbol{Ax}^*,\boldsymbol{x}^*),$$

且对一切 $\boldsymbol{x}\in\mathbf{R}^n$,有

$$\begin{aligned}\varphi(\boldsymbol{x})-\varphi(\boldsymbol{x}^*)&=\frac{1}{2}(\boldsymbol{Ax},\boldsymbol{x})-(\boldsymbol{Ax}^*,\boldsymbol{x})+\frac{1}{2}(\boldsymbol{Ax}^*,\boldsymbol{x}^*)\\&=\frac{1}{2}(\boldsymbol{A}(\boldsymbol{x}-\boldsymbol{x}^*),\boldsymbol{x}-\boldsymbol{x}^*).\end{aligned}\tag{3.36}$$

定理 3.4.1　设 $\boldsymbol{A}$ 对称正定,则 $\boldsymbol{x}^*$ 为线性方程组 $\boldsymbol{Ax}=\boldsymbol{b}$ 解的充要条件是 $\boldsymbol{x}^*$ 满足

$$\varphi(\boldsymbol{x}^*)=\min_{\boldsymbol{x}\in\mathbf{R}^n}\varphi(\boldsymbol{x}).$$

证 设$\boldsymbol{x}^*=\boldsymbol{A}^{-1}\boldsymbol{b}$.由式(3.36)及$\boldsymbol{A}$的正定性有

$$\varphi(\boldsymbol{x})-\varphi(\boldsymbol{x}^*)=\frac{1}{2}(\boldsymbol{A}(\boldsymbol{x}-\boldsymbol{x}^*),\boldsymbol{x}-\boldsymbol{x}^*)\geqslant 0.$$

所以对于一切$\boldsymbol{x}\in\mathbf{R}^n$,均有$\varphi(\boldsymbol{x})\geqslant\varphi(\boldsymbol{x}^*)$,即$\boldsymbol{x}^*$使$\varphi(\boldsymbol{x})$达到最小.

反之,若有$\bar{\boldsymbol{x}}$使$\varphi(\boldsymbol{x})$达到最小,则有$\varphi(\bar{\boldsymbol{x}})\leqslant\varphi(\boldsymbol{x})$对$\forall\boldsymbol{x}\in\mathbf{R}^n$成立,由上面的证明有$\varphi(\boldsymbol{x})-\varphi(\boldsymbol{x}^*)=0$,即

$$\frac{1}{2}(\boldsymbol{A}(\boldsymbol{x}-\boldsymbol{x}^*),\boldsymbol{x}-\boldsymbol{x}^*)=0.$$

由$\boldsymbol{A}$的正定性,$\bar{\boldsymbol{x}}=\boldsymbol{x}^*$.

上面定理将方程组的求解问题转化为求函数的极小点问题.

3.4.1 最速下降法

由微积分可知,一个多元函数沿其负梯度方向函数值下降最快,因此可以构造迭代法,在获得第k步值$\boldsymbol{x}^{(k)}$后,沿着函数在该点的负梯度方向求一个近似点$\boldsymbol{x}^{(k+1)}$,使得$\varphi(\boldsymbol{x}^{(k+1)})$在此方向达到极小值,这就是**最速下降法**.

最速下降法的具体计算过程如下:设从$\boldsymbol{x}^{(0)}$出发,已经迭代计算至$\boldsymbol{x}^{(k)}$,$\varphi(\boldsymbol{x})$在$\boldsymbol{x}^{(k)}$处的负梯度方向$\boldsymbol{r}^{(k)}=-\nabla\varphi[\boldsymbol{x}^{(k)}]=\boldsymbol{b}-\boldsymbol{A}\boldsymbol{x}^{(k)}$(称为搜索方向),沿此方向$\varphi$的函数值可表示为$\varphi[\boldsymbol{x}^{(k)}+\alpha\boldsymbol{r}^{(k)}]$,令

$$\frac{\mathrm{d}\varphi[\boldsymbol{x}^{(k)}+\alpha\boldsymbol{r}^{(k)}]}{\mathrm{d}\alpha}=(\boldsymbol{A}\boldsymbol{x}^{(k)}-\boldsymbol{b},\boldsymbol{r}^{(k)})+\alpha(\boldsymbol{A}\boldsymbol{r}^{(k)},\boldsymbol{r}^{(k)})=0,$$

得到

$$\alpha_k=\frac{(\boldsymbol{r}^{(k)},\boldsymbol{r}^{(k)})}{(\boldsymbol{A}\boldsymbol{r}^{(k)},\boldsymbol{r}^{(k)})}.\tag{3.37}$$

于是可以给出迭代序列

$$\boldsymbol{x}^{(k+1)}=\boldsymbol{x}^{(k)}+\alpha_k\boldsymbol{r}^{(k)},\quad k=0,1,\cdots.\tag{3.38}$$

由式(3.37)和式(3.38)计算获得的向量序列$\{\boldsymbol{x}^{(k)}\}$称为求解线性方程组的最速下降法.由于

$$\begin{aligned}(\boldsymbol{r}^{(k+1)},\boldsymbol{r}^{(k)})&=(\boldsymbol{b}-\boldsymbol{A}(\boldsymbol{x}^{(k)}+\alpha_k\boldsymbol{r}^{(k)}),\boldsymbol{r}^{(k)})\\&=(\boldsymbol{r}^{(k)},\boldsymbol{r}^{(k)})-\alpha_k(\boldsymbol{A}\boldsymbol{r}^{(k)},\boldsymbol{r}^{(k)})=0,\end{aligned}$$

说明两个相邻的搜索方向是正交的.还可以证明$\{\varphi[\boldsymbol{x}^{(k)}]\}$是单调下降有下界的序列,故它存在极限且满足

$$\lim_{k\to\infty}\boldsymbol{x}^{(k)}=\boldsymbol{x}^*=\boldsymbol{A}^{-1}\boldsymbol{b}.$$

最速下降法的收敛速度取决于比值$\dfrac{\lambda_1-\lambda_n}{\lambda_1+\lambda_n}$,这里$\lambda_1$和$\lambda_n$分别是$\boldsymbol{A}$的最大和最小特征值.当$\lambda_1\gg\lambda_n$时,最速下降法收敛缓慢.

3.4.2 共轭梯度法

在最速下降法中,每一步迭代的搜索方向为负梯度方向$\boldsymbol{r}^{(k)}$,

它只能保证 $\varphi(\boldsymbol{x})$ 局部下降最快,从整体来看并非最优.共轭梯度法仍然是一维搜索法,但不再沿负梯度方向 $\boldsymbol{r}^{(1)},\boldsymbol{r}^{(2)},\cdots,\boldsymbol{r}^{(k)}$ 搜索,而是沿着一组关于 $\boldsymbol{A}$ 共轭的方向 $\boldsymbol{d}^{(1)},\boldsymbol{d}^{(2)},\cdots,\boldsymbol{d}^{(k)}$ 搜索.

定义 3.4.1 设 $\boldsymbol{A}$ 对称正定,若 $\mathbf{R}^n$ 中的向量组 $\{\boldsymbol{d}^{(0)},\boldsymbol{d}^{(2)},\cdots,\boldsymbol{d}^{(k)}\}$ 满足

$$(\boldsymbol{d}^{(i)},\boldsymbol{A}\boldsymbol{d}^{(j)})=0,\quad i\neq j, \tag{3.39}$$

则称它是 $\mathbf{R}^n$ 中的一个 $\boldsymbol{A}$-共轭向量组,或称 $\boldsymbol{A}$-正交向量组.

共轭梯度法的计算过程如下:设从 $\boldsymbol{x}^{(0)}$ 出发,已经迭代计算至 $\boldsymbol{x}^{(k)}$,选取搜索方向

$$\boldsymbol{d}^{(k)}=-\nabla\varphi[\boldsymbol{x}^{(k)}]+\beta_{k-1}\boldsymbol{d}^{(k-1)}=\boldsymbol{b}-\boldsymbol{A}\boldsymbol{x}^{(k)}+\beta_{k-1}\boldsymbol{d}^{(k-1)}, \tag{3.40}$$

由 $\boldsymbol{d}^{(k)}$ 与 $\boldsymbol{d}^{(k-1)}$ 关于 $\boldsymbol{A}$ 正交,即 $(\boldsymbol{d}^{(k)},\boldsymbol{A}\boldsymbol{d}^{(k-1)})=0$ 得

$$\beta_{k-1}=-\frac{(\boldsymbol{b}-\boldsymbol{A}\boldsymbol{x}^{(k)},\boldsymbol{A}\boldsymbol{d}^{(k-1)})}{(\boldsymbol{d}^{(k-1)},\boldsymbol{A}\boldsymbol{d}^{(k-1)})}, \tag{3.41}$$

从而搜索方向为

$$\boldsymbol{d}^{(k)}=(\boldsymbol{b}-\boldsymbol{A}\boldsymbol{x}^{(k)})-\frac{(\boldsymbol{b}-\boldsymbol{A}\boldsymbol{x}^{(k)},\boldsymbol{A}\boldsymbol{d}^{(k-1)})}{(\boldsymbol{d}^{(k-1)},\boldsymbol{A}\boldsymbol{d}^{(k-1)})}\boldsymbol{d}^{(k-1)}, \tag{3.42}$$

再沿 $\boldsymbol{d}^{(k)}$ 方向求 $\varphi(\boldsymbol{x})$ 的极小点 $\boldsymbol{x}^{(k+1)}$,即

$$\varphi(\boldsymbol{x}^{(k+1)})=\min_{\lambda>0}\varphi[\boldsymbol{x}^{(k)}+\lambda\boldsymbol{d}^{(k)}], \tag{3.43}$$

经计算可得

$$\begin{aligned}\lambda_k&=\frac{(\boldsymbol{b}-\boldsymbol{A}\boldsymbol{x}^{(k)},\boldsymbol{d}^{(k)})}{(\boldsymbol{d}^{(k)},\boldsymbol{A}\boldsymbol{d}^{(k)})},\\ \boldsymbol{x}^{(k+1)}&=\boldsymbol{x}^{(k)}+\lambda_k\boldsymbol{d}^{(k)}.\end{aligned} \tag{3.44}$$

由

$$\boldsymbol{r}^{(k+1)}=\boldsymbol{b}-\boldsymbol{A}\boldsymbol{x}^{(k+1)}=\boldsymbol{r}^{(k)}-\lambda_k\boldsymbol{A}\boldsymbol{d}^{(k)}, \tag{3.45}$$

有

$$(\boldsymbol{r}^{(k+1)},\boldsymbol{d}^{(k)})=(\boldsymbol{r}^{(k)},\boldsymbol{d}^{(k)})-\lambda_k(\boldsymbol{A}\boldsymbol{r}^{(k)},\boldsymbol{d}^{(k)}),$$

$$(\boldsymbol{r}^{(k)},\boldsymbol{d}^{(k)})=(\boldsymbol{r}^{(k)},\boldsymbol{r}^{(k)}+\beta_{k-1}\boldsymbol{d}^{(k-1)})=(\boldsymbol{r}^{(k)},\boldsymbol{r}^{(k)}).$$

可得

$$\lambda_k=\frac{(\boldsymbol{r}^{(k)},\boldsymbol{r}^{(k)})}{(\boldsymbol{d}^{(k)},\boldsymbol{A}\boldsymbol{d}^{(k)})}, \tag{3.46}$$

由此可以看出,当 $\boldsymbol{r}^{(k)}\neq 0$ 时,$\lambda_k>0$.类似可以导出

$$\beta_k=\frac{(\boldsymbol{r}^{(k+1)},\boldsymbol{r}^{(k+1)})}{(\boldsymbol{r}^{(k)},\boldsymbol{r}^{(k)})} \tag{3.47}$$

因此,可以将 CG 算法归纳如下.

CG 算法

(1) 任取 $\boldsymbol{x}^{(0)}\in\mathbf{R}^n$,计算 $\boldsymbol{r}^{(0)}=\boldsymbol{b}-\boldsymbol{A}\boldsymbol{x}^{(0)}$,取 $\boldsymbol{d}^{(0)}=\boldsymbol{r}^{(0)}$.

(2) 对 $k=0,1,\cdots$,计算

$$\lambda_k=\frac{(\boldsymbol{r}^{(k)},\boldsymbol{r}^{(k)})}{(\boldsymbol{d}^{(k)},\boldsymbol{A}\boldsymbol{d}^{(k)})},$$
$$\boldsymbol{x}^{(k+1)}=\boldsymbol{x}^{(k)}+\lambda_k\boldsymbol{d}^{(k)},$$
$$\boldsymbol{r}^{(k+1)}=\boldsymbol{r}^{(k)}-\lambda_k\boldsymbol{A}\boldsymbol{d}^{(k)},\quad \beta_k=\frac{(\boldsymbol{r}^{(k+1)},\boldsymbol{r}^{(k+1)})}{(\boldsymbol{r}^{(k)},\boldsymbol{r}^{(k)})},\tag{3.48}$$
$$\boldsymbol{d}^{(k+1)}=\boldsymbol{r}^{(k+1)}+\beta_k\boldsymbol{d}^{(k)}.$$

(3) 若 $\boldsymbol{r}^{(k)}=\boldsymbol{0}$,或$(\boldsymbol{d}^{(k)},\boldsymbol{A}\boldsymbol{d}^{(k)})=0$,计算停止,则 $\boldsymbol{x}^{(k)}=\boldsymbol{x}^*$.由于 $\boldsymbol{A}$ 正定,故当$(\boldsymbol{d}^{(k)},\boldsymbol{A}\boldsymbol{d}^{(k)})=0$ 时,$\boldsymbol{d}^{(k)}=\boldsymbol{0}$,而$(\boldsymbol{r}^{(k)},\boldsymbol{r}^{(k)})=(\boldsymbol{r}^{(k)},\boldsymbol{d}^{(k)})=0$,也即 $\boldsymbol{r}^{(k)}=\boldsymbol{0}$.

定理 3.4.2　CG 算法得到的序列$\{\boldsymbol{r}^{(k)}\}$及$\{\boldsymbol{d}^{(k)}\}$有以下性质:

(1) $(\boldsymbol{r}^{(i)},\boldsymbol{r}^{(j)})=0(i\neq j)$,即$\{\boldsymbol{r}^{(k)}\}$构成 $\mathbf{R}^n$ 中正交向量组;

(2) $(\boldsymbol{A}\boldsymbol{d}^{(i)},\boldsymbol{d}^{(j)})=(\boldsymbol{d}^{(i)},\boldsymbol{A}\boldsymbol{d}^{(j)})=0(i\neq j)$,即$\{\boldsymbol{d}^{(k)}\}$为一个 $\boldsymbol{A}$-正交向量组.

由于$\{\boldsymbol{r}^{(k)}\}$互相正交,故 $\boldsymbol{r}^{(0)},\boldsymbol{r}^{(1)},\cdots,\boldsymbol{r}^{(n)}$ 中至少有一个零向量.若 $\boldsymbol{r}^{(k)}=\boldsymbol{0}$,则 $\boldsymbol{x}^{(k)}=\boldsymbol{x}^*$.所以 CG 算法求解 n 维线性方程组,理论上最多 n 步就可以得到精确解.从这个意义上讲,CG 方法是一种直接法.但由于舍入误差的存在,$\{\boldsymbol{r}^{(k)}\}$的正交性很难保证,此外,当 n 很大时,实际计算步数 $k\ll n$ 即可达到精度要求而不必计算 n 步.从这个意义上讲,它是一个迭代法.

例 3.4.1　用 CG 法解线性方程组

$$\begin{cases}3x_1+\ x_2=5,\\ x_1+2x_2=5.\end{cases}$$

解　显然 $\boldsymbol{A}=\begin{pmatrix}3&1\\1&2\end{pmatrix}$ 是对称正定的.取 $\boldsymbol{x}^{(0)}=(0,0)^{\mathrm{T}}$,则 $\boldsymbol{d}^{(0)}=\boldsymbol{r}^{(0)}=\boldsymbol{b}-\boldsymbol{A}\boldsymbol{x}^{(0)}=(5,5)^{\mathrm{T}}$,

$$\lambda_0=\frac{(\boldsymbol{r}^{(0)},\boldsymbol{r}^{(0)})}{(\boldsymbol{d}^{(0)},\boldsymbol{A}\boldsymbol{d}^{(0)})}=\frac{2}{7},$$

$$\boldsymbol{x}^{(1)}=\boldsymbol{x}^{(0)}+\lambda_0\boldsymbol{d}^{(0)}=\left(\frac{10}{7},\frac{10}{7}\right)^{\mathrm{T}},$$

$$\boldsymbol{r}^{(1)}=\boldsymbol{r}^{(0)}-\lambda_0\boldsymbol{A}\boldsymbol{d}^{(0)}=\left(-\frac{5}{7},\frac{5}{7}\right)^{\mathrm{T}},$$

$$\beta_0=\frac{(\boldsymbol{r}^{(1)},\boldsymbol{r}^{(1)})}{(\boldsymbol{r}^{(0)},\boldsymbol{r}^{(0)})}=\frac{1}{49},$$

$$\boldsymbol{d}^{(1)}=\boldsymbol{r}^{(1)}+\beta_0\boldsymbol{d}^{(0)}=\left(-\frac{30}{49},\frac{40}{49}\right)^{\mathrm{T}}.$$

类似地,可以计算出 $\lambda_1=\frac{7}{10}$,$\boldsymbol{x}^{(2)}=(1,2)^{\mathrm{T}}$为方程组的精确解.

当方程组的系数矩阵为病态矩阵时,CG 方法的收敛速度一般会很慢,为改善收敛性,需要采用预处理的方法,此处不再介绍,具体可以参见参考文献[13].

习题 3

1. 分别用雅可比迭代法和高斯-赛德尔迭代法求解下列方程组:

(1)

$$\begin{cases} 10x_1 - 2x_2 - x_3 = 3, \\ -2x_1 + 10x_2 - x_3 = 15, \\ -x_1 - 2x_2 + 5x_3 = 10. \end{cases}$$

(2)

$$\begin{cases} x_1 - 2x_2 - 2x_3 = 1, \\ x_1 + x_2 + x_3 = 1, \\ 2x_1 + 2x_2 + x_3 = 1. \end{cases}$$

取初值 $\boldsymbol{x}^{(0)} = (0,0,0)^{\mathrm{T}}$,计算结果精确到三位小数.

2. 设 $\boldsymbol{x}^{(k+1)} = \boldsymbol{B}\boldsymbol{x}^{(k)} + \boldsymbol{f}$,$(k=0,1,\cdots)$,式中 $\boldsymbol{B} = \begin{pmatrix} 0 & -2 & -2 \\ -1 & 0 & -1 \\ -2 & -2 & 0 \end{pmatrix}$,$\boldsymbol{f} = \begin{pmatrix} 1 \\ 3 \\ 5 \end{pmatrix}$,求 $\rho(\boldsymbol{B})$ 并计算 $\boldsymbol{x}^{(1)}, \boldsymbol{x}^{(2)}, \boldsymbol{x}^{(3)}$.

3. 设线性方程组

$$\begin{cases} a_{11}x_1 + a_{12}x_2 = b_1, \\ a_{21}x_1 + a_{22}x_2 = b_2, \end{cases} \quad a_{11}, a_{22} \neq 0.$$

证明解此方程组的雅可比迭代法和高斯-赛德尔迭代法同时收敛或发散.

4. 分别用高斯-赛德尔迭代法和 SOR 法($\omega = 1.25$)求解方程组

$$\begin{pmatrix} 4 & 3 & 0 \\ 3 & 4 & -1 \\ 0 & -1 & 4 \end{pmatrix} \begin{pmatrix} x_1 \\ x_2 \\ x_3 \end{pmatrix} = \begin{pmatrix} 24 \\ 30 \\ -24 \end{pmatrix},$$

取 $\boldsymbol{x}^{(0)} = (1,1,1)^{\mathrm{T}}$,迭代 7 次,并比较它们的计算结果.

5. 设 $\boldsymbol{A} = \begin{pmatrix} 10 & a & 0 \\ b & 10 & b \\ 0 & a & 5 \end{pmatrix}$,$\det\boldsymbol{A} \neq 0$,用 a, b 表示解线性方程组 $\boldsymbol{A}\boldsymbol{x} = \boldsymbol{f}$ 的雅可比迭代法与高斯-赛德尔迭代法收敛的充分必要条件.

6. 对线性方程组$\begin{pmatrix}3&2\\1&2\end{pmatrix}\begin{pmatrix}x_1\\x_2\end{pmatrix}=\begin{pmatrix}3\\-1\end{pmatrix}$,若用迭代法

$$\boldsymbol{x}^{(k+1)}=\boldsymbol{x}^{(k)}+\alpha(\boldsymbol{A}\boldsymbol{x}^{(k)}-\boldsymbol{b}),\quad k=0,1,\cdots$$

求解,问 α 在什么范围内取值可以使迭代法收敛,α 取什么值迭代法收敛速度最快?

7. 用 SOR 方法解线性方程组($\omega=0.9$)

$$\begin{pmatrix}5&2&1\\-1&4&2\\2&-3&10\end{pmatrix}\begin{pmatrix}x_1\\x_2\\x_3\end{pmatrix}=\begin{pmatrix}-12\\20\\3\end{pmatrix},$$

要求当$\|\boldsymbol{x}^{(k+1)}-\boldsymbol{x}^{(k)}\|_\infty<10^{-4}$时,迭代终止.

8. 设$\boldsymbol{A}=\begin{pmatrix}1&a&a\\a&1&a\\a&a&1\end{pmatrix}$,解线性方程组$\boldsymbol{A}\boldsymbol{x}=\boldsymbol{b}$,证明:当$-\frac{1}{2}<a<1$时,高斯-赛德尔迭代法收敛,而雅可比迭代法只有当$-\frac{1}{2}<a<\frac{1}{2}$才收敛.

9. 设有线性方程组$\boldsymbol{A}\boldsymbol{x}=\boldsymbol{b}$,其中$\boldsymbol{A}$为对称正定,迭代公式为

$$\boldsymbol{x}^{(k+1)}=\boldsymbol{x}^{(k)}+\omega(\boldsymbol{b}-\boldsymbol{A}\boldsymbol{x}^{(k)}),\quad k=0,1,2,\cdots,$$

试证明:当$0<\omega<\frac{2}{\beta}$时,上述迭代法收敛(其中$0<\alpha\leqslant\lambda(\boldsymbol{A})\leqslant\beta$).

10. 分别用最速下降法和共轭梯度法求解方程组

$$\begin{pmatrix}4&3&0\\3&4&-1\\0&-1&4\end{pmatrix}\begin{pmatrix}x_1\\x_2\\x_3\end{pmatrix}=\begin{pmatrix}24\\30\\-24\end{pmatrix}.$$

11. 取$\boldsymbol{x}^{(0)}=\boldsymbol{0}$.用共轭梯度法解下列方程组:

(1)

$$\begin{pmatrix}6&3\\3&2\end{pmatrix}\begin{pmatrix}x_1\\x_2\end{pmatrix}=\begin{pmatrix}0\\-1\end{pmatrix};$$

(2)

$$\begin{pmatrix}4&3&0\\3&4&-1\\0&-1&4\end{pmatrix}\begin{pmatrix}x_1\\x_2\\x_3\end{pmatrix}=\begin{pmatrix}3\\5\\-5\end{pmatrix}.$$

第 4 章 函数插值与逼近

4.1 插值问题的提出

在实际生产和科研实践中,经常碰到具有内在规律的事物的变换关系,如投入与产出的关系、天体运动、气候变化等.很多时候我们用函数 $y=f(x)$ 来表示这种变换关系,尽管函数关系 $f(x)$ 在某个区间 $[a,b]$ 上是客观存在的,但在很多情况下只能给出函数在一系列点 x_i 处的函数值 $y_i=f(x_i)\ (i=0,1,2,\cdots,n)$,见表 4.1.

表 4.1 函数表 1

x_i	x_0	x_1	x_2	$\cdots$	x_n
$y_i=f(x_i)$	y_0	y_1	y_2	$\cdots$	y_n

有的函数 $f(x)$ 虽然有解析表达式,但形式非常复杂,因此分析这些函数的性质比较困难,于是通常也要构造一个函数表,比如

$$f(x)=\frac{1}{3}\arctan x+\frac{1}{6}\arctan\left(x-\frac{1}{x}\right)+\frac{1}{4\sqrt{3}}\ln\frac{x^2+\sqrt{3}x+1}{x^2-\sqrt{3}x+1}.$$

分析其在定义域 $[10,15]$ 之间的性质,可以构造函数表,见表 4.2.

表 4.2 函数表 2

x_i	10	11	12	13	14	15
$f(x_i)$	0.9175	0.9228	0.9271	0.9308	0.9340	0.9368

因此,我们希望能够确定一个既能反映函数本身的特性又能便于计算的函数,来近似代替原来的函数.主要做法是,找一个尽可能简单的函数 $p(x)$,使得

$$p(x_i)=y_i,\quad i=0,1,\cdots,n. \tag{4.1}$$

常用的函数形式有多项式函数、分段线性函数、有理函数、三角函数等.确定 $p(x)$ 作为原函数的近似函数的方法称为插值方法.数据点 $x_i\ (i=0,1,2,\cdots,n)$ 称为插值节点,函数 $f(x)$ 称为被插函数,其与插值函数 $p(x)$ 的关系如图 4.1 所示.包含插值节点的区间 $[a,b]$ 称为插值区间,式(4.1)称为插值条件,$f(x)-p(x)$ 称为插值余项(也称

为误差).

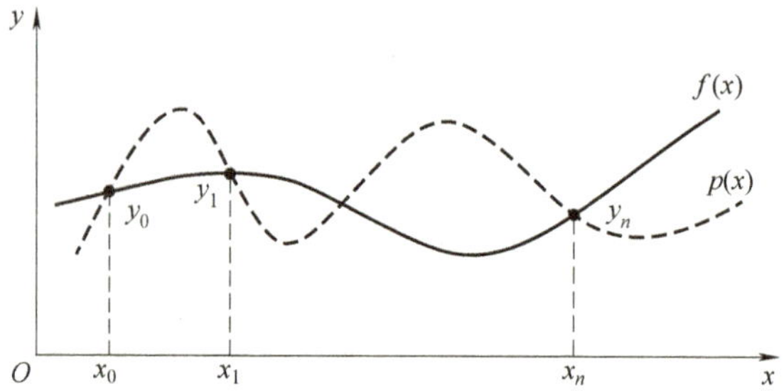

图 4.1 被插函数 $f(x)$ 与插值函数 $p(x)$ 的关系

插值法是一个古老的数学方法,早在一千多年前,隋朝刘焯就在其天文学著作《皇极历》中提出了等距节点的多项式二次插值,并据此计算日月视差运动速度,推算出五星位置、日食、月食的起运时刻,其精度是前所未有的.插值的相关理论是在 17 世纪以后随着微积分的产生而逐步发展起来的.随着计算机的广泛应用以及相关实际问题的需要,插值法近年来在理论和实践中都得到了进一步发展.本章中我们只考虑多项式插值和分段插值问题.

4.2 多项式插值

特殊地,对满足插值条件(4.1)的插值问题,若 $p(x)$ 取次数不超过 n 次的代数多项式,即

$$p(x)=p_n(x)=a_0+a_1x+\cdots+a_nx^n,$$

其中 a_i 为实数,则称 $p(x)$ 为插值多项式,相应的插值法称作多项式插值.插值多项式的函数值计算非常简单,而且导数和积分仍为多项式函数,便于编程实现.具体定义如下:

定义 4.2.1 设 $y=f(x)$ 为区间 $[a,b]$ 内的连续函数,已知 $f(x)$ 在区间 $[a,b]$ 内 $n+1$ 个互异点 $a\leqslant x_0<x_1<\cdots<x_n\leqslant b$ 的函数值 $y_i=f(x_i)\ (i=0,1,\cdots,n)$,若有不超过 n 次的多项式 $p_n(x)=\sum\limits_{i=0}^{n}c_ix^i$,满足条件(4.1),则称 $p_n(x)$ 为 $f(x)$ 在区间 $[a,b]$ 内通过数据点列 $(x_i,y_i)\ (i=0,1,\cdots,n)$ 的插值多项式.

在上述多项式插值问题中,需要考虑:满足插值条件(4.1)的插值多项式是否存在?如果存在,是否唯一?

对于 n 次多项式 $p_n(x)=\sum\limits_{i=0}^{n}c_ix^i$,其存在 $n+1$ 个系数 $c_i\ (i=0,1,2,\cdots,n)$,根据插值条件(4.1),可得如下方程组:

$$\begin{cases} c_0+c_1x_0+c_2x_0^2+\cdots+c_nx_0^n=y_0, \\ c_0+c_1x_1+c_2x_1^2+\cdots+c_nx_1^n=y_1, \\ \quad\vdots \\ c_0+c_1x_n+c_2x_n^2+\cdots+c_nx_n^n=y_n. \end{cases} \tag{4.2}$$

其系数矩阵行列式为范德蒙德(Vandemode)行列式,

$$\det(\boldsymbol{A})=\begin{vmatrix} 1 & x_0 & x_0^2 & \cdots & x_0^n \\ 1 & x_1 & x_1^2 & \cdots & x_1^n \\ \vdots & \vdots & \vdots & & \vdots \\ 1 & x_n & x_n^2 & \cdots & x_n^n \end{vmatrix}=\prod_{0\leqslant j<i\leqslant n}(x_i-x_j). \tag{4.3}$$

在 $x_0,x_1,\cdots,x_n$ 互不相同时,行列式(4.3)的值不为 0,因此方程组(4.2)存在唯一解,于是存在下面的定理.

定理 4.2.1　对于 $n+1$ 个互不相同的插值节点,满足插值条件(4.1)的 n 次插值多项式 $p_n(x)$ 存在且唯一.

注　插值多项式的次数不为 n 时,则无法保证插值多项式的存在唯一.例如,

(1) 考虑插值节点(1,2)和(2,3),可以验证三次多项式 $(x-1)^3+2$ 和 $(x-2)^3+3$ 都满足插值条件(4.1);

(2) 考虑插值节点(1,2),(2,3)和(3,5),可以验证不存在满足插值条件(4.1)的线性多项式.

首先考虑最简单的插值情形,只有两个节点 (x_0,y_0) 和 (x_1,y_1),通过这两点的插值多项式是一条直线.假设直线方程为

$$p_1(x)=c_0+c_1x,$$

根据插值条件可知

$$\begin{cases} c_0+c_1x_0=y_0, \\ c_0+c_1x_1=y_1. \end{cases} \tag{4.4}$$

解方程组(4.4)可得

$$\begin{cases} c_0=\dfrac{y_0x_1-y_1x_0}{x_1-x_0}, \\ c_1=\dfrac{y_1-y_0}{x_1-x_0}. \end{cases}$$

因此,通过两点的插值多项式为

$$p_1(x)=\frac{y_0x_1-y_1x_0}{x_1-x_0}+\frac{y_1-y_0}{x_1-x_0}x. \tag{4.5}$$

考虑三个插值节点 (x_0,y_0),(x_1,y_1) 和 (x_2,y_2) 的情形,通过这三个插值节点的插值多项式为一条抛物线.假设抛物线的方程为

$$p_2(x)=c_0+c_1x+c_2x^2,$$

根据插值条件可知

$$\begin{cases} c_0+c_1x_0+c_2x_0^2=y_0, \\ c_0+c_1x_1+c_2x_1^2=y_1, \\ c_0+c_1x_2+c_2x_2^2=y_2. \end{cases} \tag{4.6}$$

解方程组(4.6)可得

$$\begin{cases} c_0=\dfrac{y_0x_1x_2(x_2-x_1)-y_1x_0x_2(x_2-x_0)+y_2x_0x_1(x_1-x_0)}{(x_2-x_1)(x_2-x_0)(x_1-x_0)}, \\ c_1=\dfrac{-y_0(x_2^2-x_1^2)+y_1(x_2^2-x_0^2)-y_2(x_1^2-x_0^2)}{(x_2-x_1)(x_2-x_0)(x_1-x_0)}, \\ c_2=\dfrac{y_0(x_2-x_1)-y_1(x_2-x_0)+y_2(x_1-x_0)}{(x_2-x_1)(x_2-x_0)(x_1-x_0)}. \end{cases} \tag{4.7}$$

例 4.2.1 求过点(0,1),(1,2),(2,4)的插值多项式 $p_2(x)$,并把 $p_2(x)$ 改写成如下形式:

(1) $p_2(x)=a_0\dfrac{(x-1)(x-2)}{2}+a_1\dfrac{x(x-2)}{-1}+a_2\dfrac{x(x-1)}{2}$;

(2) $p_2(x)=b_0+b_1x+b_2x(x-1)$.

多项式插值的存在唯一性：结合例子 4.2.1 进行，说明可以从不同途径获取插值多项式

解 设插值多项式为 $p_2(x)=c_2x^2+c_1x+c_0$,由式(4.2)可得

$$\begin{cases} c_0=1, \\ c_0+c_1+c_2=2, \\ c_0+2c_1+4c_2=4. \end{cases}$$

其解为 $c_0=1, c_1=c_2=\dfrac{1}{2}$,所以插值多项式为

$$p_2(x)=\frac{1}{2}x^2+\frac{1}{2}x+1.$$

对比系数可得

$$\begin{cases} a_0=1, \\ -\dfrac{3}{2}a_0+2a_1-\dfrac{1}{2}a_2=\dfrac{1}{2}, \\ \dfrac{1}{2}a_0-a_1+\dfrac{1}{2}a_2=\dfrac{1}{2}, \end{cases} \quad \begin{cases} b_0=1, \\ b_1-b_2=\dfrac{1}{2}, \\ b_2=\dfrac{1}{2}. \end{cases}$$

所以问题的解为

$$\begin{cases} a_0=1, \\ a_1=2, \\ a_2=4. \end{cases} \quad \begin{cases} b_0=1, \\ b_1=1, \\ a_2=\dfrac{1}{2}. \end{cases}$$

注 定理 4.2.1 表明,不管使用什么形式表示插值多项式,只要满足插值条件(4.1),那么结果必然相同,相应的插值余项也相同.方程组(4.2)给出了一种获取插值多项式的方法,上面两点插值多项式和三点插值多项式的推导结果以及例题也向我们展示了可以用解线性方程组的方式来求解插值多项式.但当节点数比较多时,

随着插值节点的增加,插值多项式的系数计算逐渐复杂(也不稳定).而通过上述例题可以看出,同一个多项式可以写成不同的形式,那么在这些形式下,我们是否可以不通过求解方程组来获得插值多项式,从而降低问题的计算量呢?答案是肯定的,在下面的章节中我们将介绍两种经典的易于确定插值多项式的方法.

4.3 拉格朗日插值

4.3.1 插值基函数

分析通过待定系数法确定的线性插值多项式(4.5)可以发现,该表达式可以改写为

$$p_1(x)=\frac{y_0x_1-y_0x}{x_1-x_0}+\frac{y_1x-y_1x_0}{x_1-x_0}=\frac{x-x_1}{x_0-x_1}y_0+\frac{x-x_0}{x_1-x_0}y_1.$$

令

$$l_0(x)=\frac{x-x_1}{x_0-x_1},\quad l_1(x)=\frac{x-x_0}{x_1-x_0},$$

则有

$$p_1(x)=l_0(x)y_0+l_1(x)y_1.$$

这里,$l_0(x)$和$l_1(x)$分别看作满足条件

$$\begin{cases}l_0(x_0)=1, & l_0(x_1)=0,\\ l_1(x_0)=0, & l_1(x_1)=1,\end{cases}$$

的插值多项式,称$l_0(x)$和$l_1(x)$为插值基函数,如图 4.2 所示,插值多项式为插值基函数的线性组合.

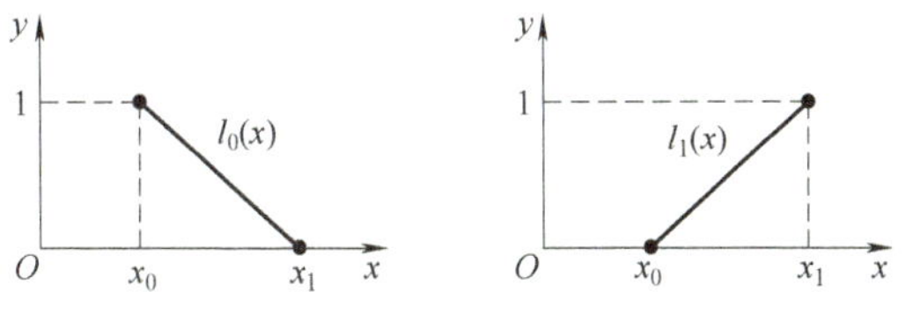

图 4.2　线性拉格朗日插值基函数

对于抛物插值多项式,根据式(4.7)确定的系数,对应的插值多项式可以写为

$$\begin{aligned}p_2(x)=&\frac{x_1x_2-(x_2+x_1)x+x^2}{(x_2-x_0)(x_1-x_0)}y_0-\frac{x_0x_2-(x_2+x_0)x+x^2}{(x_2-x_1)(x_1-x_0)}y_1+\\&\frac{x_0x_1-(x_1+x_0)x+x^2}{(x_2-x_0)(x_2-x_1)}y_2\\=&\frac{(x-x_1)(x-x_2)}{(x_0-x_1)(x_0-x_2)}y_0+\frac{(x-x_0)(x-x_2)}{(x_1-x_0)(x_1-x_2)}y_1+\end{aligned}$$

$$\frac{(x-x_0)(x-x_1)}{(x_2-x_0)(x_2-x_1)}y_2.$$

令

$$l_0(x)=\frac{(x-x_1)(x-x_2)}{(x_0-x_1)(x_0-x_2)},\quad l_1(x)=\frac{(x-x_0)(x-x_2)}{(x_1-x_0)(x_1-x_2)},$$

$$l_2(x)=\frac{(x-x_0)(x-x_1)}{(x_2-x_0)(x_2-x_1)},$$

则抛物插值多项式为

$$p_2(x)=l_0(x)y_0+l_1(x)y_1+l_2(x)y_2.$$

其中 $l_0(x)$, $l_1(x)$ 和 $l_2(x)$ 满足如下性质：

$$\begin{cases} l_0(x_0)=1, & l_0(x_1)=0, & l_0(x_2)=0, \\ l_1(x_0)=0, & l_1(x_1)=1, & l_1(x_2)=0, \\ l_2(x_0)=0, & l_2(x_1)=0, & l_2(x_2)=1. \end{cases}$$

称 $l_0(x)$, $l_1(x)$ 和 $l_2(x)$ 为抛物插值函数的基函数，如图 4.3 所示，二次插值多项式为三个插值基函数的线性组合.

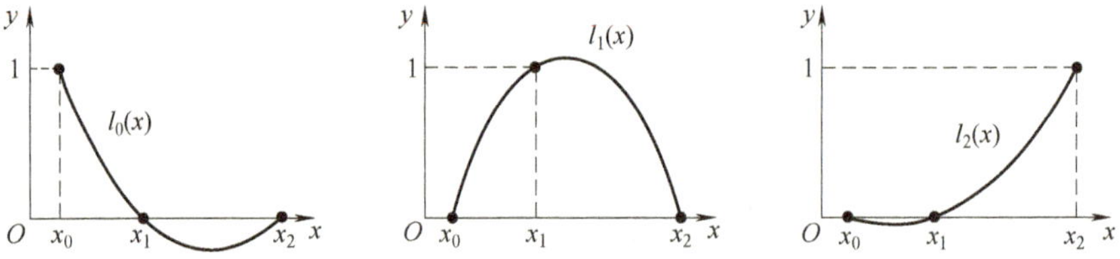

图 4.3 抛物拉格朗日插值基函数

4.3.2 拉格朗日插值函数

将线性插值和抛物线插值的插值基函数推广到一般情形，考虑具有 $n+1$ 个插值节点 (x_i,y_i) $(i=0,1,\cdots,n)$ 的情况，在每个插值节点的插值基函数 $l_i(x)$ $(i=0,1,\cdots,n)$ 满足

$$l_i(x_j)=\begin{cases}1, & j=i, \\ 0, & j\neq i.\end{cases}\ (i,j=0,1,\cdots,n).$$

因此插值多项式可以表示为这些插值基函数的线性组合，如式(4.8)所示：

$$L_n(x)=\sum_{i=0}^{n}l_i(x)y_i. \tag{4.8}$$

根据插值基函数的性质，不难发现在所有插值节点处 $L_n(x_i)=y_i$，满足插值条件.下面确定插值基函数的具体表达式，根据插值基函数 $l_i(x)$ 满足的条件，除 x_i 外其余节点都为 $l_i(x)$ 的零点，可知 $l_i(x)$ 具有如下形式

$$l_i(x)=c\prod_{\substack{j=0\\ j\neq i}}^{n}(x-x_j),$$

再由条件 $l_i(x_i)=1$ 确定 c，可得

$$l_i(x)=\prod_{\substack{j=0\\j\neq i}}^{n}\frac{x-x_j}{(x_i-x_j)}$$
$$=\frac{(x-x_0)\cdots(x-x_{i-1})(x-x_{i+1})\cdots(x-x_n)}{(x_i-x_0)\cdots(x_i-x_{i-1})(x_i-x_{i+1})\cdots(x_i-x_n)}.\qquad(4.9)$$

至此，已经确定了插值函数的表达式，式(4.9)称为拉格朗日(Lagrange)插值基函数，对应的线性组合表达式(4.8)称为拉格朗日插值函数.

拉格朗日插值多项式：突出其构造插值多项式的基本思想，讲解一个例题

例 4.3.1　已知三组插值节点(1,2)，(2,3)和(3,4)，

(1) 通过前两个点确定一次拉格朗日插值函数，并求 $f(1.2)$ 的近似值；

(2) 通过这三个点确定二次拉格朗日插值函数.

解　(1) 通过插值节点(1,2)和(2,3)的拉格朗日插值基函数为

$$l_0(x)=\frac{x-2}{1-2}=-(x-2),\quad l_1(x)=\frac{x-1}{2-1}=x-1.$$

因此，拉格朗日插值多项式为

$$L_1(x)=-2(x-2)+3(x-1)=x+1.$$

$f(1.2)$ 的近似值为 $L_1(1.2)=1.2+1=2.2$.

(2) 通过插值节点(1,2)，(2,3)和(3,4)的拉格朗日插值基函数为

$$l_0(x)=\frac{(x-2)(x-3)}{(1-2)(1-3)}=\frac{1}{2}(x-2)(x-3),$$
$$l_1(x)=\frac{(x-1)(x-3)}{(2-1)(2-3)}=-(x-1)(x-3),$$
$$l_2(x)=\frac{(x-1)(x-2)}{(3-1)(3-2)}=\frac{1}{2}(x-1)(x-2).$$

因此，拉格朗日插值多项式为

$$L_2(x)=2\times\frac{1}{2}(x-2)(x-3)-3(x-1)(x-3)+4\times\frac{1}{2}(x-1)(x-2)$$
$$=x^2-5x+6-3(x^2-4x+3)+2(x^2-3x+2)$$
$$=x+1.$$

在上例中，通过两点和三点确定的插值多项式完全相同.尽管节点数增加到三个时，插值基函数的个数和多项式的次数都增加了，但拉格朗日插值多项式并没有随着插值节点的增加而变化，这可以通过插值多项式的存在唯一性定理 4.2.1 来理解.在该例中，仔细观察可以发现，插值节点的自变量 x 和因变量 y 满足 $y=x+1$ 的关系，在插值节点数量从两个增加到三个时，这个关系仍然成立，即 $y=x+1$ 是满足插值条件的插值多项式.而根据定理 4.2.1 可知，插值多项式是存在且唯一的.因此，即使增加到三个插值节点并且插值

基函数都为二次多项式，但最终的拉格朗日插值多项式仍为$x+1$.依次类推，继续增多插值节点，插值节点的自变量 x 和因变量 y 仍满足 $y=x+1$ 的关系.例如，使用四组插值节点$(1,2)$，$(2,3)$，$(3,4)$和$(4,5)$，最终的拉格朗日插值多项式仍然不变.不过，这不能说明原函数为 $x+1$.例如，函数$(x-2)^3+3$ 也通过节点$(1,2)$，$(2,3)$和$(3,4)$，除此之外，也可以找到其他满足插值条件的函数.

例 4.3.2 已知被插函数为$f(x)=\sqrt{x}$，$\sqrt{100}=10$，$\sqrt{121}=11$，$\sqrt{144}=12$，

（1）通过前两个点确定一次拉格朗日插值函数，并估计$\sqrt{115}$的值；

（2）通过这三个点确定二次拉格朗日插值函数，并估计$\sqrt{115}$的值.

解 （1）拉格朗日插值基函数为

$$l_0(x)=\frac{x-121}{100-121}=-\frac{x-121}{21},\quad l_1(x)=\frac{x-100}{121-100}=\frac{x-100}{21},$$

一次拉格朗日插值函数为

$$L_1(x)=-\frac{x-121}{21}\times10+\frac{x-100}{21}\times11=\frac{x+110}{21}.$$

因此，

$$\sqrt{115}\approx\frac{115+110}{21}=\frac{225}{21}\approx10.7143.$$

可以验证，这个结果具有 3 位有效数字.

（2）拉格朗日插值基函数为

$$l_0(x)=\frac{(x-121)(x-144)}{(100-121)\times(100-144)}=\frac{(x-121)(x-144)}{924},$$

$$l_1(x)=\frac{(x-100)(x-144)}{(121-100)\times(121-144)}=-\frac{(x-100)(x-144)}{483},$$

$$l_2(x)=\frac{(x-100)(x-121)}{(144-100)\times(144-121)}=\frac{(x-100)(x-121)}{1012},$$

二次拉格朗日插值函数为

$$\begin{aligned}L_2(x)&=\frac{(x-121)(x-144)}{924}\times10-\frac{(x-100)(x-144)}{483}\times11+\\&\quad\frac{(x-100)(x-121)}{1012}\times12\\&=-\frac{1}{10626}x^2+\frac{727}{10626}x+\frac{660}{161}.\end{aligned}$$

因此，

$$\sqrt{115}\approx-\frac{1}{10626}\times115^2+\frac{727}{10626}\times115+\frac{660}{161}=\frac{18990}{1771}\approx10.7228.$$

可以验证，这个结果具有 4 位有效数字.

练习 4.3.1 对例题 4.3.2 中的函数 $f(x)=\sqrt{x}$，在原有三个插值节点的基础上增加节点 $\sqrt{169}=13$，通过这四个插值节点确定三次拉格朗日插值函数，估计 $\sqrt{115}$ 的值，并确定有效数字的位数.

练习 4.3.2 已知函数 $f(x)$ 在几个节点的值，

$$f(1)=-7, f(3)=5, f(4)=8,$$

求 $f(x)$ 的二阶拉格朗日插值多项式，并计算 $f(2)$ 的值.

4.3.3 插值余项与误差估计

若 $f(x)$ 在区间 $[a,b]$ 内的插值多项式为 $L_n(x)$，则称 $R_n(x)=f(x)-L_n(x)$ 为 $L_n(x)$ 的插值余项（也称误差）.

定理 4.3.1 设 $f(x)$ 在 $[a,b]$ 内的 $n+1$ 阶导数连续，记为 $f(x)\in C^{n+1}[a,b]$，并且 $f(x)$ 在 $n+1$ 个互异节点 $a\leqslant x_0<x_1<\cdots<x_n\leqslant b$ 处的函数值为 $y_0,y_1,\cdots,y_n$.若插值多项式 $L_n(x)$ 满足插值条件 $L_n(x_i)=y_i(i=0,1,\cdots,n)$，则 $\forall x\in[a,b]$，

$$\begin{aligned}R_n(x)=f(x)-L_n(x)&=\frac{f^{(n+1)}(\xi)}{(n+1)!}\prod_{i=0}^{n}(x-x_i)\\&=\frac{f^{(n+1)}(\xi)}{(n+1)!}\omega_{n+1}(x),\end{aligned}\tag{4.10}$$

其中 $a<\xi<b,\omega_{n+1}(x)=\prod_{i=0}^{n}(x-x_i)$.

证 根据插值条件知 $R_n(x_i)=0(i=0,1,\cdots,n)$，因此，

$$R_n(x)=k(x)(x-x_0)(x-x_1)\cdots(x-x_n)=k(x)\omega_{n+1}(x),$$

其中，$k(x)$ 是关于 x 的函数.将 $x\in[a,b]$ 看作是区间 $[a,b]$ 内的任一固定点，可设辅助函数

$$\varphi(t)=f(t)-L_n(t)-k(x)(t-x_0)(t-x_1)\cdots(t-x_n),$$

则

$$\varphi(x_i)=0\quad(i=0,1,\cdots,n),\quad \varphi(x)=0,$$

因此，$\varphi(t)$ 在区间 $[a,b]$ 内具有 $n+2$ 个零点 $x_0,x_1,\cdots,x_n$ 及 x，由罗尔(Rolle)定理知，$\varphi'(t)$ 在 (a,b) 内至少有 $n+1$ 个零点.反复应用罗尔定理，可得 $\varphi^{(n+1)}(t)$ 在 (a,b) 内至少有一个零点 $\xi\in(a,b)$，使

$$\varphi^{(n+1)}(\xi)=f^{(n+1)}(\xi)-(n+1)!\ k(x)=0.$$

因此

$$k(x)=\frac{f^{(n+1)}(\xi)}{(n+1)!},$$

插值余项公式为式(4.10).

由于定理 4.3.3 中的 ξ 无法确定，因此插值余项公式(4.10)的准确值难以计算.不过，由于 $f^{(n+1)}(x)$ 在闭区间 $[a,b]$ 内连续，因为闭区间的连续函数必有界，所以具有最大值和最小值，因此存在 M_{n+1} 使

$$|f^{(n+1)}(\xi)| \leqslant \max_{a \leqslant x \leqslant b} |f^{(n+1)}(x)| \leqslant M_{n+1}.$$

误差估计式为

$$|R_n(x)| \leqslant \frac{M_{n+1}}{(n+1)!} |\omega_{n+1}(x)|.$$

当 $n=1$ 时，线性插值多项式的误差估计为

$$|R_1(x)| \leqslant \frac{M_2}{2!} \left| (x-x_0)(x-x_1) \right| \leqslant \frac{M_2}{8}(x_1-x_0)^2.$$

当 $n=2$ 时，抛物插值多项式的误差估计为

$$|R_2(x)| \leqslant \frac{M_3}{3!} |(x-x_0)(x-x_1)(x-x_2)|.$$

例 4.3.3 设 $f(x) \in C^2[a,b]$，已知插值节点 $x_0=a, x_1=b$，证明：$f(x)$ 在 $[a,b]$ 内的线性插值函数 $L_1(x)$ 的误差界为

$$\max_{a \leqslant x \leqslant b} |f(x)-L_1(x)| \leqslant \frac{(b-a)^2}{8} \max_{a \leqslant x \leqslant b} |f''(x)|,$$

并举例说明上述不等式中的等号成立.

解 由插值余项公式，可得

$$f(x)-L_1(x)=\frac{f''(\xi)}{2!}(x-a)(x-b), a<\xi<b.$$

而当 $x \in [a,b]$ 时，函数 $|(x-a)(x-b)|$ 在 $x=\frac{(a+b)}{2}$ 处取得最大值为 $\frac{(b-a)^2}{4}$，因此，

$$\max_{a \leqslant x \leqslant b} |f(x)-L_1(x)| \leqslant \frac{1}{2} \max_{a \leqslant x \leqslant b} |(x-a)(x-b)| \max_{a \leqslant x \leqslant b} |f''(x)|$$
$$= \frac{(b-a)^2}{8} \max_{a \leqslant x \leqslant b} |f''(x)|.$$

取 $f(x)=x$，则有

$$L_1(x)=x, f''(x)=0,$$

因此

$$\max_{a \leqslant x \leqslant b} |f(x)-L_1(x)|=0, \quad \frac{(b-a)^2}{8} \max_{a \leqslant x \leqslant b} |f''(x)|=0.$$

此时，不等式的等号成立.

例 4.3.4 对例 4.3.2 中的一次和二次拉格朗日插值函数进行误差估计.

解 被插函数为 $f(x)=\sqrt{x}$，因此，

$$f'(x)=\frac{1}{2}x^{-\frac{1}{2}}, \quad f''(x)=-\frac{1}{4}x^{-\frac{3}{2}}, \quad f'''(x)=\frac{3}{8}x^{-\frac{5}{2}},$$

$$M_2=\max_{100 \leqslant x \leqslant 144} |f''(x)| = \max_{100 \leqslant x \leqslant 144} \left| -\frac{1}{4}x^{-\frac{3}{2}} \right| \leqslant \frac{1}{4000},$$

$$M_3=\max_{100 \leqslant x \leqslant 144} |f'''(x)| = \max_{100 \leqslant x \leqslant 144} \left| \frac{3}{8}x^{-\frac{5}{2}} \right| \leqslant \frac{3}{800000}.$$

根据插值余项定理，可得

$$R_1(x) \leqslant \left| \frac{1}{2} \times \frac{1}{4000} \times (115-100) \times (115-121) \right| = 0.01125 < 0.05,$$

$$R_2(x) \leqslant \left| \frac{1}{6} \times \frac{3}{800000} \times (115-100) \times (115-121) \times (115-144) \right|$$

$$= \frac{37}{22682} = 0.00163125 \leqslant 0.005.$$

这说明通过一次拉格朗日插值多项式获取的近似值具有 3 位有效数字，二次拉格朗日插值多项式获取的近似值具有 4 位有效数字.

练习 4.3.3　已知函数表如下：

x_i	-1	0	1
$y_i = 2^{x_i}$	0.5	1	2

利用二次插值计算 $2^{0.3}$ 的近似值并估计误差.

尽管抛物插值的精度比线性插值的精度高，但并不能简单地认为插值多项式的次数 n 越高越好. 在 n 较大的时候，经常会发生数值不稳定的情形，并且当 $n \to \infty$，插值函数 $L_n(x)$ 并不一定收敛到 $f(x)$. 通常，只在 $n \leqslant 7$ 时考虑多项式插值，n 取较大值时考虑分段低次插值.

例 4.3.5　设 $f(x) = x^4$，根据插值余项定理，

（1）写出以 $-1, 0, 1, 2$ 为插值节点的三次插值多项式 $p_3(x)$；

（2）写出以 $-1, 0, 1, 2, 3$ 为插值节点的四次插值多项式 $p_4(x)$.

解　（1）根据插值余项定理，可得

$$f(x) - p_3(x) = \frac{f^{(4)}(\xi)}{4!} \omega_4(x) = \frac{4!}{4!}(x+1)x(x-1)(x-2)$$

$$= x^4 - 2x^3 - x^2 + 2x.$$

因此，三次插值多项式为

$$p_3(x) = x^4 - (x^4 - 2x^3 - x^2 + 2x) = 2x^3 + x^2 - 2x.$$

（2）根据插值余项定理，可得

$$f(x) - p_4(x) = \frac{f^{(5)}(\xi)}{5!} \omega_5(x) = \frac{0}{5!}(x+1)x(x-1)(x-2)(x-3) = 0.$$

因此，四次插值多项式为 $p_4(x) = x^4$.

通过插值余项定理，发现当被插函数为 n 次多项式时，若插值节点个数大于 n，则余项公式中的 $n+1$ 阶导数或者更高阶的导数为零，插值多项式与被插函数相等. 例题 4.3.1 通过三个插值节点的插值多项式为 $x+1$，也可以通过插值余项定理说明. 此时，该问题等价于通过三个插值节点确定一次多项式 $x+1$ 的二次插值多项式，插值节点的个数大于被插函数的次数，插值多项式与被插函数相同.

4.4 牛顿插值

拉格朗日插值多项式的确定需要插值基函数的定义，其形式简单且便于实现，不过当插值节点数量变化时，对应的插值基函数需要重新全部计算，增加了计算工作量.在本节，我们介绍一种新的插值方法，在插值节点增多时，该方法可以承袭之前的计算结果，将大大减少计算量.

分析通过待定系数法确定的线性插值多项式(4.5)可以发现，该表达式可以改写为

$$p_1(x)=y_0+\frac{y_1-y_0}{x_1-x_0}(x-x_0). \tag{4.11}$$

该形式即直线的点斜式表示，直线的斜率为函数值之差与自变量值之差的商$\frac{y_1-y_0}{x_1-x_0}$.对于抛物插值多项式，假设多项式 $p_2(x)$ 也有类似线性插值的“点斜式”表达式

$$p_2(x)=a_0+a_1(x-x_0)+a_2(x-x_0)(x-x_1),$$

其中 a_0,a_1,a_2是待确定的系数，根据插值条件可知

$$a_0=y_0,\quad a_1=\frac{y_1-y_0}{x_1-x_0},\quad a_2=\frac{(y_2-y_0)/(x_2-x_0)-(y_1-y_0)/(x_1-x_0)}{x_2-x_1}.$$

系数 a_1与线性插值多项式的形式相同，系数 a_2通过函数值之差与自变量值之差取商之后再次作差，与自变量再次作差取商计算得出.抛物插值多项式可以表示为

$$p_2(x)=y_0+\frac{y_1-y_0}{x_1-x_0}(x-x_0)+\frac{(y_2-y_0)/(x_2-x_0)-(y_1-y_0)/(x_1-x_0)}{x_2-x_1}(x-x_0)(x-x_1). \tag{4.12}$$

可以验证，式(4.12)与通过待定系数法给出的系数[式(4.7)]相同.在插值节点由(x_0,y_0)，(x_1,y_1)增加(x_2,y_2)的时候，通过“点斜式”确定的插值多项式(4.12)只需要在原有线性插值多项式的基础上增加一个二次多项式.

对于一般的插值问题，插值多项式通过类似的“点斜式”确定的时候，即通过 $n+1$ 个互不相同的插值节点(x_0,y_0)，(x_1,y_1)，(x_2,y_2)，…，(x_n,y_n)的 n 次多项式 $p_n(x)$ 表示为如下形式：

$$p_n(x)=a_0+a_1(x-x_0)+a_2(x-x_0)(x-x_1)+\cdots+a_n(x-x_0)(x-x_1)\cdots(x-x_{n-1}),$$

其中 $a_0,a_1,\cdots,a_n$是 $n+1$ 个待确定的系数，它们是否具有与线性插值和抛物插值类似的表示形式？在插值节点个数增加一个

(x_{n+1},y_{n+1})的时候，是否也能在 n 次插值多项式 $p_n(x)$ 的基础上增加一个 $n+1$ 次多项式来确定满足插值条件的 $n+1$ 次插值多项式？为此，我们引入差商的概念，并据此确定插值多项式.

4.4.1 差商

定义 4.4.1　设 $f(x)$ 在互异节点 $x_0,x_1,\cdots,x_n$ 上的函数值为 $f(x_0),f(x_1),\cdots,f(x_n)$，定义 $f(x)$ 关于 x_0,x_1 的一阶差商为

$$f[x_0,x_1]=\frac{f(x_1)-f(x_0)}{x_1-x_0};$$

定义 $f(x)$ 关于 x_0,x_1,x_2 的二阶差商为

$$f[x_0,x_1,x_2]=\frac{f[x_1,x_2]-f[x_0,x_1]}{x_2-x_0};$$

依次类推，定义 $f(x)$ 关于 $x_0,x_1,x_2,\cdots,x_n$ 的 n 阶差商为

$$f[x_0,x_1,\cdots,x_n]=\frac{f[x_1,x_2,\cdots,x_n]-f[x_0,x_1,\cdots,x_{n-1}]}{x_n-x_0}.$$

差商具有如下基本性质：

推论 4.4.1　$f(x)$ 关于 $x_0,x_1,\cdots,x_k$ 的 k 阶差商可以表示为函数值 $f(x_0),f(x_1),\cdots,f(x_k)$ 的线性组合，即

$$f[x_0,x_1,\cdots,x_k]=\sum_{i=0}^{k}\frac{f(x_i)}{\prod\limits_{\substack{j=0\\ j\neq i}}^{k}(x_i-x_j)}. \tag{4.13}$$

证　用数学归纳法证明. 当 $k=1$ 时，

$$f[x_0,x_1]=\frac{f(x_1)-f(x_0)}{x_1-x_0}=\frac{f(x_0)}{x_0-x_1}+\frac{f(x_1)}{x_1-x_0},$$

所以式(4.13)成立.

假设 $k=m-1$ 时式(4.13)成立，则有

$$f[x_0,x_1,\cdots,x_{m-1}]$$
$$=\sum_{j=0}^{m-1}\frac{f(x_j)}{(x_j-x_0)\cdots(x_j-x_{j-1})(x_j-x_{j+1})\cdots(x_j-x_{m-1})},$$
$$f[x_1,x_2,\cdots,x_m]$$
$$=\sum_{j=1}^{m}\frac{f(x_j)}{(x_j-x_1)\cdots(x_j-x_{j-1})(x_j-x_{j+1})\cdots(x_j-x_m)}.$$

根据差商的定义式(4.13)及归纳假设得

$$f[x_0,x_1,\cdots,x_m]=\frac{f[x_0,x_1,\cdots,x_{m-1}]-f[x_1,x_2,\cdots,x_m]}{x_0-x_m}$$
$$=\frac{f(x_0)}{(x_0-x_1)\cdots(x_0-x_{m-1})}\cdot\frac{1}{x_0-x_m}+$$

$$\sum_{j=1}^{m-1} \frac{f(x_j)\left(\dfrac{1}{x_j-x_0}-\dfrac{1}{x_j-x_m}\right)}{(x_j-x_1)\cdots(x_j-x_{j-1})(x_j-x_{j+1})\cdots(x_j-x_{m-1})}\cdot$$

$$\frac{1}{x_0-x_m}+\frac{f(x_m)}{(x_m-x_1)\cdots(x_m-x_{m-1})}\cdot\frac{1}{x_m-x_0}$$

$$=\sum_{j=0}^{m}\frac{f(x_j)}{(x_j-x_0)\cdots(x_j-x_{j-1})(x_j-x_{j+1})\cdots(x_j-x_m)}$$

$$=\sum_{i=0}^{m}\frac{f(x_i)}{\prod\limits_{\substack{j=0\\ j\neq i}}^{m}(x_i-x_j)}.$$

因此 $k=m$ 时，式(4.13)成立.

式(4.13)表明差商 $f[x_0,x_1,\cdots,x_k]$ 与节点次序无关，具有对称性，即 $f(x)$ 关于 $k+1$ 个点 $x_0,x_1,\cdots,x_k$ 的 k 阶差商与这 k 个点的次序无关，

$$f[x_0,x_1,\cdots,x_k]=f[x_{i_0},x_{i_1},\cdots,x_{i_k}],$$

其中 $i_0,i_1,\cdots,i_k$ 为 $0,1,\cdots,k$ 重新排列之后的结果.

函数值和各阶差商的关系可通过差商表 4.3 表示.

牛顿插值多项式：推导基本公式，并结合差商表给出插值多项式的计算过程

表 4.3 各阶差商表

k	x_k	$f(x_k)$	一阶差商	二阶差商	三阶差商	…
0	x_0	$f(x_0)$				…
1	x_1	$f(x_1)$	$f[x_0,x_1]$			…
2	x_2	$f(x_2)$	$f[x_1,x_2]$	$f[x_0,x_1,x_2]$		…
3	x_3	$f(x_3)$	$f[x_2,x_3]$	$f[x_1,x_2,x_3]$	$f[x_0,x_1,x_2,x_3]$	…
4	x_4	$f(x_4)$	$f[x_3,x_4]$	$f[x_2,x_3,x_4]$	$f[x_1,x_2,x_3,x_4]$	…
⋮	⋮	⋮	⋮	⋮	⋮	

例 4.4.1 已知 $f(x)$ 的四组节点 $(1,2),(2,3),(4,6),(5,5)$，计算差商 $f[1,2,4,5]$.

解 首先计算一阶差商，

$$f[1,2]=\frac{3-2}{2-1}=1,\quad f[2,4]=\frac{6-3}{4-2}=\frac{3}{2},\quad f[4,5]=\frac{5-6}{5-4}=-1.$$

根据一阶差商继续计算二阶差商，

$$f[1,2,4]=\frac{3/2-1}{4-1}=\frac{1}{6},\quad f[2,4,5]=\frac{-1-3/2}{5-2}=-\frac{5}{6}.$$

因此，

$$f[1,2,4,5]=\frac{-5/6-1/6}{5-1}=-\frac{1}{4}.$$

注 4.4.1 该题也可以通过差商的对称性求解. 例如，$f[1,2,4,5]=f[1,2,5,4]$.

4.4.2 牛顿插值多项式

下面根据差商的定义推导牛顿插值多项式.考虑区间$[a,b]$内的$n+1$个插值节点$x_0,x_1,\cdots,x_n$,根据差商定义 4.4.1,把x看成$[a,b]$内一点,则有

$$f(x)=f(x_0)+f[x,x_0](x-x_0),$$
$$f[x,x_0]=f[x_0,x_1]+f[x,x_0,x_1](x-x_1),$$
$$\vdots$$
$$f[x,x_0,\cdots,x_{n-1}]=f[x_0,x_1,\cdots,x_n]+f[x,x_0,\cdots,x_n](x-x_n).$$

依次将后一个表达式代入前一个,则有

$$\begin{aligned}f(x)=&f(x_0)+f[x_0,x_1](x-x_0)+f[x_0,x_1,x_2](x-x_0)(x-x_1)+\cdots+\\&f[x_0,x_1,\cdots,x_n](x-x_0)(x-x_1)\cdots(x-x_{n-1})+\\&f[x,x_0,\cdots,x_n]\omega_{n+1}(x)\\=&N_n(x)+R_n(x),\end{aligned}$$

其中

$$\begin{aligned}N_n(x)=&f(x_0)+f[x_0,x_1](x-x_0)+f[x_0,x_1,x_2](x-x_0)(x-x_1)+\cdots+\\&f[x_0,x_1,\cdots,x_n](x-x_0)(x-x_1)\cdots(x-x_{n-1}),\end{aligned}$$
$$R_n(x)=f[x,x_0,\cdots,x_n]\omega_{n+1}(x),$$
$$\omega_{n+1}(x)=(x-x_0)(x-x_1)\cdots(x-x_n).$$

其中$R_n(x_i)=0(i=0,1,\cdots,n)$,因此多项式$N_n(x)$满足插值条件(4.1)且次数不超过$n$,称$N_n(x)$为$f(x)$的次数不超过$n$次的牛顿(Newton)插值多项式.

根据插值多项式的存在唯一性定理 4.2.1,可知通过拉格朗日插值法和牛顿插值法在相同插值节点构造的相同次数的插值多项式完全相同,其对应的插值余项也完全相同.根据定理 4.3.1,可知牛顿插值余项满足

$$R_n(x)=\frac{f^{(n+1)}(\xi)}{(n+1)!}\omega_{n+1}(x),$$

因此差商与导数之间存在如下关系:

$$f[x,x_0,x_1,\cdots,x_n]=\frac{f^{(n+1)}(\xi)}{(n+1)!},\quad \xi\in(a,b).$$

考虑$n+1$个互不相同的插值节点$x_0,x_1,\cdots,x_n$,则其差商与导数之间存在如下关系:

$$f[x_0,x_1,\cdots,x_n]=\frac{f^{(n)}(\xi)}{n!},\quad \xi\in(a,b). \tag{4.14}$$

该关系式也可通过罗尔定理说明.考虑函数$R_n(x)=f(x)-N_n(x)$,其在插值区间$[a,b]$内具有$n+1$个互不相同的零点$x_0,x_1,\cdots,x_n$,使用罗尔定理n次,则$R_n(x)$的n阶导数至少存在一个零点ξ,即

$$f^{(n)}(\xi)-N_n^{(n)}(\xi)=0,\quad \xi\in(a,b),$$

而$N_n^{(n)}(\xi)=n!\ f[x_0,x_1,\cdots,x_n]$,因此可得式(4.14).

多项式插值的误差估计、差商与导数的关系:通过拉格朗日插值公式推导余项、进一步导出差商与导数关系

例 4.4.2 已知$f(x)=3x^5+4x^4-5x^3-x^2+x-10$,计算差商

(1) $f[0,1,2,3,4,5]$;

(2) $f[2^{100},2^{99},2^{98},1,2^{-98},2^{-99},2^{-100}]$.

解 根据差商与导数的关系,可得

$$f[0,1,2,3,4,5]=\frac{f^{(5)}(\xi)}{5!}=\frac{3\times5!}{5!}=3,$$

$$f[2^{100},2^{99},2^{98},1,2^{-98},2^{-99},2^{-100}]=\frac{f^{(6)}(\xi)}{6!}=0.$$

例 4.4.3 对于例 4.3.1 中的三组插值节点(1,2),(2,3)和(3,4),用牛顿插值方法分别构造两点和三点插值多项式.

解 首先计算一阶和二阶差商,

$$f[1,2]=\frac{3-2}{2-1}=1,\quad f[2,3]=\frac{4-3}{3-2}=1,\quad f[1,2,3]=\frac{1-1}{3-1}=0$$

根据插值节点(1,2)和(2,3)构造牛顿插值公式

$$N_1(x)=2+f[1,2](x-1)=x+1.$$

根据插值节点(1,2),(2,3)和(3,4)构造牛顿插值公式

$$N_2(x)=2+f[1,2](x-1)+f[1,2,3](x-1)(x-2)=x+1.$$

在例 4.3.1 计算拉格朗日插值函数时,我们讨论过,如果继续按照 $y=x+1$ 这个规律增加插值节点,那么插值多项式保持不变.在本例中,通过牛顿插值法可以发现,在相邻两个差商取值相同时,更高阶的差商为 0,因此再按照 $y=x+1$ 这个规律增加插值节点时,对应的一阶差商取值都为 1,而二阶及高于二阶的差商取值为 0,因此插值多项式保持不变.

例 4.4.4 对例 4.3.2 中的数据点,使用一次和二次牛顿插值多项式计算$\sqrt{115}$.

解 首先构造差商表 4.4.

表 4.4 例 4.3.2 的差商表

x_k	$f(x_k)$	一阶差商	二阶差商
100	10		
121	11	0.047619	
144	12	0.043478	-0.00009411

根据牛顿插值多项式,一次插值多项式计算结果为

$$\sqrt{115}\approx N_1(115)=10+(115-100)\times0.047619=10.7143.$$

二次插值多项式计算结果为

$$\sqrt{115}\approx N_1(115)-0.00009411\times(115-100)\times(115-121)=10.7228.$$

通过计算发现,增加插值节点后,牛顿插值法计算简便快速,对比拉格朗日插值法具有明显的优点.

练习 4.4.1 已知函数表

x_i	1	2	3	4
$f(x_i)$	3	5	9	15

求其牛顿插值多项式，并计算 $f(1.5)$ 的近似值.

4.5　埃尔米特插值

前面介绍的拉格朗日插值和牛顿插值都是在插值节点上满足 $p(x_i)=y_i$，在实际应用中，若希望得到更好的插值多项式，还会要求在插值节点处的一阶导数相同，即 $p'(x_i)=y'_i$，或者更高阶的导数相同，以这种插值要求计算插值多项式的方法称为埃尔米特(Hermite)插值法，对应的插值多项式记为 $H(x)$，称为埃尔米特插值多项式.这里只考虑插值多项式在插值节点处的函数值和一阶导数值相同的情形.

已知 $y_i=f(x_i),y'(x_i)=f'(x_i)\,(i=0,1,\cdots,n)$，求 $2n+1$ 次插值多项式 $H(x)$，满足

$$H(x_i)=y_i,\quad H'(x_i)=y'_i,\quad i=0,1,\cdots,n. \tag{4.15}$$

考虑拉格朗日插值多项式的形式 $L_n(x)=\sum_{i=0}^{n} l_i(x)y_i$，其中 $l_i(x)$ 为插值基函数，这里我们使用类似的方法来构造埃尔米特插值多项式，令

$$H(x)=\sum_{i=0}^{n} A_i(x)y_i+\sum_{i=0}^{n} B_i(x)y'_i,$$

其中

$$\begin{cases}A_i(x_j)=\delta_{ij},\\ A'_i(x_j)=0,\end{cases}\quad \begin{cases}B_i(x_j)=0,\\ B'_i(x_j)=\delta_{ij},\end{cases}\quad \delta_{ij}=\begin{cases}1 & i=j,\\ 0 & i\neq j.\end{cases} \tag{4.16}$$

因此 $H(x)$ 为满足插值条件(4.15)的埃尔米特插值多项式.下面考虑基函数 $A_i(x)$ 和 $B_i(x)$ 的具体表达式，根据式(4.16)可知 $x_j\,(j\neq i)$ 为 $A_i(x)$ 的二重根，因此可以假设 $A_i(x)$ 具有如下形式：

$$A_i(x)=(a_0+a_1x)\prod_{\substack{k=0\\k\neq i}}^{n}(x-x_k)^2,$$

则

$$A'_i(x)=a_1\prod_{\substack{k=0\\k\neq i}}^{n}(x-x_k)^2+2(a_0+a_1x)\sum_{\substack{l=0\\l\neq i}}^{n}(x-x_l)\prod_{\substack{k=0\\k\neq i,l}}^{n}(x-x_k)^2.$$

根据式(4.16)可知

$$\begin{cases}(a_0+a_1x_i)\prod_{\substack{k=0\\k\neq i}}^{n}(x_i-x_k)^2=1,\\[2ex] a_1\prod_{\substack{k=0\\k\neq i}}^{n}(x_i-x_k)^2+2(a_0+a_1x_i)\sum_{\substack{l=0\\l\neq i}}^{n}(x_i-x_l)\prod_{\substack{k=0\\k\neq i,l}}^{n}(x_i-x_k)^2=0.\end{cases}$$

埃尔米特插值：
强调构造思想

解此方程组，可得

$$\begin{cases} a_0 = \dfrac{1}{\prod\limits_{\substack{k=0\\k\neq i}}^{n}(x_i-x_k)^2}\left(1+\sum\limits_{\substack{l=0\\l\neq i}}^{n}\dfrac{2x_i}{x_i-x_l}\right), \\ a_1 = -\dfrac{1}{\prod\limits_{\substack{k=0\\k\neq i}}^{n}(x_i-x_k)^2}\sum\limits_{\substack{l=0\\l\neq i}}^{n}\dfrac{2}{x_i-x_l}. \end{cases}$$

因此基函数 $A_i(x)$ 为

$$A_i(x)=\prod_{\substack{k=0\\k\neq i}}^{n}\left(\frac{x-x_k}{x_i-x_k}\right)^2\left(1-2\sum_{\substack{l=0\\l\neq i}}^{n}\frac{x-x_i}{x_i-x_l}\right).$$

下面考虑 $B_i(x)$ 的表达式，根据式(4.16)可知 $x_j(j\neq i)$ 为 $B_i(x)$ 的二重根，且 x_i 为 $B_i(x)$ 的单根，因此可以假设 $B_i(x)$ 的表达式为

$$B_i(x)=b\prod_{\substack{k=0\\k\neq i}}^{n}(x-x_k)^2(x-x_i),$$

则

$$B'_i(x)=b\left[\prod_{\substack{k=0\\k\neq i}}^{n}(x-x_k)^2+2(x-x_i)\sum_{\substack{l=0\\l\neq i}}^{n}(x-x_l)\prod_{\substack{k=0\\k\neq i,l}}^{n}(x-x_k)^2\right].$$

根据式(4.16)可知

$$b=\prod_{\substack{k=0\\k\neq i}}^{n}\frac{1}{(x_i-x_k)^2}.$$

因此基函数 $B_i(x)$ 为

$$B_i(x)=\prod_{\substack{k=0\\k\neq i}}^{n}\left(\frac{x-x_k}{x_i-x_k}\right)^2(x-x_i).$$

埃尔米特插值多项式为

$$H(x)=\sum_{i=0}^{n}\prod_{\substack{k=0\\k\neq i}}^{n}\left(\frac{x-x_k}{x_i-x_k}\right)^2\left(1-2\sum_{\substack{k=0\\k\neq i}}^{n}\frac{x-x_i}{x_i-x_k}\right)y_i+$$
$$\sum_{i=0}^{n}\prod_{\substack{k=0\\k\neq i}}^{n}\left(\frac{x-x_k}{x_i-x_k}\right)^2(x-x_i)y'_i.$$

特别地，在只有两个插值节点 x_0,x_1 时，埃尔米特插值多项式为三次多项式，称为三次埃尔米特插值，其形式为

$$H(x)=\left(\frac{x-x_1}{x_0-x_1}\right)^2\left(1-2\frac{x-x_0}{x_0-x_1}\right)y_0+\left(\frac{x-x_0}{x_1-x_0}\right)^2\left(1-2\frac{x-x_1}{x_1-x_0}\right)y_1+$$
$$\left(\frac{x-x_1}{x_0-x_1}\right)^2(x-x_0)y'_0+\left(\frac{x-x_0}{x_1-x_0}\right)^2(x-x_1)y'_1.$$

定理 4.5.1 设 $H(x)$ 是关于 x_0,x_1 的两点三次埃尔米特插值多项式，若 $f(x)\in C^3[a,b]$，$f^{(4)}(x)$ 在 $[a,b]$ 内存在，其中 $[a,b]$ 是包含 x_0,x_1 的任意区间，则插值余项满足

$$R(x)=f(x)-H(x)=\frac{f^{(4)}(\xi)}{4!}\omega_1^2(x),\quad \xi\in(a,b),\quad (4.17)$$

其中 $\omega_1(x)=(x-x_0)(x-x_1)$.

证　设埃尔米特插值余项函数为

$$R(x)=k(x)\omega_1^2(x),$$

对于任一给定的 x,引入辅助函数

$$\varphi(t)=f(t)-H(t)-k(x)\omega_1^2(t),$$

则 x,x_0,x_1 为 $\varphi(t)$ 的 3 个零点,其中 x_0,x_1 为 $\varphi(t)$ 的二重零点.应用罗尔定理,可知 $\varphi'(t)$ 在 x,x_0,x_1 构成的两个子区间内至少各有一个零点,分别设为 ξ_0 和 ξ_1.根据 x_0,x_1 为 $\varphi(t)$ 的二重零点,可知 $\varphi(t)$ 具有 4 个零点 x_0,x_1,ξ_0,ξ_1,依次应用罗尔定理,可得 $\varphi^{(4)}(t)$ 在 $[a,b]$ 内至少具有一个零点 ξ,则有

$$\varphi^{(4)}(\xi)=f^{(4)}(\xi)-H^{(4)}(\xi)-k(x)\cdot 4!=0,$$

其中 $H^{(4)}(\xi)=0$,因此 $k(x)=\dfrac{f^{(4)}(\xi)}{4!}$,插值余项为式(4.17).

例 4.5.1　已知 $f(0)=0,f(1)=1,f'(0)=0,f'(1)=2$,构造三次埃尔米特插值多项式 $H(x)$.

解　插值基函数为

$$A_0(x)=\left(\frac{x-1}{0-1}\right)^2\left(1-2\,\frac{x-0}{0-1}\right)=(x-1)^2(1+2x),$$

$$A_1(x)=\left(\frac{x-0}{1-0}\right)^2\left(1-2\,\frac{x-1}{1-0}\right)=x^2(3-2x),$$

$$B_0(x)=\left(\frac{x-1}{0-1}\right)^2(x-0)=x(x-1)^2,$$

$$B_1(x)=\left(\frac{x-0}{1-0}\right)^2(x-1)=x^2(x-1).$$

埃尔米特插值多项式为

$$H(x)=0\cdot(x-1)^2(1+2x)+1\cdot x^2(3-2x)+$$
$$0\cdot x(x-1)^2+2\cdot x^2(x-1)=x^2.$$

在例 4.5.1 中,尽管基函数都是三次项系数非零的三次多项式,但最终的埃尔米特插值多项式系数非零的最高项为二次项.这可以通过插值余项定理 4.5.1 来解释.仔细观察数据点,不难发现其满足

$$f(x_i)=x_i^2,f'(x_i)=2x_i$$

的关系,因此可将该问题看成是计算插值函数 $f(x)=x^2$ 在插值节点 0,1 上的三次埃尔米特插值多项式.根据三次埃尔米特插值余项定理 4.5.1,插值余项为 0[$f(x)$ 的四阶导数为 0],因此三次埃尔米特插值多项式与 $f(x)$ 相同.

例 4.5.2　试构造满足插值条件

$$p_3(a)=f(a),\quad p_3(b)=f(b),\quad p_3(c)=f(c),\quad p_3'(c)=f'(c)$$

的三次插值代数多项式 $p_3(x)$,并推出其余项 $r(x)=f(x)-p_3(x)$ 的

表达式.

解 设埃尔米特插值基函数为 $A_0(x)$,$A_1(x)$,$A_2(x)$,$B(x)$,每个基函数都是三次多项式,满足如下条件

$$\begin{aligned}&A_0(a)=1,\quad A_0(b)=0,\quad A_0(c)=0,\quad A_0'(c)=0,\\&A_1(a)=0,\quad A_1(b)=1,\quad A_1(c)=0,\quad A_1'(c)=0,\\&A_2(a)=0,\quad A_2(b)=0,\quad A_2(c)=1,\quad A_2'(c)=0,\\&B(a)=0,\quad B(b)=0,\quad B(c)=0,\quad B'(c)=1.\end{aligned}$$

埃尔米特插值函数为

$$p_3(x)=A_0(x)f(a)+A_1(x)f(b)+A_2(x)f(c)+B(x)f'(c).$$

根据上述基函数满足的条件,可知 $A_0(x)$ 具有如下形式:

$$A_0(x)=\alpha(x-b)(x-c)^2,$$

根据 $A_0(a)=1$ 可知

$$\alpha=\frac{1}{(a-b)(a-c)^2},$$

因此,

$$A_0(x)=\frac{(x-b)(x-c)^2}{(a-b)(a-c)^2}.$$

$A_1(x)$ 具有如下形式:

$$A_1(x)=\alpha(x-a)(x-c)^2,$$

根据 $A_1(b)=1$ 可知

$$\alpha=\frac{1}{(b-a)(b-c)^2},$$

因此,

$$A_1(x)=\frac{(x-a)(x-c)^2}{(b-a)(b-c)^2}.$$

$A_2(x)$ 具有形式 $A_2(x)=(\alpha_0+\alpha_1x)(x-a)(x-b)$,根据 $A_2(c)=1$ 和 $A_2'(c)=0$ 可得

$$\begin{aligned}&(\alpha_0+\alpha_1c)(c-a)(c-b)=1,\\&\alpha_1(c-a)(c-b)+(\alpha_0+\alpha_1c)(c-b+c-a)=0.\end{aligned}$$

因此,

$$\alpha_0=\frac{1}{(c-a)(c-b)}\left[1-\frac{(a+b-2c)c}{(c-a)(c-b)}\right],$$

$$\alpha_1=\frac{a+b-2c}{(c-a)^2(c-b)^2},\rightarrow$$

$$A_2(x)=\frac{(x-a)(x-b)}{(c-a)(c-b)}\left[\frac{(a+b-2c)}{(c-a)(c-b)}(x-c)+1\right].$$

$B(x)$ 具有如下形式:

$$B(x)=\alpha(x-a)(x-b)(x-c),$$

根据 $B'(c)=1$ 可得

$$\alpha=\frac{1}{(c-a)(c-b)},$$

因此，

$$B(x)=\frac{(x-a)(x-b)(x-c)}{(c-a)(c-b)}.$$

插值函数为

$$\begin{aligned}p_3(x)=&\frac{(x-b)(x-c)^2}{(a-b)(a-c)^2}f(a)+\frac{(x-a)(x-c)^2}{(b-a)(b-c)^2}f(b)+\\&\frac{(x-a)(x-b)}{(c-a)(c-b)}\left[\frac{(a+b-2c)}{(c-a)(c-b)}(x-c)+1\right]f(c)+\\&\frac{1}{(c-a)(c-b)}(x-a)(x-b)(x-c)f'(c).\end{aligned}$$

根据插值条件，可知余项具有以下形式：

$$r(x)=k(x)(x-a)(x-b)(x-c)^2,$$

令

$$\varphi(t)=f(t)-p_3(t)-k(x)(t-a)(t-b)(t-c)^2,$$

则 $\varphi(t)$ 存在四个零点，根据罗尔定理可知 $\varphi'(t)$ 存在三个零点，记为 t_1,t_2,t_3，再根据 $\varphi(t)$ 的表达式可知 c 也为 $\varphi'(t)$ 的零点，继续利用罗尔定理可知 $\varphi''(t)$ 存在三个零点，$\varphi'''(t)$ 存在两个零点，$\varphi^{(4)}(t)$ 存在一个零点，记为 ξ，则余项公式为

$$r(x)=f(x)-p_3(x)=\frac{f^{(4)}(\xi)}{4!}(x-a)(x-b)(x-c)^2.$$

注 4.5.1　该题中插值节点处的函数值和导数值没有同时给出，只给了一个插值节点的导数值，无法使用上面推导的埃尔米特插值公式.不过，仍可用上面推导中使用的插值基函数的思想求解该题.基函数方法是求解一般埃尔米特插值多项式的有力工具.

4.6　分段插值

4.6.1　高次插值与龙格现象

在插值多项式的应用中容易产生一种错觉，认为在给定区间 $[a,b]$ 中选取的节点越多，所得到的插值多项式次数越高，逼近 $f(x)$ 的效果就越好.例如，在前面例 4.3.2 中给出的平方根函数，高次插值多项式的数值结果明显优于低次插值多项式的结果.然而实际情况并非总是如此，下面例子可以说明这个问题.

例 4.6.1　对函数 $f(x)=\dfrac{1}{1+25x^2}$ 在区间 $[-1,1]$ 上取等距节点，考虑插值效果.

解　把区间[-1,1]五等分,则插值节点为 $x_i=-1+\frac{2}{5}i(i=0,1,\cdots,5)$,根据拉格朗日插值或者牛顿插值可以获取五次插值多项式 $p_5(x)$.把区间十等分,则插值节点为 $x_i=-1+\frac{1}{5}i(i=0,1,\cdots,10)$,根据拉格朗日插值或者牛顿插值可以获取十次插值多项式$p_{10}(x)$. $p_5(x)$和 $p_{10}(x)$逼近$f(x)$的效果如图 4.4a,图 4.4b 和表 4.5 所示.从图 4.4 容易看出,即使增加插值节点,提高插值多项式的次数也很难控制逼近误差;当$|x|$取值接近 1 时,高次插值多项式 $p_{10}(x)$逼近$f(x)$的效果比低次多项式 $p_5(x)$逼近$f(x)$的效果差.

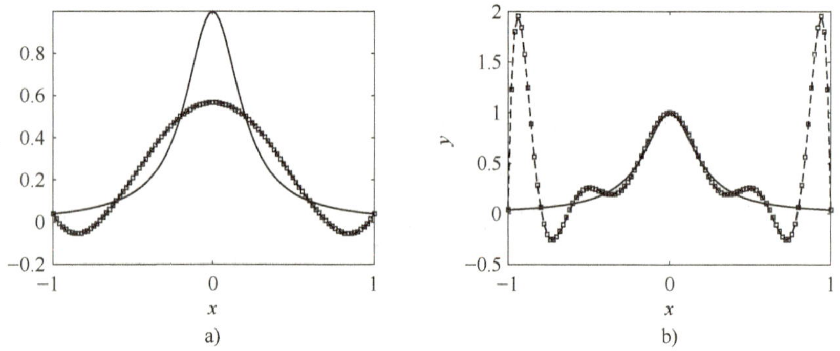

图 4.4　a) 五次多项式插值　b) 十次多项式插值

表 4.5　五次及十次多项式插值结果

x_i	$f(x)=\frac{1}{1+25x^2}$	$p_5(x)$	$p_{10}(x)$
-1	0.03846	0.03846	0.03846
-0.9	0.04706	-0.04606	1.57872
-0.8	0.05882	-0.04808	0.05882
-0.7	0.07547	0.00781	-0.2262
-0.6	0.1	0.1	0.1
-0.5	0.13793	0.20947	0.25376
-0.4	0.2	0.32115	0.2
-0.3	0.30796	0.42127	0.23535
-0.2	0.5	0.5	0.5
-0.1	0.8	0.55012	0.8434
0	1	0.56731	1

1901 年,德国数学家龙格(Runge)考虑了函数 $f(x)=\frac{1}{1+x^2}$在区间[-5,5]上等分获取十次多项式插值的情况,与上例讨论情形类似.龙格还进一步证明了,在节点等距的条件下,当$|x|\leqslant 3.63$ 时,插值多项式满足

$$\lim_{n\to\infty} L_n(x)=f(x),$$

而当 $|x|>3.63$ 时，$L_n(x)$ 发散.后来，人们把高次插值多项式不收敛的现象称为龙格现象.

在应用中遇到以上问题时，我们需要考虑如何给出给定区间 $[a,b]$ 上逼近 $f(x)$ 效果较好的多项式.比较简单的方法是把 $[a,b]$ 分成若干个小区间，在每个小区间上用次数较低的多项式作为插值多项式，达到逼近 $f(x)$ 的效果.这种插值方法称为分段插值法.分段插值的优点是插值多项式的次数不需要太高，整体逼近效果较好等.其中，比较简单且比较常用的方法是分段线性插值和分段三次埃尔米特插值.下面介绍这两个方法.

4.6.2 分段线性插值

龙格现象与分段线性插值：结合实例展示龙格现象，引出分段插值

将区间 $[a.b]$ 分成 n 个小区间 $[x_i, x_{i+1}]$ $(i=0,1,\cdots,n-1)$，x_i 处的函数值为 $y_i=f(x_i)$.在每个区间 $[x_i, x_{i+1}]$ 上，以区间端点 x_i 和 x_{i+1} 作为插值节点，可得一次插值多项式

$$\varphi_i(x)=\frac{x-x_{i+1}}{x_i-x_{i+1}}y_i+\frac{x-x_i}{x_{i+1}-x_i}y_{i+1}.$$

区间 $[a,b]$ 上的一次插值多项式 $\varphi(x)$，用 n 个小区间上的插值多项式 $\varphi_i(x)$ 分段表示.从几何上看，分段线性插值是以点 (x_0,y_0)，(x_1,y_i)，$\cdots$，(x_n,y_n) 为顶点的折线.

记 $h_k=x_{k+1}-x_k$，$h=\max\limits_k h_k$，根据插值余项定理可得

$$\max_{x_i\leqslant x\leqslant x_{i+1}}|f(x)-\varphi(x)|\leqslant\frac{M_2}{2}\max_{x_i\leqslant x\leqslant x_{i+1}}|(x-x_k)(x-x_{k+1})|,$$

或

$$\max_{a\leqslant x\leqslant b}|f(x)-\varphi(x)|\leqslant\frac{M_2}{8}h^2,$$

其中 $M_2=\max\limits_{a\leqslant x\leqslant b}|f''(x)|$.由此还可以得到

$$\lim_{h\to 0}\varphi(x)=f(x)$$

在 $[a,b]$ 上一致成立，故 $\varphi(x)$ 在 $[a,b]$ 上一致收敛到 $f(x)$.

4.6.3 分段三次埃尔米特插值

将区间 $[a.b]$ 分成 n 个小区间 $[x_i, x_{i+1}]$ $(i=0,1,\cdots,n-1)$，x_i 处的函数值为 $y_i=f(x_i)$，一阶导数值为 $y_i'=f'(x_i)$.在每个区间 $[x_i,x_{i+1}]$ 上，以区间端点 x_i 和 x_{i+1} 作为插值节点，可得三次埃尔米特插值多项式

$$H_i(x)=\left(\frac{x-x_{i+1}}{x_i-x_{i+1}}\right)^2\left(1-2\frac{x-x_i}{x_i-x_{i+1}}\right)y_i+\left(\frac{x-x_i}{x_{i+1}-x_i}\right)^2\left(1-2\frac{x-x_{i+1}}{x_{i+1}-x_i}\right)y_{i+1}+\left(\frac{x-x_{i+1}}{x_i-x_{i+1}}\right)^2(x-x_i)y_i'+\left(\frac{x-x_i}{x_{i+1}-x_i}\right)^2(x-x_{i+1})y_{i+1}' \tag{4.18}$$

区间$[a,b]$上的三次插值多项式$H(x)$,用n个小区间上的插值多项式$H_i(x)$分段表示.

定理 4.6.1 设$f\in C^4[a,b]$,$H(x)$为$f(x)$在节点$a=x_0<x_1<\cdots<x_n=b$上的分段三次埃尔米特插值多项式,则有

$$\max_{a\leqslant x\leqslant b}|f(x)-H(x)|\leqslant\frac{h^4}{384}\max_{a\leqslant x\leqslant b}|f^{(4)}|,$$

其中$h=\max\limits_{k}(x_{k+1}-x_k)$.

例 4.6.2 对例 4.6.1 中的函数,分别使用分段插值和分段三次埃尔米特插值获取插值多项式.

图 4.5 给出了使用分段线性插值在区间五等分（图 4.5a）和十等分(图 4.5b)后的多项式插值结果.通过该图发现,分段线性插值的效果明显优于五次多项式插值和十次多项式插值,在区间五等分时,$x=0$处的结果与原函数差距较大.图 4.6 给出了使用三次埃尔米特插值在区间五等分(图 4.6a)和十等分(图 4.6b)后的多项式插值结果.对比图 4.5 和图 4.6 发现,区间十等分后分段插值可以很好地逼近函数$f(x)$；分段三次埃尔米特插值的效果明显优于分段线性插值.

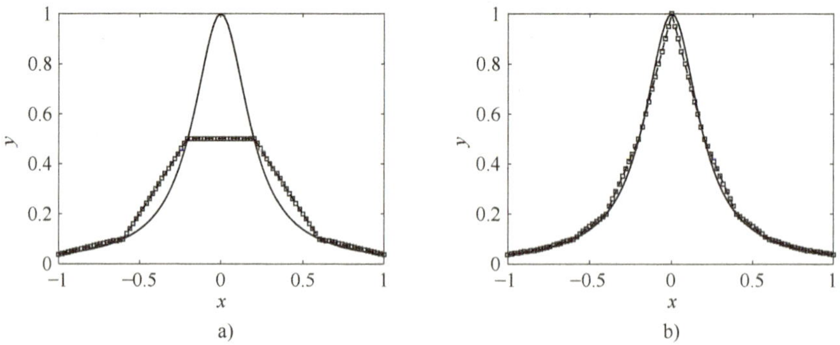

图 4.5 分段线性插值的计算结果

a）区间五等分 b）区间十等分

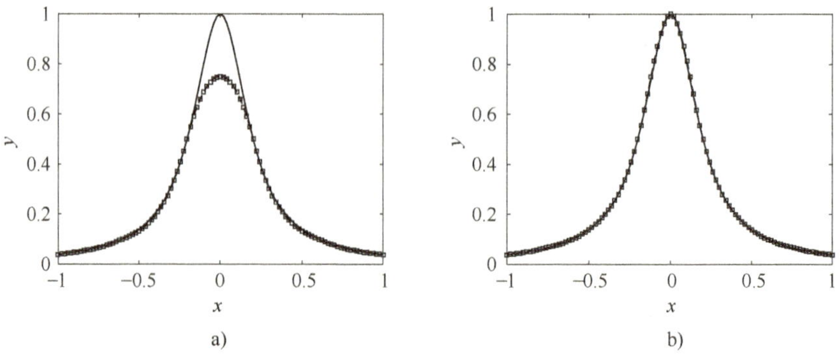

图 4.6 分段三次埃尔米特插值的计算结果

a）区间五等分 b）区间十等分

对比余项公式可以看出，分段埃尔米特插值比分段线性插值的效果有明显的改善.但这种插值要求给出节点的导数值，所需提供的信息太多，其光滑度也不高（只有一阶导数连续）.为改进这种插值并克服其缺点，我们引入三次样条插值.

4.7 样条插值

4.7.1 三次样条插值函数

通过例 4.6.2，可以发现分段三次埃尔米特插值函数已经可以给出非常好的逼近效果，不过只有当被插值函数在所有插值节点处的函数值和导数值都已知的前提下才能使用.除此之外，很难保证分段三次埃尔米特插值函数在内插值节点处的二阶导数连续性.因此该插值方法在实际应用中极为不方便.一方面，有时无法获取或者没有必要知道插值节点处的导数值；另一方面，许多工程技术中对插值函数的光滑性有较高的要求.例如，船体放样的形值线，高速飞机的机翼形线，内燃机的进、排气门的凸轮曲线等，都要求曲线具有较高的光滑性，不仅要连续，而且有连续的曲率，即二阶导数连续.为解决这类问题，样条插值应运而生.

样条的概念来源于实际生产，样条是绘制曲线的一种绘图工具，它是富有弹性的光滑条.绘图时，用压铁使样条通过指定的样点，并调整样点使图形具有满意的形状，然后沿样条画出曲线，这种曲线称为样条曲线.在函数插值领域，样点等价于插值节点，样点之间的曲线等价于插值节点之间的分段插值函数，并且在内插节点具有二阶导数连续性，由此抽象出来的数学模型称为样条函数.

定义 4.7.1（三次样条插值函数）　设在插值区间 $[a,b]$ 内给出一组互异节点 $a \leqslant x_0 < x_1 < \cdots < x_n \leqslant b$，若函数 $S(x)$ 满足以下条件：

(1) $S(x) \in C^2[a,b]$，即 $S(x)$ 在 $[a,b]$ 内为二阶导数连续的函数；

(2) $S(x)$ 在 $[a,b]$ 内的每个小区间 $[x_i,x_{i+1}]$ $(i=0,1,2,\cdots,n-1)$ 内是三次多项式，则称 $S(x)$ 是节点 $x_0,x_1,\cdots,x_n$ 上的三次样条函数；

(3) 若 $S(x)$ 在节点上还满足插值条件：

$$S(x_i)=f(x_i),\quad i=0,1,2,\cdots,n, \tag{4.19}$$

则称 $S(x)$ 为 $[a,b]$ 内的三次样条插值函数.

由定义 4.7.1 可知，$S(x)$ 为通过全部插值节点的，并且是二阶导数连续的分段三次插值多项式.在每个小区间 $[x_i,x_{i+1}]$ 上，具有 4

个待定系数.由于在插值区间$[a,b]$内共有n个小区间,故$S(x)$有$4n$个待定系数,而由定义条件(1)可知,$S(x)$在$n-1$个内节点上满足:

$$\begin{cases}S(x_i-0)=S(x_i+0),\\ S'(x_i-0)=S'(x_i+0),\\ S''(x_i-0)=S''(x_i+0).\end{cases}$$

这里给出$3(n-1)$个条件,再加上式(4.19)给出的$n+1$个条件,共有$4n-2$个条件.为此,还需要根据问题要求补充两个边界条件.

第一边界条件:

$$S'(x_0)=f'_0,\quad S'(x_n)=f'_n. \tag{4.20}$$

第二边界条件:

$$S''(x_0)=f''_0,\quad S''(x_n)=f''_n. \tag{4.21}$$

特别地,当$S''(x_0)=S''(x_n)=0$时,称为自然边界条件.

第三边界条件:当$f(x)$为周期函数时,因为$f(x_0)=f(x_n)$,此时,

$$\begin{cases}S(x_0)=S(x_n)=f(x_0),\\ S'(x_0+0)=S'(x_n-0),\\ S''(x_0+0)=S''(x_n-0).\end{cases}$$

也称$S(x)$为周期样条函数.

样条插值

例 4.7.1 设分段函数

$$S(x)=\begin{cases}x^2+x^3, & (0\leqslant x\leqslant 1),\\ a+bx+cx^2+dx^3, & (1<x\leqslant 3)\end{cases}$$

是以0,1,3为节点的三次样条函数,$S''(2)=2$,试确定系数a,b,c,d的值.

解 分段函数$S(x)$的一阶导数和二阶导数为

$$S'(x)=\begin{cases}2x+3x^2, & (0\leqslant x\leqslant 1)\\ b+2cx+3dx^2, & (1<x\leqslant 3)\end{cases}$$

$$S''(x)=\begin{cases}2+6x, & (0\leqslant x\leqslant 1)\\ 2c+6dx, & (1<x\leqslant 3)\end{cases}$$

根据三次样条函数的定义,可知在中间节点1处二阶连续可导,再根据$S''(2)=2$,可得如下方程组:

$$\begin{cases}a+b+c+d=2,\\ b+2c+3d=5,\\ 2c+6d=8,\\ 2c+12d=2.\end{cases}$$

解此方程组,得

$$a=2,b=-6,c=7,d=-1.$$

例 4.7.2 已知函数$f(x)$在三个点处的值为

$$f(-1)=1,f(0)=0,f(1)=1,$$

在区间 $[-1,1]$ 内，求 $f(x)$ 在自然边界条件下的三次样条插值函数 $S(x)$.

解　将区间 $[-1,1]$ 分成两个子区间 $[-1,0]$ 和 $(0,1]$，设

$$S(x)=\begin{cases}S_0(x)=a_0x^3+b_0x^2+c_0x+d_0, & x\in[-1,0],\\ S_1(x)=a_1x^3+b_1x^2+c_1x+d_1, & x\in(0,1].\end{cases}$$

根据插值条件知：

$$S_0(-1)=1, S_0(0)=0, S_1(0)=0, S_1(1)=1,$$

得

$$\begin{cases}-a_0+b_0-c_0=1,\\ d_0=0,\\ d_1=0,\\ a_1+b_1+c_1=1.\end{cases}$$

在节点 $x=0$ 处，$S'(x)$ 和 $S''(x)$ 连续，并且

$$S_0'(0)=S_1'(0), S_0''(0)=S_1''(0),$$

得

$$\begin{cases}c_0=c_1,\\ b_0=b_1.\end{cases}$$

根据自然边界条件 $S_0''(-1)=0, S_1''(1)=0$，得

$$\begin{cases}-6a_0+2b_0=0,\\ 6a_1+2b_1=0.\end{cases}$$

联立上面三个方程组，可得

$$a_0=-a_1=\frac{1}{2},\quad b_0=b_1=\frac{3}{2},$$

$$c_0=c_1=d_0=d_1=0.$$

因此问题的解为

$$S(x)=\begin{cases}S_0(x)=\dfrac{1}{2}x^3+\dfrac{3}{2}x^2, & x\in[-1,0],\\ S_1(x)=-\dfrac{1}{2}x^3+\dfrac{3}{2}x^2, & x\in(0,1].\end{cases}$$

这种方法称为待定系数法，当 n 较大时，由于要解 $4n$ 阶的线性方程组，工作量太大.因此，在实际计算时一般不使用该方法，需要考虑其他比较简单的方法.

4.7.2　三次样条插值的求解

设 $S(x)$ 在节点 x_i 处的一阶导数为 m_i，即

$$S'(x_i)=m_i\quad(i=0,1,\cdots,n).$$

因为 $S(x)$ 在每个小区间 $[x_i,x_{i+1}]$ 内都是三次多项式，所以，可以将 $S(x)$ 表示成整个区间内的分段两点三次埃尔米特插值多项式.当 $x\in[x_i,x_{i+1}]$ 且 $h_i=x_{i+1}-x_i$ 时，有

$$S(x)=\left(1+2\frac{x-x_i}{h_i}\right)\left(\frac{x-x_{i+1}}{-h_i}\right)^2 y_i+\left(1+2\frac{x-x_{i+1}}{-h_i}\right)\left(\frac{x-x_i}{h_i}\right)^2 y_{i+1}+$$
$$(x-x_i)\left(\frac{x-x_{i+1}}{-h_i}\right)^2 m_i+(x-x_{i+1})\left(\frac{x-x_i}{h_i}\right)^2 m_{i+1}$$
$$=\frac{[h_i+2(x-x_i)](x-x_{i+1})^2}{h_i^3}y_i+$$
$$\frac{[h_i-2(x-x_{i+1})](x-x_i)^2}{h_i^3}y_{i+1}+\frac{(x-x_i)(x-x_{i+1})^2}{h_i^2}m_i+$$
$$\frac{(x-x_{i+1})(x-x_i)^2}{h_i^2}m_{i+1}. \tag{4.22}$$

样条函数 $S(x)$ 的一阶导数为

$$S'(x)=\left\{\frac{2(x-x_{i+1})^2}{h_i^3}+\frac{2[h_i+2(x-x_i)](x-x_{i+1})}{h_i^3}\right\}y_i+$$
$$\left\{\frac{-2(x-x_i)^2}{h_i^3}+\frac{2[h_i-2(x-x_{i+1})](x-x_i)}{h_i^3}\right\}y_{i+1}+$$
$$\left[\frac{(x-x_{i+1})^2}{h_i^2}+\frac{2(x-x_i)(x-x_{i+1})}{h_i^2}\right]m_i+$$
$$\left[\frac{(x-x_i)^2}{h_i^2}+\frac{2(x-x_{i+1})(x-x_i)}{h_i^2}\right]m_{i+1}. \tag{4.23}$$

继续求解二次导数，并整理得

$$S''(x)=\frac{6x-2x_i-4x_{i+1}}{h_i^2}m_i+\frac{6x-4x_i-2x_{i+1}}{h_i^2}m_{i+1}+$$
$$\frac{6(x_i+x_{i+1}-2x)}{h_i^3}(y_{i+1}-y_i). \tag{4.24}$$

因此，

$$\lim_{x\to x_i+0}S''(x)=-\frac{4}{h_i}m_i-\frac{2}{h_i}m_{i+1}+\frac{6}{h_i^2}(y_{i+1}-y_i).$$

同理，考虑区间 $[x_{i-1},x_i]$ 内 $S(x)$ 的表达式，并二次求导，可得

$$\lim_{x\to x_i-0}S''(x)=\frac{2}{h_{i-1}}m_{i-1}+\frac{4}{h_{i-1}}m_i-\frac{6}{h_{i-1}^2}(y_i-y_{i-1}).$$

由 $\lim\limits_{x\to x_i+0}S''(x)=\lim\limits_{x\to x_i-0}S''(x)$，得

$$\frac{1}{h_{i-1}}m_{i-1}+2\left(\frac{1}{h_{i-1}}+\frac{1}{h_i}\right)m_i+\frac{1}{h_i}m_{i+1}=3\left(\frac{y_{i+1}-y_i}{h_i^2}+\frac{y_i-y_{i-1}}{h_{i-1}^2}\right),\quad i=1,2,\cdots,n-1.$$

整理并化简上式，可得

$$\lambda_i m_{i-1}+2m_i+\mu_i m_{i+1}=d_i,\quad i=1,2,\cdots,n-1, \tag{4.25}$$

其中，

$$\lambda_i=\frac{h_i}{h_i+h_{i-1}},\quad \mu_i=\frac{h_{i-1}}{h_i+h_{i-1}},\quad d_i=3\left(\mu_i\frac{y_{i+1}-y_i}{h_i}+\lambda_i\frac{y_i-y_{i-1}}{h_{i-1}}\right).$$

当 i 取遍 $1,2,\cdots,n-1$ 时，将会得到含有 $n-1$ 个方程及 $n+1$ 个未知数 $m_0,m_1,\cdots,m_n$ 的方程组，其中每个方程都含有 $S(x)$ 在相邻三个节点上的一阶导数值.节点 x_i 处的一阶导数 m_i 在力学上的意义为细梁在 x_i 截面处的转角，因此式(4.25)也称为三转角方程.为了确定未知数 $m_0,m_1,\cdots,m_n$，还需要补充两个边界条件，即得到关于 m_i 的三对角方程组.下面就对第一和第二边界条件，分别进行讨论.

1. 第一边界条件，即 $m_0=f'_0,m_n=f'_n$，此时可得 $n-1$ 阶方程组

$$\begin{pmatrix} 2 & \mu_1 & & & & \\ \lambda_2 & 2 & \mu_2 & & & \\ & \lambda_3 & 2 & \mu_3 & & \\ & & \ddots & \ddots & \ddots & \\ & & & \lambda_{n-2} & 2 & \mu_{n-2} \\ & & & & \lambda_{n-1} & 2 \end{pmatrix}\begin{pmatrix} m_1 \\ m_2 \\ m_3 \\ \vdots \\ m_{n-2} \\ m_{n-1} \end{pmatrix}=\begin{pmatrix} d_1-\lambda_1 f'_0 \\ d_2 \\ d_3 \\ \vdots \\ d_{n-2} \\ d_{n-1}-\mu_{n-1} f'_n \end{pmatrix}. \tag{4.26}$$

2. 第二边界条件，即 $S''(x_0)=f''_0,S''(x_n)=f''_n$，分别在 $[x_0,x_1]$ 和 $[x_{n-1},x_n]$ 内建立关于 m_0,m_1 和 m_{n-1},m_n 的方程.

在式(4.24)中，令 $i=0,x=x_0$，得

$$S''(x_0)=-\frac{4}{h_0}m_0-\frac{2}{h_0}m_1+\frac{6}{h_0^2}(y_1-y_0)=f''_0.$$

从而有

$$2m_0+m_1=3\frac{y_1-y_0}{h_0}-\frac{h_0}{2}f''_0. \tag{4.27}$$

在式(4.24)中，令 $i=n-1,x=x_n$，得

$$S''(x_n)=\frac{2}{h_{n-1}}m_{n-1}+\frac{4}{h_{n-1}}m_n-\frac{6}{h_{n-1}^2}(y_n-y_{n-1})=f''_n.$$

从而有

$$m_{n-1}+2m_n=3\frac{y_n-y_{n-1}}{h_{n-1}}-\frac{h_{n-1}}{2}f''_n. \tag{4.28}$$

将式(4.25)、式(4.27)与式(4.28)联立，得到 $n+1$ 阶方程组

$$\begin{pmatrix} 2 & 1 & & & & \\ \lambda_1 & 2 & \mu_1 & & & \\ & \lambda_2 & 2 & \mu_2 & & \\ & & \ddots & \ddots & \ddots & \\ & & & \lambda_{n-1} & 2 & \mu_{n-1} \\ & & & & 1 & 2 \end{pmatrix}\begin{pmatrix} m_0 \\ m_1 \\ m_2 \\ \vdots \\ m_{n-1} \\ m_n \end{pmatrix}=\begin{pmatrix} d_0 \\ d_1 \\ d_2 \\ \vdots \\ d_{n-1} \\ d_n \end{pmatrix} \tag{4.29}$$

其中 $d_i(i=1,2,\cdots,n-1)$ 与式(4.25)中的一致，而 d_0,d_n 的值分别为

$$d_0=3\frac{y_1-y_0}{h_0}-\frac{h_0}{2}f''_0,\quad d_n=3\frac{y_n-y_{n-1}}{h_{n-1}}-\frac{h_{n-1}}{2}f''_n.$$

通过第一边界条件和第二边界条件获取的方程组(4.26)和

式(4.29)都是三对角矩阵,且为严格对角占优矩阵,可通过前面章节介绍的线性方程组的直接解法或迭代解法求解.

例 4.7.3 已知函数表(见表 4.6),求满足边界条件 $y'(1)=\frac{17}{8}, y'(5)=-\frac{19}{8}$ 的三次样条插值函数,并求 $f(3)$ 和 $f(4.5)$ 的近似值.

表 4.6 例 4.7.3 的函数表

x_i	1	2	4	5
$f(x_i)$	1	3	4	2

解 由表 4.6 可知,$h_0=1, h_1=2, h_2=1$,按式(4.25)计算得

$$\lambda_1=\frac{2}{3},\quad \lambda_2=\frac{1}{3},\quad \mu_1=\frac{1}{3},\quad \mu_2=\frac{2}{3},\quad d_1=\frac{9}{2},\quad d_2=-\frac{7}{2}.$$

代入方程组(4.26)得

$$\begin{cases}\frac{3}{2}m_0+2m_1+\frac{1}{3}m_2=\frac{9}{2},\\ \frac{1}{3}m_1+2m_2+\frac{2}{3}m_3=-\frac{7}{2}.\end{cases}$$

而 $m_0=f_0'=\frac{17}{8}, m_3=f_3'=-\frac{19}{8}$,因此可得 $m_1=\frac{7}{4}, m_2=-\frac{5}{4}$.代入式(4.22),当 $i=0$ 时,得

$$\begin{aligned}S_0(x)&=[1+2(x-1)](x-2)^2\times1+[1-2(x-2)](x-1)^2\times3+\\&\quad(x-1)(x-2)^2\times\frac{17}{8}+(x-2)(x-1)^2\times\frac{7}{4}\\&=-\frac{1}{8}x^3+\frac{3}{8}x^2+\frac{7}{4}x-1,\quad x\in[1,2].\end{aligned}$$

同理,可得

$$S_1(x)=-\frac{1}{8}x^3+\frac{3}{8}x^2+\frac{7}{4}x-1,\quad x\in[2,4],$$

$$S_2(x)=\frac{3}{8}x^3-\frac{45}{8}x^2+\frac{103}{4}x-33,\quad x\in[4,5].$$

因此

$$f(3)\approx S_1(3)=-\frac{1}{8}\times3^3+\frac{3}{8}\times3^2+\frac{7}{4}\times3-1=\frac{17}{4},$$

$$f(4.5)\approx S_2(4.5)=\frac{3}{8}\times3^3-\frac{45}{8}\times3^2+\frac{103}{4}\times3-33=\frac{201}{64}.$$

4.7.3 误差界与收敛性

三次样条函数的收敛性与误差估计比较复杂,这里不加证明地给出一个主要结果.

定理 4.7.1 设 $f(x)\in C^4[a,b]$,$S(x)$ 为满足第一或第二边界条件的三次样条函数,令 $h_i=x_{i+1}-x_i(i=0,1,\cdots,n-1)$,$h=\max\limits_i h_i$,则

有估计式

$$\max_{a\leqslant x\leqslant b}|f^{(k)}(x)-S^{(k)}(x)|\leqslant C_k\max_{a\leqslant x\leqslant b}|f^{(4)}(x)|h^{4-k},\quad k=0,1,2,$$

其中 $C_0=\frac{5}{384},C_1=\frac{1}{24},C_2=\frac{3}{8}$.

可以看出,对于三次样条插值函数来说,当插值节点逐渐加密时,不但样条插值函数收敛于被插函数本身,而且其导数也同样收敛于被插函数的导数,这种性质要优于多项式插值.因此,为了提高精度,只需要增加插值节点,而不需要增加样条插值函数的多项式次数.三次样条插值函数有明确的力学背景:样条曲线可以看作弹性细梁受到集中载荷作用而生成的挠度曲线,在扰动不大的情况下,这种挠度曲线在数学上恰好表现为三次样条插值函数,集中载荷的作用点就是三次样条插值函数的节点.

4.8　三角插值与快速傅里叶变换

当模型数据具有周期性特征时,采用三角函数进行插值逼近往往比多项式具有更好的效果.在选择基本三角函数之前我们必须知道问题中函数的周期.为方便起见,我们假设被插值函数是周期为 2π 的周期函数,于是选取函数 $1,\cos x,\cos 2x,\cdots$ 以及 $\sin x,\sin 2x,\cdots$ 作为插值基函数是比较适当的.由傅里叶逼近的基本定理我们知道:当 f 是以 2π 为周期的函数且具有连续的一阶导数,则傅里叶级数

$$\frac{a_0}{2}+\sum_{k=1}^{\infty}(a_k\cos kx+b_k\sin kx)$$

一致收敛于 f.该级数的系数可以由下列公式计算

$$a_k=\frac{1}{\pi}\int_{-\pi}^{\pi}f(t)\cos kt\mathrm{d}t,\quad b_k=\frac{1}{\pi}\int_{-\pi}^{\pi}f(t)\sin kt\mathrm{d}t.$$

这个结论告诉我们用正弦函数和余弦函数逼近周期函数是合理的.

通过复指数可以将傅里叶级数表示成更优美的形式,回顾欧拉公式

$$\mathrm{e}^{\mathrm{i}\theta}=\cos\theta+\mathrm{i}\sin\theta,$$

其中 $\mathrm{i}^2=-1$.此时傅里叶级数可以写成如下形式:

$$f(x)\sim\sum_{k=-\infty}^{\infty}\hat{f}(k)\mathrm{e}^{\mathrm{i}kx},$$

其中

$$\hat{f}(k)=\frac{1}{2\pi}\int_{-\pi}^{\pi}f(t)\mathrm{e}^{-\mathrm{i}kt}\mathrm{d}t.$$

4.8.1　三角函数插值

设函数 $f(x)$ 在区间 $[0,2\pi]$ 上 $N+1$ 个等距节点 $x_i=\frac{2\pi}{N}i,(i=0,$

$1,\cdots,N)$ 处的值 y_i，且 $y_0=y_N$.求函数

$$p(x)=\sum_{k=0}^{N-1}c_k\mathrm{e}^{\mathrm{i}kx},$$

使其在节点处满足插值条件

$$p(x_i)=y_i,\quad i=0,1,\cdots,N-1. \tag{4.30}$$

由于 $\mathrm{e}^{\mathrm{i}kx}(k=0,1,\cdots,N-1)$ 都以 2π 为周期，函数 $p(x)$ 必然满足 $p(x_0)=p(x_N)$.由插值条件(4.30)可得 N 阶线性方程组

$$\boldsymbol{A}\boldsymbol{c}=\boldsymbol{y}. \tag{4.31}$$

其中

$$\boldsymbol{A}=\begin{pmatrix}1 & 1 & 1 & \cdots & 1\\ 1 & \mathrm{e}^{\mathrm{i}\frac{2\pi}{N}} & \mathrm{e}^{\mathrm{i}2\frac{2\pi}{N}} & \cdots & \mathrm{e}^{\mathrm{i}(N-1)\frac{2\pi}{N}}\\ 1 & \mathrm{e}^{\mathrm{i}\frac{4\pi}{N}} & \mathrm{e}^{\mathrm{i}2\frac{4\pi}{N}} & \cdots & \mathrm{e}^{\mathrm{i}(N-1)\frac{4\pi}{N}}\\ \vdots & \vdots & \vdots & & \vdots\\ 1 & \mathrm{e}^{\mathrm{i}\frac{(N-1)2\pi}{N}} & \mathrm{e}^{\mathrm{i}2\frac{(N-1)2\pi}{N}} & \cdots & \mathrm{e}^{\mathrm{i}(N-1)\frac{(N-1)2\pi}{N}}\end{pmatrix},$$

$$\boldsymbol{c}=(c_0,c_1,\cdots,c_{N-1})^{\mathrm{T}},\quad \boldsymbol{y}=(y_0,y_1,\cdots,y_{N-1})^{\mathrm{T}},$$

记矩阵 $\boldsymbol{A}$ 的第 j 列向量为

$$\phi_j=(1,\mathrm{e}^{\mathrm{i}j\frac{2\pi}{N}},\mathrm{e}^{\mathrm{i}j\frac{4\pi}{N}},\cdots,\mathrm{e}^{\mathrm{i}j\frac{(N-1)\pi}{N}})^{\mathrm{T}},\quad j=0,1,\cdots,N-1.$$

复向量 $\phi_0,\phi_1,\cdots,\phi_{N-1}$ 具有正交性：

$$(\phi_l,\phi_s)=\sum_{k=0}^{N-1}\mathrm{e}^{\mathrm{i}l\frac{2\pi}{N}k}\mathrm{e}^{-\mathrm{i}s\frac{2\pi}{N}k}=\sum_{k=0}^{N-1}\mathrm{e}^{\mathrm{i}(l-s)\frac{2\pi}{N}k}=\begin{cases}N, & l=s\\ 0, & l\neq s.\end{cases}$$

事实上，令 $r=\mathrm{e}^{\mathrm{i}(l-s)\frac{2\pi}{N}}$，若 $l,s=0,1,\cdots,N-1$，则有

$$0\leqslant l\leqslant N-1,\quad -(N-1)\leqslant -s\leqslant 0,$$

于是

$$-(N-1)\leqslant l-s\leqslant N-1,$$

即

$$-1<-\frac{N-1}{N}\leqslant\frac{l-s}{N}\leqslant\frac{N-1}{N}<1.$$

若 $l-s\neq 0$，则 $r\neq 1$，从而

$$r^N=\mathrm{e}^{\mathrm{i}(l-s)2\pi}=1; \tag{4.32}$$

于是

$$(\phi_l,\phi_s)=\sum_{k=0}^{N-1}r^k=\frac{1-r^N}{1-r}=0.$$

若 $l=s$，则 $r=1$，于是

$$(\phi_l,\phi_s)=\sum_{k=0}^{N-1}r^k=N.$$

利用正交性可得方程组(4.31)的解为

$$c_k=\frac{1}{N}\sum_{j=0}^{N-1}y_j\mathrm{e}^{-\mathrm{i}kj\frac{2\pi}{N}},\quad k=0,1,\cdots,N-1. \tag{4.33}$$

上式由 y_j 求 c_k 的过程称为函数 $f(x)$ 的**离散傅里叶变换**，简称 DFT.

而由插值条件可知

$$y_j = \sum_{k=0}^{N-1} c_k e^{ikj\frac{2\pi}{N}}, \quad k = 0,1,\cdots,N-1. \tag{4.34}$$

这个由 c_k 求 y_j 的过程称为**反变换**.它们是使用计算机进行傅里叶分析的主要方法,在数字信号处理、全息技术、光谱和声谱分析、石油勘探和地震数字处理等领域都有着广泛的应用.

4.8.2 快速傅里叶变换

观察式(4.33)和式(4.34),它们都可以归结为计算

$$c_j = \sum_{k=0}^{N-1} x_k \omega_N^{kj}, \quad j = 0,1,\cdots,N-1. \tag{4.35}$$

其中,$\{x_k\}_0^{N-1}$ 为已知的输入数据,$\{c_j\}_0^{N-1}$ 为输出数据,而

$$\omega_N = e^{i\frac{2\pi}{N}} = \cos\frac{2\pi}{N} + i\sin\frac{2\pi}{N},$$

式(4.35)称作 N 点 DFT,表面上看计算全部 $c_j(j=0,1,\cdots,N-1)$ 共需要 N^2 个复数乘法和加法运算,计算并不复杂.但当 N 很大时,对于早期的计算机来讲是难以承受的.因此,直到 1965 年快速傅里叶变换算法(FFT)的重新被发现(高斯很早就给出了快速傅里叶变换算法,但并未发表),大大提高了计算速度,才使得 DFT 得到了更广泛地应用.FFT 是快速算法的一个典范,其基本思想是尽量减少乘法次数.

对于任意的正整数 k,j 成立

$$\omega_N^j \omega_N^k = \omega_N^{j+k}, \quad \omega_N^{jN+k} = \omega_N^k(\text{周期性}),$$
$$\omega_N^{jk+N/2} = -\omega_N^{jk}(\text{对称性}), \quad \omega_{jN}^{jk} = \omega_N^k.$$

由周期性,所有 $\omega_N^{jk}(j,k=0,1,\cdots,N-1)$ 中,最多有 N 个不同值 ω_N^0, $\omega_N^1,\cdots,\omega_N^{N-1}$.特别地,有

$$\omega_N^0 = \omega_N^N = 1, \quad \omega_N^{N/2} = -1.$$

当 $N = 2^p$ 时,ω_N^{jk} 只有 $N/2$ 个不同的值.利用这些性质可以将式(4.35)分成两个和式,再将对应项相加,有

$$c_j = \sum_{k=0}^{N/2-1} x_k \omega_N^{jk} + \sum_{k=0}^{N/2-1} x_{N/2+k} \omega_N^{j(N/2+k)} = \sum_{k=0}^{N/2-1} [x_k + (-1)^j x_{N/2+k}] \omega_N^{jk}.$$

依下标奇偶性分别考察,则

$$c_{2j} = \sum_{k=0}^{N/2-1} [x_k + x_{N/2+k}] \omega_{N/2}^{jk}, \quad c_{2j+1} = \sum_{k=0}^{N/2-1} [x_k - x_{N/2+k}] \omega_N^k \omega_{N/2}^{jk}.$$

如果令

$$y_k = x_k + x_{N/2+k}, \quad y_{N/2+k} = (x_k - x_{N/2+k}) \omega_N^k,$$

则可将 N 点 DFT 归结为两个 $N/2$ 点 DFT:

$$\begin{cases} c_{2j} = \displaystyle\sum_{k=0}^{N/2-1} y_k \omega_{N/2}^{jk}, \\ c_{2j+1} = \displaystyle\sum_{k=0}^{N/2-1} y_{N/2+k} \omega_{N/2}^{jk}, \end{cases} \quad j = 0,1,\cdots,N/2-1.$$

如此反复即可得 FFT 算法.

下面以 $N=2^3$ 为例,说明 FFT 算法,此时,$k,j=0,1,\cdots,N-1=7$,$\omega_N=\omega_8$ 记为 ω,于是式(4.35)成为

$$c_j = \sum_{k=0}^{7} x_k \omega^{jk}, \quad j=0,1,\cdots,7. \tag{4.36}$$

将 k,j 用二进制表示为

$$k=k_2 2^2+k_1 2^1+k_0 2^0=(k_2k_1k_0), \quad j=j_2 2^2+j_1 2^1+j_0 2^0=(j_2j_1j_0),$$

其中,$k_r,j_r(r=0,1,2)$ 只能取 0 或 1.比如 $5=2^2+0\cdot 2^1+2^1=(101)$.根据 k,j 表示法,有

$$c_j=c(j_2j_1j_0), \quad x_k=x(k_2k_1k_0).$$

式(4.36)可以表示为

$$\begin{aligned} c(j_2j_1j_0) &= \sum_{k_0=0}^{1}\sum_{k_1=0}^{1}\sum_{k_2=0}^{1} x(k_2k_1k_0)\omega^{(k_2k_1k_0)(j_2 2^2+j_1 2^1+j_0 2^0)} \\ &= \sum_{k_0=0}^{1}\left\{\sum_{k_1=0}^{1}\left[\sum_{k_2=0}^{1} x(k_2k_1k_0)\omega^{j_0(k_2k_1k_0)}\right]\omega^{j_1(k_1k_00)}\right\}\omega^{j_2(k_000)} \end{aligned} \tag{4.37}$$

若引入记号

$$\begin{cases} A_0(k_2k_1k_0)=x(k_2k_1k_0), \\ A_1(k_1k_0j_0)=\displaystyle\sum_{k_2=0}^{1} A_0(k_2k_1k_0)\omega^{j_0(k_2k_1k_0)}, \\ A_2(k_0j_1j_0)=\displaystyle\sum_{k_1=0}^{1} A_1(k_1k_0j_0)\omega^{j_1(k_1k_00)}, \\ A_3(j_2j_1j_0)=\displaystyle\sum_{k_0=0}^{1} A_2(k_0j_1j_0)\omega^{j_2(k_000)}. \end{cases} \tag{4.38}$$

此时,式(4.37)变成

$$c(j_2j_1j_0)=A_3(j_2j_1j_0).$$

若注意到 $\omega^{j_0 2^{p-1}}=\omega^{j_0 N/2}=(-1)^{j_0}$,公式可以进一步简化为

$$\begin{aligned} A_1(k_1k_0j_0) &= \sum_{k_2=0}^{1} A_0(k_2k_1k_0)\omega^{j_0(k_2k_1k_0)} \\ &= A_0(0k_1k_0)\omega^{j_0(0k_1k_0)} + A_0(1k_1k_0)\omega^{j_0 2^2}\omega^{j_0(0k_1k_0)} \\ &= [A_0(0k_1k_0)+(-1)^{j_0}A_0(1k_1k_0)]\omega^{j_0(0k_1k_0)}, \end{aligned}$$

$$A_1(k_1k_00)=A_0(0k_1k_0)+A_0(1k_1k_0),$$

$$A_1(k_1k_01)=[A_0(0k_1k_0)-A_0(1k_1k_0)]\omega^{(0k_1k_0)}.$$

将表达式中的二进制还原成十进制:$k=(0k_1k_0)=k_1 2^1+k_0 2^0$,即 $k=0,1,2,3$,得

$$\begin{cases} A_1(2k)=A_0(k)+A_0(k+2^2), \\ A_1(2k+1)=[A_0(k)-A_0(k+2^2)]\omega^k, \end{cases} \quad k=0,1,2,3. \tag{4.39}$$

同样,式(4.38)中的 A_2 也可以简化为

$$A_2(k_0j_1j_0)=[A_1(0k_0j_0)+(-1)^{j}A_1(1k_0j_0)]\omega^{j_1(0k_00)},\qquad(4.40)$$

即

$$\begin{aligned}A_2(k_00j_0)&=A_1(0k_0j_0)+A_1(1k_0j_0),\\ A_2(k_01j_0)&=[A_1(0k_0j_0)-A_1(1k_0j_0)]\omega^{(0k_00)}.\end{aligned}\qquad(4.41)$$

把二进制还原成十进制,得

$$\begin{cases}A_2(k2^2+j)=A_1(2k+j)+A_1(2k+j+2^2),\\ A_2(k2^2+j+2)=[A_1(2k+j)-A_1(2k+j+2^2)]\omega^{2k},\end{cases}\quad k,j=0,1.\qquad(4.42)$$

同理,式(4.38)中的 A_3 可简化为

$$A_3(j_2j_1j_0)=A_2(0j_1j_0)+(-1)^{j_2}A_2(1j_1j_0),\qquad(4.43)$$

即

$$\begin{aligned}A_3(0j_1j_0)&=A_2(0j_1j_0)+A_2(1j_1j_0),\\ A_3(1j_1j_0)&=A_2(0j_1j_0)-A_2(1j_1j_0).\end{aligned}\qquad(4.44)$$

表示成十进制,有

$$\begin{cases}A_3(j)=A_2(j)+A_2(j+2^2),\\ A_3(j+2^2)=A_2(j)-A_2(j+2^2),\end{cases}\quad j=0,1,2,3.\qquad(4.45)$$

根据式(4.39)~式(4.45),由 $A_0(k)=x(k)=x_k(k=0,1,\cdots,7)$ 逐次计算到 $A_3(j)=c_j(j=0,1,\cdots,7)$,结果见表 4.7.

表 4.7　计算过程

单元码号	0 000	1 001	2 010	3 011	4 100 $\omega^0=1$	5 101 ω^1	6 110 ω^2	7 111 ω^3
$x_k=A_0(k)$	$A_0(0)$	$A_0(1)$	$A_0(2)$	$A_0(3)$	$A_0(4)$	$A_0(5)$	$A_0(6)$	$A_0(7)$
A_1	$A_0(0)+A_0(4)$	$[A_0(0)-A_0(4)]\omega^0$	$A_0(1)+A_0(5)$	$[A_0(1)-A_0(5)]\omega^1$	$A_0(2)+A_0(6)$	$[A_0(2)-A_0(6)]\omega^2$	$A_0(3)+A_0(7)$	$[A_0(3)-A_0(7)]\omega^3$
A_2	$A_1(0)+A_1(4)$	$A_1(1)+A_1(5)]$	$[A_1(0)-A_1(4)]\omega^0$	$[A_1(1)-A_1(5)]\omega^0$	$A_1(2)+A_1(6)$	$A_1(3)+A_1(7)$	$[A_1(2)-A_1(6)]\omega^2$	$[A_1(3)-A_1(7)]\omega^2$
$c_j=A_3(j)$	(0)+(4)	(1)+(5)	(2)+(6)	(3)+(7)	(0)-(4)	(1)-(5)	(2)-(6)	(3)-(7)

从表 4.7 看到计算全部 8 个 c_j 只用 8 次乘法运算和 24 次加法运算.

上面的过程可以推广到 $N=2^p$ 的情形.根据式(4.39)~式(4.45),一般情况的 FFT 计算公式如下:

$$\begin{cases}A_q(k2^q+j)=A_{q-1}(k2^{q-1}+j)+A_{q-1}(k2^{q-1}+j+2^{p-1}),\\ A_q(k2^q+j+2^{q-1})=[A_{q-1}(k2^{q-1}+j)-A_{q-1}(k2^{q-1}+j+2^{p-1})]\omega^{k2^{q-1}},\end{cases}\qquad(4.46)$$

其中 $q=1,2,\cdots,p$; $k=0,1,\cdots,2^{p-q}-1$; $j=0,1,\cdots,2^{q-1}-1$.A_q 括号内的数代表它的位置,在计算机中代表存放数的地址.一组 A_q 占用 N 个复数单元,计算时需给出两组单元,从 $A_0(m)$ $(m=0,1,\cdots,N-1)$ 出发,q 由 1 到 p 算到 $A_p(j)=c_j(j=0,1,\cdots,N-1)$,即为所求.计算过

程中只要按地址号存放 A_q，则最后得到的 $A_p(j)$ 就是所求离散频谱的次序(注意，目前一些计算机程序计算结果地址是逆序排列，还要增加倒地址的一步才是这里的结果).这个计算公式除了具有知道地址的优点外，计算只需要两重循环，外循环 q 由 1 计算到 p，内循环 k 由 0 计算到 $2^{p-q}-1$，j 由 0 计算到 $2^{q-1}-1$，更重要的是整个计算过程节省计算量.由公式可以看到，算一个 A_q 共做 $2^{p-q}2^q=N/2$ 次复数乘法，而最后一步计算 A_p 时，由于 $\omega^{k2^{p-1}}=(\omega^{N/2})^k=(-1)^k=(-1)^0=1$（注意，$q=p$ 时 $2^{p-q}-1=0$，故 $k=0$），因此，总共要算 $(p-1)\dfrac{N}{2}$ 次复数乘法.它比直接计算式(4.35)（需要 N^2 次乘法）要快很多.下面给出这一算法的程序步骤：

步骤 1 给出数组 $A_1(N)$，$A_2(N)$ 及 $\omega\left(\dfrac{N}{2}\right)$；

步骤 2 将已知的数据 $\{x_k\}$ 输入到单元 $A_1(k)$ 中（k 从 0 到 $N-1$）；

步骤 3 计算 $\omega^m=\exp\left(-\mathrm{i}\dfrac{2\pi}{N}m\right)\left[\text{或 } \omega^m=\exp\left(\mathrm{i}\dfrac{2\pi}{N}m\right)\right]$ 存放在单元 $\omega(m)$ 中$\left(m \text{ 从 } 0 \text{ 到 } \dfrac{N}{2}-1\right)$；

步骤 4 q 循环从 1 到 p，若 q 为奇数，做步骤 5，否则做步骤 6；

步骤 5 k 循环从 0 到 $2^{p-q}-1$，j 循环从 0 到 $2^{q-1}-1$，计算

$$\begin{cases}A_2(k2^q+j)=A_1(k2^{q-1}+j)+A_1(k2^{q-1}+j+2^{p-1}),\\A_2(k2^q+j+2^{q-1})=[A_1(k2^{q-1}+j)-A_1(k2^{q-1}+j+2^{p-1})]\omega k2^{q-1},\end{cases}$$

转到步骤 7；

步骤 6 k 循环从 0 到 $2^{p-q}-1$，j 循环从 0 到 $2^{q-1}-1$，计算

$$\begin{cases}A_1(k2^q+j)=A_2(k2^{q-1}+j)+A_2(k2^{q-1}+j+2^{p-1}),\\A_1(k2^q+j+2^{q-1})=[A_2(k2^{q-1}+j)-A_2(k2^{q-1}+j+2^{q-1})]\omega k2^{q-1};\end{cases}$$

步骤 7 若 $q=p$ 转步骤 8，否则 $q+1\to q$ 转步骤 4；

步骤 8 q 循环结束，若 $p=$偶数，将 $A_1(j)\to A_2(j)$，则 $c_j=A_2(j)$ $(j=0,1,\cdots,N-1)$ 即为所求.

4.9 曲线拟合的最小二乘法

在实际应用中，经常需要从观测的数据点集 (x_i, y_i) $(i=0,1,\cdots,n)$ 中获取自变量与因变量之间的内在关系.插值方法是一种常用的方法.不过，在前面章节的讨论中，不难发现它有一些缺点.通过插值方法获取的插值函数经过所有的数据点，在使用多项式插值时，多项式的次数较高，不仅计算复杂，而且多项式的收敛性和稳定性难以保证，会出现龙格现象，逼近的效果不佳.在实际过程

中测量数据往往是带有误差的,因此我们一般也不需要逼近函数严格通过数据点.

为了解决上述缺点,常常采用曲线拟合的方法处理函数逼近问题.曲线拟合,是从数据点集(x_i,y_i) $(i=0,1,\cdots,n)$中找出总体规律性,并构造一条能较好地反映这些规律的曲线$p(x)$.并不需要通过所有的数据点,但需要尽可能地靠近所有数据点,即每个数据点的误差$\delta_i=p(x_i)-y_i(i=0,1,\cdots,n)$都按某种标准达到最小.常用的度量标准有:

$$\|\delta\|_1=\sum_{i=0}^{n}|\delta_i|,\quad \|\delta\|_2=\left(\sum_{i=0}^{n}\delta_i^2\right)^{\frac{1}{2}},\quad \|\delta\|_\infty=\max_{0\leqslant i\leqslant n}|\delta_i|.$$

其中,2-范数没有绝对值,计算过程简单,因此通常使用 2-范数的平方作为总体误差的度量标准.此时,提出如下通常所称为数据拟合的最小二乘问题:根据给定的数据组(x_i,y_i) $(i=0,1,2,\cdots,n)$,选取近似函数形式,即给定函数类H,求函数$\phi(x)\in H$,使得

$$\left(\sum_{i=0}^{n}\delta_i^2\right)=\sum_{i=0}^{n}[y_i-\phi(x_i)]^2$$

为最小,即

$$\sum_{i=0}^{n}[y_i-\phi(x_i)]^2=\min_{\psi\in H}[y_i-\psi(x_i)]^2.$$

通常H根据模型获得,一般为低次多项式、指数函数等.

4.9.1 多项式拟合

对于给定数据组(x_i,y_i) $(i=0,1,\cdots,n)$,求一个m次多项式$(m\leqslant n)$

$$p_m(x)=a_0+a_1x+\cdots+a_mx^m,$$

使得

$$\sum_{i=0}^{n}[y_i-p_m(x_i)]^2=F(a_0,a_1,\cdots,a_m)$$

为最小,即选取参数a_i极小化多元函数$F(a_0,a_1,\cdots,a_m)$.由多元函数极值条件得方程组

$$\frac{\partial F}{\partial a_j}=-2\sum_{i=0}^{n}\left(y_i-\sum_{k=0}^{m}a_kx_i^k\right)x_i^j=0,\quad j=0,1,\cdots,m.$$

整理可得

$$\begin{pmatrix}\sum 1 & \sum x_i & \cdots & \sum x_i^m\\ \sum x_i & \sum x_i^2 & \cdots & \sum x_i^{m+1}\\ \vdots & \vdots & & \vdots\\ \sum x_i^m & \sum x_i^{m+1} & \cdots & \sum x_i^{2m}\end{pmatrix}\begin{pmatrix}a_0\\ a_1\\ \vdots\\ a_m\end{pmatrix}=\begin{pmatrix}\sum y_i\\ \sum x_iy_i\\ \vdots\\ \sum x_i^my_i\end{pmatrix}.\tag{4.47}$$

这是最小二乘拟合多项式系数a_k应满足的方程组,称作正则方程组或法方程组.需要注意的是实际计算和理论分析表明,当m较大时,法方程组(4.47)为“病态”方程组.

例 4.9.1 已知数据点(2,2),(4,11),(6,28),(8,40),使用一次多项式拟合这组数据.

解 设拟合多项式为 $p(x)=a_0+a_1x$,取基函数为 $\varphi_0(x)=1$, $\varphi_1(x)=x$,则

$$\sum_{i=0}^{3}1=4,\quad \sum_{i=0}^{3}x_i^2=120,\quad \sum_{i=0}^{3}x_i=20,\ \sum_{i=0}^{3}y_i=81,\quad \sum_{i=0}^{3}x_iy_i=536.$$

建立法方程组,

$$\begin{pmatrix}4 & 20\\ 20 & 120\end{pmatrix}\begin{pmatrix}a_0\\ a_1\end{pmatrix}=\begin{pmatrix}81\\ 536\end{pmatrix}$$

解得

$$a_0=-12.5,\quad a_1=6.55.$$

因此,拟合多项式为 $p(x)=-12.5+6.55x$.

练习 4.9.1 已知数据点(−2,0),(−1,1),(0,2),(1,1),(2,0),使用二次多项式拟合这组数据.

4.9.2 指数函数拟合

如果数据点(x_i,y_i) $(i=0,1,2,\cdots,n)$ 的分布近似指数函数,那么可以考虑用指数函数

$$\phi(x)=be^{ax} \tag{4.48}$$

去拟合函数,按最小二乘原理,a,b 选取应使得

$$F(a,b)=\sum_{i=0}^{n}(y_i-be^{ax_i})^2$$

为最小.由此导出的正则方程组是关于参数 a,b 的非线性方程组,称其为非线性最小二乘问题.对于一般的非线性最小二乘问题的求解是困难的,但对于式(4.48),我们可以两端取对数,可得

$$\ln y=ax+\ln b.$$

可以看出,如果(x_i,y_i)分布近似指数曲线,那么$(x_i,\ln y_i)$的分布就近似于直线.因此可以求数据组$(x_i,\ln y_i)$的最小二乘拟合直线 $\hat{y}=a_0+a_1x$,进一步即可得到数据(x_i,y_i)的拟合曲线 $y=e^{a_0}e^{a_1x}$.

最小二乘拟合:讲述几种常见拟合函数的计算流程

例 4.9.2 设一发射源的发射强度公式行为

$$I=I_0e^{-\alpha t},$$

现测得 I 与 t 之间的数据表见表 4.8.

表 4.8 例 4.9.2 的数据表

t_i	0.2	0.3	0.4	0.5	0.6	0.7	0.8
I_i	3.16	2.38	1.75	1.34	1.00	0.74	0.56

试确定 I_0 与 α.

解 先转换数据表为表 4.9.

表 4.9　转换之后的数据表

t_i	0.2	0.3	0.4	0.5	0.6	0.7	0.8
$\ln I_i$	1.1506	0.8671	0.5596	0.2927	0.0000	-0.3011	-0.5798

求上述数据的最小二乘拟合一次多项式,得到法方程组

$$\begin{cases} 7a_0+3.5a_1=1.9891, \\ 3.5a_0+2.03a_1=0.1858. \end{cases}$$

其解为 $a_0=1.73, a_1=-2.89$,所以

$$I_0=\mathrm{e}^{a_0}=5.64, \quad \alpha=-a_1=2.89.$$

发射强度公式为

$$I=5.64\mathrm{e}^{-2.89t}.$$

练习 4.9.2　试对数据做出形如 $y=a\mathrm{e}^{bx}$ 的拟合函数

x_i	1.25	1.37	1.45	1.69	1.77
y_i	20.87	24.48	28.67	39.67	46.22

4.9.3 分式函数线性拟合

如果数据点 (x_i, y_i) $(i=0,1,\cdots,n)$ 的分布近似于分式线性函数 $y=\dfrac{1}{ax+b}$ 的图像,那么如何求这种形式的最小二乘拟合函数?与指数函数相似,可先做变换

$$\hat{y}=\frac{1}{y}=ax+b,$$

将问题线性化,按数据 $\left(x_i, \dfrac{1}{y_i}\right)$, $i=0,1,\cdots,n$ 求其最小二乘一次拟合多项式 $\hat{y}=ax+b$,然后取倒数即可得原数据的最小二乘拟合函数.

如果拟合函数的形式为 $y=\dfrac{x}{ax+b}$,那么可以做变换

$$\hat{y}=\frac{1}{y}=\frac{ax+b}{x}=a+b/x.$$

同样,如果令 $t=\dfrac{1}{x}$,则原问题同样转化为 $\hat{y}=a+bt$ 的线性拟合问题.

4.9.4 线性最小二乘法的一般形式

设给定数据 (x_i, y_i) $(i=0,1,\cdots,n)$, $\{\varphi_0(x), \varphi_1(x), \cdots, \varphi_m(x)\}$ 为一组线性无关函数,选取参数 $a_0, a_1, \cdots, a_m$,构造函数

$$\phi(x)=a_0\varphi_0(x)+a_1\varphi_1(x)+\cdots+a_m\varphi_m(x),$$

使得

$$\sum_{i=0}^{n}\rho_i\delta_i^2=\sum_{i=0}^{n}\rho_i(\phi(x_i)-y_i)^2$$

达到最小,其中 $\rho_i>0(i=0,1,\cdots,n)$ 为权系数,这就是线性最小二乘法的一般形式.

与前面的讨论类似,上述问题转化为求下列多元函数的极小点问题:

$$F(a_0,a_1,\cdots,a_m)=\sum_{i=0}^{n}\rho_i\left(\sum_{j=0}^{m}a_j\varphi_j(x_i)-y_i\right)^2.$$

令

$$\frac{\partial F}{\partial a_k}=0,\quad k=0,1,2,\cdots,m,$$

因此,

$$\sum_{i=0}^{n}\rho_i\left(\sum_{j=0}^{m}a_j\varphi_j(x_i)-y_i\right)\varphi_k(x_i)=0,\quad k=0,1,2,\cdots,m. \tag{4.49}$$

使用离散意义下的函数内积符号

$$(\varphi_j,\varphi_k)=\sum_{i=0}^{n}\rho_i\varphi_j(x_i)\varphi_k(x_i),$$

$$(f,\varphi_k)=\sum_{i=0}^{n}\rho_i f(x_i)\varphi_k(x_i)=\sum_{i=0}^{n}\rho_i y_i\varphi_k(x_i)=d_k,$$

则式(4.49)可以写为

$$\sum_{j=0}^{m}(\varphi_k,\varphi_j)a_j=d_k,\quad k=0,1,2,\cdots,m.$$

其矩阵形式为

$$\begin{pmatrix}(\varphi_0,\varphi_0) & (\varphi_0,\varphi_1) & \cdots & (\varphi_0,\varphi_m)\\ (\varphi_1,\varphi_0) & (\varphi_1,\varphi_1) & \cdots & (\varphi_1,\varphi_m)\\ \vdots & \vdots & & \vdots\\ (\varphi_m,\varphi_0) & (\varphi_m,\varphi_1) & \cdots & (\varphi_m,\varphi_m)\end{pmatrix}\begin{pmatrix}a_0\\ a_1\\ \vdots\\ a_m\end{pmatrix}=\begin{pmatrix}d_0\\ d_1\\ \vdots\\ d_m\end{pmatrix}. \tag{4.50}$$

线性最小二乘的一般形式

方程组(4.50)是关于系数 $a_j(j=0,1,2,\cdots,m)$ 的线性方程组,也称为法方程.

例 4.9.3 已知数据表 4.10.

表 4.10 例 4.9.3 的数据表

x_i	-0.9800	-0.7300	-0.4800	-0.2300	0.0200	0.2700	0.5200	0.7700
y_i	5.2389	3.2564	1.5427	0.9662	1.6298	2.4057	2.4004	2.2798

求最小二乘拟合曲线 $\phi(x)=ae^{x^2}+b\sin 5x+c\ln(x+1.5)$.

解 显然函数组 $\varphi_0(x)=e^{x^2},\varphi_1(x)=\sin 5x,\varphi_2(x)=\ln(x+1.5)$ 线性无关,计算它们在各节点处函数值

$\varphi_0(x_j)=[2.6127\quad 1.7039\quad 1.2591\quad 1.0543\quad 1.0004\quad 1.0756\quad 1.3105\quad 1.8092]$,

$\varphi_1(x_j)=[0.9825\quad 0.4868\quad -0.6755\quad -0.9128\quad 0.0998\quad 0.9757\quad 0.5155\quad -0.6506]$,

$\varphi_2(x_j)=[-0.6539\quad -0.2614\quad 0.0198\quad 0.2390\quad 0.4187\quad 0.5710\quad 0.7031\quad 0.8198]$.

按式(4.50)可得方程组

$$\begin{pmatrix} 19.5750 & 2.2313 & 1.5607 \\ 2.2313 & 4.1426 & -0.5732 \\ 1.5607 & -0.5732 & 2.2212 \end{pmatrix}\begin{pmatrix} a \\ b \\ c \end{pmatrix}=\begin{pmatrix} 33.6859 \\ 7.0723 \\ 1.5972 \end{pmatrix},$$

解得 $a=1.6503, b=0.7854, c=-0.2378$，从而最小二乘逼近拟合函数为

$$\phi(x)=1.6503e^{x^2}+0.7854\sin 5x-0.2378\ln(x+1.5).$$

最小二乘法的法方程组经常是病态的，这使得直接对法方程组求解误差较大，这一问题可以通过构造正交基函数来解决. 如果基函数 $\varphi_k(x)(k=0,1,\cdots,m)$ 满足

$$(\varphi_k,\varphi_k)=\sum_{i=1}^{n}\rho_i\varphi_k^2(x_i)>0,\quad k=0,1,\cdots,m,$$
$$(\varphi_k,\varphi_j)=0,\qquad k\neq j.$$

那么法方程组的系数矩阵成为对角矩阵，法方程组的解易给出为

$$a_k=\frac{(y,\varphi_k)}{(\varphi_k,\varphi_k)}=\frac{\sum_{i=1}^{n}\rho_i y_i\varphi_k(x_i)}{\sum_{i=1}^{n}\rho_i\varphi_k^2(x_i)}.$$

下面以多项式为例，展示这一过程.

定义 4.9.1　设 $p_m(x)$ 是首项系数 $a_m\neq 0$ 的 m 次多项式，如果多项式序列 $\{p_n(x)\}_{n=0}^{\infty}$ 满足条件

$$(p_i,p_j)=\sum_{k=0}^{n}\rho_k p_i(x_k)p_j(x_k)=\begin{cases}0, & i\neq j,\\ A_i, & i=j,\end{cases}$$

那么称多项式序列 $\{p_n(x)\}_{n=0}^{\infty}$ 为在给定点集 $\{x_i\}(i=0,1,\cdots,n)$ 上带权 $\{\rho_i\}(i=0,1,\cdots,n)$ 的 m 次正交多项式.

可以证明，最高项系数为 1 的 m 次正交多项式序列 $\{p_k(x)\}$ 具有递推公式

$$\begin{cases} p_0(x)=1,\\ p_1(x)=(x-\alpha_0)p_0(x),\\ p_{k+1}(x)=(x-\alpha_k)p_k(x)-\beta_{k-1}p_{k-1}(x). \end{cases}$$

其中，

$$\begin{cases} \alpha_k(x)=\dfrac{(xp_k,p_k)}{(p_k,p_k)}, & (k=0,1,\cdots,m-1),\\ \beta_{k-1}(x)=\dfrac{(p_k,p_k)}{(p_{k-1},p_{k-1})}, & (k=1,2,\cdots,m). \end{cases}$$

例 4.9.4　构造关于离散点集 $\{-2,-1,0,1,2\}$，权系数为 $\{1,1,1,1,1\}$，首项系数为 1 的正交多项式 $p_0(x),p_1(x),p_2(x)$.

解　根据正交多项式的递推，可知

$$p_0(x)=1,\alpha_0=\frac{(xp_0,p_0)}{(p_0,p_0)}=\frac{(x,1)}{(1,1)}=0,$$

$$p_1(x)=(x-\alpha_0)p_0(x)=x,$$

$$\alpha_1(x)=\frac{(xp_1,p_1)}{(p_1,p_1)}=\frac{(x^2,x)}{(x,x)}=\frac{0}{10}=0,$$

$$\beta_0=\frac{(p_1,p_1)}{(p_0,p_0)}=\frac{(x,x)}{(1,1)}=\frac{10}{5}=2,$$

$$p_2(x)=(x-\alpha_1)p_1(x)-\beta_0p_0=x^2-2.$$

当取正交多项式作为函数类 Φ 的基函数时,对应的法方程可以简化为

$$(p_k,p_k)a_k=(f,p_k),\quad k=0,1,\cdots,m,$$

对应的 m 次拟合多项式为 $p(x)=\sum_{i=0}^{m}\frac{(f,p_i)}{(p_i,p_i)}p_i(x)$.

例 4.9.5　用正交多项式序列,计算数据点集$(-2,0)$,$(-1,1)$,$(0,2)$,$(1,1)$,$(2,0)$的二次拟合多项式.

解　根据例 4.9.4 的结果,可知正交多项式基函数为

$$p_0(x)=1,\quad p_1(x)=x,\quad p_2(x)=x^2-2.$$

二次拟合多项式为

$$\begin{aligned}p(x)&=\frac{(y,p_0)}{(p_0,p_0)}p_0(x)+\frac{(y,p_1)}{(p_1,p_1)}p_1(x)+\frac{(y,p_2)}{(p_2,p_2)}p_2(x)\\&=\frac{4}{5}\times1+\frac{0}{10}x+\frac{-6}{14}(x^2-2)\\&=\frac{58}{35}-\frac{3}{7}x^2.\end{aligned}$$

可以验证,计算结果与最小二乘拟合多项式相同,不过不再需要计算法方程,这样避免了病态方程组的可能,而且在拟合多项式次数增加一次时,只需要在原有的拟合多项式中增加一项,节省了大量计算.

4.10　正交多项式

正交多项式是函数逼近的重要工具.

4.10.1　基本概念

定义 4.10.1　如果函数系$\{\varphi_k(x)\}_{k=0}^{\infty}$满足

$$(\varphi_k,\varphi_j)=\int_a^b\rho(x)\varphi_k(x)\varphi_j(x)\,\mathrm{d}x=\begin{cases}0, & k\neq j,\\ \alpha_k>0, & k=j,\end{cases}\tag{4.51}$$

那么称此函数系为区间$[a,b]$上关于权函数$\rho(x)$的正交函数系. 特别地,如果$\alpha_k=1\ (k=0,1,\cdots,n)$,则称其为标准正交函数系.

例如,三角函数族

$$1,\cos x,\sin x,\cos 2x,\sin 2x,\cdots$$

就是区间$[-\pi,\pi]$上的正交函数系.

如果正交函数系$\{\varphi_k(x)\}$中的函数均为代数多项式,则称其为正交多项式系.

定义 4.10.2　设$\varphi(x)$是$[a,b]$上首项系数$a_n\neq 0$的n次多项式,$\rho(x)$为权函数.如果$\{\varphi_k(x)\}_{k=0}^{\infty}$满足关系式(4.51),则称此多项式序列在$[a,b]$上带权$\rho(x)$正交,称$\varphi_n(x)$为$[a,b]$上带权$\rho(x)$的$n$次正交多项式.

只要给定区间$[a,b]$及权函数$\rho(x)$,均可由$\{1,x,x^2,\cdots,x^n,\cdots\}$,利用逐个正交化的手段构造出正交多项式序列$\{\varphi_k(x)\}_{k=0}^{\infty}$:

$$\begin{cases}\varphi_0(x)=1,\\ \varphi_n(x)=x^n-\displaystyle\sum_{j=0}^{n-1}\frac{(x^n,\varphi_j(x))}{(\varphi_j(x),\varphi_j(x))}\varphi_j(x),\quad n=1,2,\cdots.\end{cases}\tag{4.52}$$

这样得到的正交多项式$\varphi_n(x)$,其首项系数为 1,并且$\varphi_0(x)$,$\varphi_1(x),\cdots,\varphi_n(x)$在$[a,b]$上是线性无关的.

事实上,如果

$$c_0\varphi_0(x)+c_1\varphi_1(x)+\cdots+c_n\varphi_n(x)=0,$$

则用$\rho(x)\varphi_k(x)\ (k=0,1,\cdots,n)$乘以上式并积分,利用正交性可得

$$c_k\int_a^b\rho(x)\varphi_k(x)\varphi_k(x)\,\mathrm{d}x=0.$$

由于$(\varphi_k,\varphi_k)>0$,故得到$c_k=0$对任意$k=0,1,\cdots,n$成立.所以$\varphi_0(x),\varphi_1(x),\cdots,\varphi_n(x)$线性无关.因此可以进一步得到:

(1) 任意n次多项式可以表示成$\varphi_0(x),\varphi_1(x),\cdots,\varphi_n(x)$的线性组合;

(2) $\varphi_n(x)$与任意次数小于n的多项式正交.

关于正交多项式还有一些重要性质.类似于前面离散的形式,有如下定理.

定理 4.10.1　设$\{\varphi_n(x)\}_0^{\infty}$是$[a,b]$上带权$\rho(x)$正交多项式,对于$n\geqslant 0$成立递推关系

$$\varphi_{n+1}(x)=(x-\alpha_0)\varphi_n(x)-\beta_n\varphi_{n-1}(x),\quad n=0,1,\cdots$$

其中

$$\varphi_0(x)=1,\varphi_{-1}(x)=0,$$

$$\alpha_n=\frac{(x\varphi_n(x),\varphi_n(x))}{(\varphi_n(x),\varphi_n(x))},$$

$$\beta_n=\frac{(\varphi_n(x),\varphi_n(x))}{(\varphi_{n-1}(x),\varphi_{n-1}(x))},$$

这里 $(x\varphi_n(x),\varphi_n(x))=\int_a^b x\varphi_n^2(x)\mathrm{d}x$.

定理 4.10.2 设 $\{\varphi_n(x)\}_0^\infty$ 是 $[a,b]$ 上带权 $\rho(x)$ 正交多项式，则 $\varphi_n(x)$ 在区间 (a,b) 上有 n 个不同的零点.

4.10.2 常用的正交多项式

1. 勒让德多项式

当区间为 $[-1,1]$，权函数 $\rho(x)\equiv 1$ 时，由 $\{1,x,\cdots,x^n,\cdots\}$ 正交化得到的多项式称为勒让德多项式.我们用 $P_0(x),P_1(x),\cdots,P_n(x),\cdots$ 表示.这是由勒让德 1785 年引进的.1814 年罗德里克给出了勒让德多项式的一般表达式：

$$P_0(x)=1,\quad P_n(x)=\frac{1}{2^n n!}\frac{\mathrm{d}^n}{\mathrm{d}x^n}(x^2-1)^n,\quad n=1,2,\cdots.$$

由于 $(x^2-1)^n$ 是 $2n$ 次多项式，求 n 阶导数后得到

$$P_n(x)=\frac{1}{2^n n!}(2n)(2n-1)\cdots(n+1)x^n+a_{n-1}x^{n-1}+\cdots+a_0,$$

可得其首项系数为 $a_n=\frac{(2n)!}{2^n(n!)^2}$.显然最高系数为 1 的勒让德多项式为

$$\hat{P}_n(x)=\frac{n!}{(2n)!}\frac{\mathrm{d}^n}{\mathrm{d}x^n}(x^2-1)^n.$$

勒让德多项式具有以下性质：

(1) 正交性

$$\int_a^b P_n(x)P_m(x)\mathrm{d}x=\begin{cases}0, & m\neq n,\\ \dfrac{2}{2n+1}, & m=n.\end{cases}\tag{4.53}$$

(2) 奇偶性

$$P_n(-x)=(-1)^n P_n(x).$$

(3) 递推关系

$$P_0(x)=1,\quad P_1(x)=x,$$

$$(n+1)P_{n+1}(x)=(2n+1)xP_n(x)-nP_{n-1}(x),\quad n=1,2,\cdots.$$

利用上述递推关系可推出

$$\begin{cases}P_2(x)=(3x^2-1)/2,\\ P_3(x)=(5x^3-3x)/2,\\ P_4(x)=(35x^4-30x^2+3)/8,\\ P_5(x)=(63x^5-70x^3+15x)/8,\\ \quad\vdots\end{cases}$$

(4) $P_n(x)$在区间$[-1,1]$上有 n 个不同的零点.

通过坐标变换可以由勒让德多项式获得任意区间$[a,b]$上关于权函数$\rho(x)\equiv 1$的正交多项式系.

令

$$x=\frac{b+a}{2}+\frac{b-a}{2}t,$$

当 x 在区间$[a,b]$变化时,对应的 t 在$[-1,1]$上变化,故

$$\overline{P}_n(x)=P_n(t)=P_n\left[\frac{2x-(b+a)}{b-a}\right],\quad n=0,1,\cdots$$

为区间$[a,b]$上正交多项式.

2. 切比雪夫多项式

当权函数$\rho(x)=\dfrac{1}{\sqrt{1-x^2}}$,区间为$[-1,1]$时,由序列$\{1,x,\cdots,x^n,\cdots\}$正交化得到的正交多项式就是切比雪夫(Chebyshev)多项式,它可以表示为

$$T_n(x)=\cos(n\arccos x),\quad |x|\leqslant 1.$$

若令 $x=\cos\theta$,则 $T_n(x)=\cos n\theta,0\leqslant\theta\leqslant\pi$. 切比雪夫多项式有很多重要性质.

(1) 正交性

切比雪夫多项式$\{T_k(x)\}$在区间$[-1,1]$上带权$\rho(x)=1/\sqrt{1-x^2}$正交,且

$$\int_{-1}^{1}\frac{T_n(x)T_m(x)}{\sqrt{1-x^2}}\mathrm{d}x=\begin{cases}0, & n\neq m,\\ \dfrac{\pi}{2}, & n=m\neq 0,\\ \pi, & n=m=0.\end{cases}$$

(2) 递推关系

$$T_0(x)=1,\quad T_1(x)=x,$$
$$T_{n+1}(x)=2xT_n(x)-T_{n-1}(x),\quad n=1,2,\cdots.$$

这样可以得到

$$T_2(x)=2x^2-1,$$
$$T_3(x)=4x^3-3x,$$
$$T_4(x)=8x^4-8x^2+1,$$
$$T_5(x)=16x^5-20x^3+5x,$$
$$\vdots$$

(3) $T_n(x)$在区间$[-1,1]$上有 n 个零点

$$x_k=\cos\frac{2k-1}{2n}\pi,\quad k=1,2,\cdots,n.$$

(4) $T_n(x)$的首项 x^n 的系数为 $2^{n-1}(n=1,2,\cdots)$.

(5) 设 $\hat{T}_n(x)$是首项系数为 1 的切比雪夫多项式,则

$$\max_{-1\leqslant x\leqslant 1}|\hat{T}(x)|\leqslant \max_{-1\leqslant x\leqslant 1}|P(x)|,\quad \forall P(x)\in \hat{H}_n,$$

且

$$\max_{-1\leqslant x\leqslant 1}|\hat{T}(x)|=\frac{1}{2^{n-1}}.$$

其中，$\hat{H}_n$表示首项为 1 的多项式的全体.

3. 第二类切比雪夫多项式

在区间[-1,1]上带权 $\rho(x)=\sqrt{1-x^2}$ 的正交多项式称为第二类切比雪夫多项式，其表达式为

$$U_n(x)=\frac{\sin[(n+1)\arccos x]}{\sqrt{1-x^2}},$$

它具有如下正交性

$$\int_{-1}^{1}\sqrt{1-x^2}\,U_n(x)U_m(x)\,\mathrm{d}x=\begin{cases}0, & m\neq n,\\ \dfrac{\pi}{2}, & m=n.\end{cases}$$

其递推关系为

$$U_0(x)=1,U_1(x)=2x,$$
$$U_{n+1}(x)=2xU_n(x)-U_{n-1}(x),\quad n=1,2,\cdots.$$

4. 拉盖尔多项式

在区间[0,+∞）上带权 e^{-x}的正交多项式称为拉盖尔多项式. 其表达式为

$$L_n(x)=\mathrm{e}^{x}\frac{\mathrm{d}^n}{\mathrm{d}x^n}(x^n\mathrm{e}^{-x}).$$

它也具有正交性

$$\int_{0}^{\infty}\mathrm{e}^{-x}L_n(x)L_m(x)\,\mathrm{d}x=\begin{cases}0, & m\neq n,\\ (n!)^2, & m=n,\end{cases}$$

和递推关系

$$L_0(x)=1,L_1(x)=1-x,$$
$$L_{n+1}(x)=(1+2n-x)L_n(x)-n^2L_{n-1}(x),\quad n=1,2,\cdots.$$

5. 埃尔米特多项式

在区间(-∞,+∞）上带权 e^{-x^2}的正交多项式称为埃尔米特多项式，其表达式为

$$H_n(x)=(-1)^n\mathrm{e}^{x^2}\frac{\mathrm{d}^n}{\mathrm{d}x^n}(\mathrm{e}^{-x^2}),$$

它满足正交关系

$$\int_{-\infty}^{\infty}\mathrm{e}^{-x^2}H_n(x)H_m(x)\,\mathrm{d}x=\begin{cases}0, & m\neq n,\\ 2^n n!\sqrt{\pi}, & m=n,\end{cases}$$

并有递推关系

$$H_0(x)=1,H_1(x)=2x,$$

$$H_{n+1}(x)=2xH_n(x)-2nH_{n-1}(x),\quad n=1,2,\cdots.$$

4.11 函数的最佳平方逼近

有些函数的表达式比较复杂不易计算,往往需要通过简单函数去近似,这是函数逼近所研究的问题.本节讨论用最小二乘法求连续函数的近似函数问题.

定义 4.11.1 设函数 $f(x)$ 在区间 $[a,b]$ 上连续,$\varphi_i(x)$ $(i=0,1,\cdots,m)$ 为定义在 $[a,b]$ 上的一组线性无关的函数. $H=\mathrm{Span}\{\varphi_0,\varphi_1,\cdots,\varphi_m\}$. 如果存在函数 $\varphi^*(x)\in H$,使

$$\int_a^b \rho(x)[f(x)-\varphi^*(x)]^2\mathrm{d}x=\min_{\varphi\in H}\int_a^b\rho(x)[f(x)-\varphi(x)]^2\mathrm{d}x,$$

则称 $\varphi^*(x)$ 为 $f(x)$ 在子集 H 上关于权函数 $\rho(x)$ 的最佳平方逼近函数.

与前面离散形式的讨论类似,上述问题转化为求下列多元函数的极小点问题:

$$F(a_0,a_1,\cdots,a_m)=\int_a^b\rho(x)\left[\sum_{j=0}^m a_j\varphi_j(x)-f(x)\right]^2\mathrm{d}x.$$

令

$$\frac{\partial F}{\partial a_k}=0,\quad k=0,1,2,\cdots,m,$$

因此

$$\int_a^b\rho(x)\left[\sum_{j=0}^m a_j\varphi_j(x)-f(x)\right]\varphi_k(x)\mathrm{d}x=0,\quad k=0,1,2,\cdots,m. \tag{4.54}$$

使用函数内积符号,则式(4.54)可写为

$$\sum_{j=0}^m(\varphi_k,\varphi_j)a_j=(f,\varphi_k),\quad k=0,1,2,\cdots,m.$$

其矩阵形式为

$$\begin{pmatrix}(\varphi_0,\varphi_0) & (\varphi_0,\varphi_1) & \cdots & (\varphi_0,\varphi_m)\\ (\varphi_1,\varphi_0) & (\varphi_1,\varphi_1) & \cdots & (\varphi_1,\varphi_m)\\ \vdots & \vdots & & \vdots\\ (\varphi_m,\varphi_0) & (\varphi_m,\varphi_1) & \cdots & (\varphi_m,\varphi_m)\end{pmatrix}\begin{pmatrix}a_0\\ a_1\\ \vdots\\ a_m\end{pmatrix}=\begin{pmatrix}(f,\varphi_0)\\ (f,\varphi_1)\\ \vdots\\ (f,\varphi_m)\end{pmatrix}. \tag{4.55}$$

方程组(4.55)是关于系数 $a_j(j=0,1,2,\cdots,m)$ 的线性方程组,易知该方程组解存在且唯一.同样该方程组经常是病态的,可以通过正交化的手段进行处理.事实上,可以观察到,最佳平方逼近与前面离散问题的不同只是在于采用了不同的内积定义.

如果取 $\varphi_k(x)$ 为 k 次多项式,且 $\varphi_0(x),\varphi_1(x),\cdots,\varphi_m(x)$ 为 $[a,b]$ 上关于权函数 $\rho(x)$ 的正交多项式,则函数 $f(x)$ 的 m 次最佳平方逼近多项式就归结为求解正则方程组

$$\begin{pmatrix}(\varphi_0,\varphi_0) & & & \\ & (\varphi_1,\varphi_1) & & \\ & & \ddots & \\ & & & (\varphi_m,\varphi_m)\end{pmatrix}\begin{pmatrix}a_0\\a_1\\\vdots\\a_m\end{pmatrix}=\begin{pmatrix}(f,\varphi_0)\\(f,\varphi_1)\\\vdots\\(f,\varphi_m)\end{pmatrix}. \tag{4.56}$$

易得,方程组(4.56)的解为

$$a_k=\frac{(f,\varphi_k)}{(\varphi_k,\varphi_k)}\quad k=0,1,\cdots,m. \tag{4.57}$$

例 4.11.1 求 $f(x)=\mathrm{e}^x$ 在 $[-1,1]$ 上的三次最佳平方逼近多项式.

解 勒让德多项式是 $[-1,1]$ 上的正交多项式,故可取

$$\varphi_0(x)=P_0(x)=1,$$
$$\varphi_1(x)=P_1(x)=x,$$
$$\varphi_2(x)=P_2(x)=\frac{1}{2}(3x^2-1),$$
$$\varphi_3(x)=P_3(x)=\frac{1}{2}(5x^3-3x).$$

由式(4.53)

$$(\varphi_k,\varphi_k)=\frac{2}{2k+1},\quad k=0,1,2,3.$$

以及

$$(f,\varphi_0)=\int_{-1}^{1}\mathrm{e}^x\mathrm{d}x=\mathrm{e}-\mathrm{e}^{-1}\approx 2.3504,$$
$$(f,\varphi_1)=\int_{-1}^{1}x\mathrm{e}^x\mathrm{d}x=2\mathrm{e}^{-1}\approx 0.7358,$$
$$(f,\varphi_2)=\int_{-1}^{1}\frac{1}{2}(3x^2-1)\mathrm{e}^x\mathrm{d}x=\mathrm{e}-7\mathrm{e}^{-1}\approx 0.1431,$$
$$(f,\varphi_3)=\int_{-1}^{1}\frac{1}{2}(5x^3-3x)\mathrm{e}^x\mathrm{d}x=-5\mathrm{e}+37\mathrm{e}^{-1}\approx 0.02013.$$

于是,正则方程的解为

$$a_0=\frac{1}{2}(f,\varphi_0)\approx 1.1752,\quad a_1=\frac{3}{2}(f,\varphi_1)\approx 1.1037,$$
$$a_2=\frac{5}{2}(f,\varphi_2)\approx 0.3578,\quad a_3=\frac{7}{2}(f,\varphi_3)\approx 0.07045.$$

所以函数 $f(x)=\mathrm{e}^x$ 在 $[-1,1]$ 上的最佳三次平方逼近多项式为

$$\varphi(x)=0.1761x^3+0.5367x^2+0.9980x+0.9963.$$

练习 4.11.1 求 $f(x)=\mathrm{e}^x$ 在 $[0,1]$ 上的二次最佳平方逼近多项式.

习题 4

1. 当 $x=1,-1,2$ 时，$f(x)=0,-3,4$，求 $f(x)$ 的二次插值多项式.

(1) 用单项式基底；

(2) 用拉格朗日基底；

(3) 用牛顿基底.

2. 用拉格朗日插值和牛顿插值求经过点 $(-3,-1),(0,2),(3,-2),(6,10)$ 的三次插值多项式.

3. 对数据 $(-1,0),(0,1),(1,-4),(2,10)$，计算差商 $f[-1,0,1,2]$.

4. 求经过点 $(0,2),(1,-2),(2,10)$ 的插值多项式，使用拉格朗日和牛顿插值法分别构造，并验证插值多项式的唯一性.

5. 设 $y=\sqrt[3]{x}$，在 $x=1,8,64$ 三处的值是容易计算的，试以这三点建立 $y=\sqrt[3]{x}$ 的一次插值多项式和二次插值多项式，并用所建立的多项式计算 $\sqrt[3]{5}$ 的近似值，并对结果进行分析.

6. 设 $f(-2)=-1, f(0)=1, f(2)=2$，求 $p(x)$ 使 $p(x_i)=f(x_i)\ (i=0,1,2)$；又设 $|f'''(x)|\leqslant M$，则估计余项 $r(x)=f(x)-p(x)$ 的大小.

7. 设 $f(x)=\dfrac{1}{x}$，节点 $x_0=2, x_1=2.5, x_2=4$，求 $f(x)$ 的抛物插值多项式 $p_2(x)$，计算 $f(3)$ 的近似值并估计误差.

8. 已知由数据 $(0,0),(0.5,y),(1,3),(2,2)$ 构造的三次插值多项式 $p_3(x)$ 的 x^3 的系数是 6，试确定数值 y.

9. 若 $x_j\ (j=0,1,\cdots,n)$ 为互异节点，且有

$$l_j(x)=\frac{(x-x_0)(x-x_1)\cdots(x-x_{j-1})(x-x_{j+1})\cdots(x-x_n)}{(x_j-x_0)(x_j-x_1)\cdots(x_j-x_{j-1})(x_j-x_{j+1})\cdots(x_j-x_n)},$$

证明：

(1) $\sum_{j=0}^{n} x_j^k l_j(x) \equiv x^k \quad (k=0,1,\cdots,n)$；

(2) $\sum_{j=0}^{n} (x_j-x)^k l_j(x) \equiv 0 \quad (k=0,1,\cdots,n)$.

10. 证明：拉格朗日插值基函数

$$l_0(x)=\frac{(x-x_1)(x-x_2)\cdots(x-x_n)}{(x_0-x_1)(x_0-x_2)\cdots(x_0-x_n)}$$

可以表示为如下牛顿插值形式

$$l_0(x)=1+\frac{x-x_0}{x_0-x_1}+\frac{(x-x_0)(x-x_1)}{(x_0-x_1)(x_0-x_2)}+\cdots+\frac{(x-x_0)(x-x_1)\cdots(x-x_{n-1})}{(x_0-x_1)(x_0-x_2)\cdots(x_0-x_n)}.$$

11. 求 $f(x)=x^{n+1}$ 关于节点 $x_0,x_1,\cdots,x_n$ 的拉格朗日多项式，并利用插值余项定理证明下式

$$\sum_{i=0}^{n} x_i^{n+1} l_i(0) = (-1)^n x_0 x_1 \cdots x_n,$$

上式中，$l_i(x)$为关于节点$x_0, x_1, \cdots, x_n$的拉格朗日基函数.

12. 给定函数$f(x)=x^3-5x$，试建立关于节点$x_i=i+1(i=0,1,\cdots,5)$的差商表，并列出关于节点x_0, x_1, x_2, x_3的插值多项式$p(x)$.

13. 设n, k为整数，$0\leqslant k\leqslant n-1$，证明：

$$\sum_{i=0}^{n} \frac{i^k}{\prod\limits_{\substack{j=0\\ j\neq i}}^{n}(i-j)} = 0.$$

14. 设首项系数为1的n次多项式$f(x)$有n个互异的零点$x_i(i=1,2,\cdots,n)$，证明：

$$\sum_{j=1}^{n} \frac{x_j^k}{f'(x_j)} = \begin{cases} 0, & k=0,1,\cdots,n-2, \\ 1, & k=n-1. \end{cases}$$

15. 设节点$x_i(i=1,2,\cdots,n)$与点a互异，试对$f(x)=\dfrac{1}{a-x}$，证明：

$$f[x_0, x_1, \cdots, x_k] = \prod_{i=0}^{k} \frac{1}{a-x_i}, \quad k=0,1,\cdots,n,$$

并列出$f(x)$的牛顿插值多项式.

16. 已知$f(1)=2, f(2)=3, f'(1)=0, f'(2)=-1$，试构造三次埃尔米特插值函数$H(x)$，并估算$f(1.5)$.

17. 设$f(x)\in C^3$，求一多项式$p(x)$使得满足$p(a)=f(a)$，$p'(a)=f'(a)$，$p''(a)=f''(a)$，并推出其余项$r(x)=f(x)-p(x)$的表达式.

18. 求$f(x)=x^2$在$[a,b]$上的分段线性插值函数$I_h(x)$，并估计误差.

19. 设分段式函数

$$S(x)=\begin{cases} x^3+x^2, & (0\leqslant x\leqslant 1) \\ 2x^3+bx^2+cx-1, & (1\leqslant x\leqslant 2) \end{cases}$$

是以0,1,2为节点的三次样条函数，试确定系数b, c的值.

20. 求三次样条函数$s(x)$，已知如下函数表和边界条件$s'(0.2)=1$，$s'(0.6)=0.8$.

x_i	0.2	0.3	0.4	0.5	0.6
y_i	0.5	0.55	0.65	0.7	0.85

21. 设有数据点$(x_i, y_i)(i=1,2,\cdots,8)$为
(0,0.5)，(1,2)，(2,3)(3,3.5)，(4,5)，(5,6)，(6,7.5)，(7,8.5)，
试用最小二乘法建立模型$y=a+bx$.

22. 对点$(x_i, y_i)(i=1,2,\cdots,n)$拟建立模型$y=a+bx^2$，试给出

a,b 满足的法方程. 在数据点为 (19, 19), (25, 32.3), (31, 49), (38, 73.3), (44, 97.8) 时, 计算 a,b 的值.

23. 用正交多项式序列, 计算数据点集 (-4, 0), (-2, 3), (0, 5), (2, 3), (4, 0) 的二次拟合多项式.

24. 设 $f(x)=x^2+3x+2, x\in[0,1]$, 试求 $f(x)$ 在 $[0,1]$ 上关于 $\rho(x)=1$, $H=\mathrm{Span}\{1,x\}$ 的最佳平方逼近多项式, 若取 $H=\mathrm{Span}\{1,x,x^2\}$, 那么最佳平方逼近多项式是什么?

第 5 章 非线性方程求根

许多科学应用与工程在实际中出现的问题常常可以归结为非线性方程求根的问题.一般地,求方程

$$f(x)=0 \tag{5.1}$$

的根,其中 $f(x)$ 为非线性函数,那么这个问题就是非线性方程求根问题.

非线性方程的根的存在域可以是实数域也可以是复数域.我们称 $x=a$ 为方程(5.1)的 k 重根,如果满足

$$f(a)=0, f^{(n)}(a)=0\ (n=1,2,3,\cdots,k-1), f^{(k)}(a)\neq 0. \tag{5.2}$$

特别地,当 $k=1$ 时,$x=a$ 称为单根.若方程(5.1)有 k 重根,则函数 $f(x)$ 可以分解成

$$f(x)=(x-a)^k\phi(x), \tag{5.3}$$

其中 $\phi(a)\neq 0$.

如果函数 $f(x)$ 是多项式函数,

$$f(x)=a_0x^n+a_1x^{n-1}+\cdots+a_{n-1}x+a_n, \tag{5.4}$$

其中,$a_i(i=0,1,\cdots,n)$,$a_0\neq 0$ 为实数,则称方程(5.1)为 n 次代数方程.由代数基本定理,n 次代数方程在复数域有且只有 n 个根(含重根,k 重根就是 k 个根).

对上述多项式函数,当 $n=1,2$ 时的求根公式是大家熟知的;当 $n=3,4$ 时的求根公式可以在数学手册中查到,但是较为复杂不适合数值计算;当 $n\geqslant 5$ 时就不能直接用公式表示方程的根,所以当 $n\geqslant 3$ 时求根仍用一般的数值方法.

另外,还有一种方程是超越方程,例如

$$e^{-\frac{x}{10}}\sin(10x)=0, \tag{5.5}$$

它在整个 x 轴上有无穷多个解,x 取值范围不同,解也不同,因此讨论非线性方程(5.1)的解时,必须强调 x 的定义域,即 x 的求解区间 $[a,b]$.

大多数非线性方程的根很难用解析式表示,因此借助数值方法近似求解就显得尤为重要.在用数值方法求近似解的过程中,算法的收敛性是一个重要的问题.本章主要介绍几种求解非线性方程的常用方法,并简要介绍算法的收敛性.

5.1 二　分　法

设 $f(x)$ 在区间 $[a,b]$ 上连续，且在两端点处异号，即

$$f(a)f(b)<0,$$

则由连续函数的介值性定理得，至少存在一点 $x_0\in(a,b)$，使得 $f(x_0)=0$，即 $f(x)$ 在 (a,b) 内必有零点.利用这个结论，可以得到求解非线性方程的二分法.

不妨设 $f(a)<0,f(b)>0$，取 $x_0=\dfrac{a+b}{2}\in(a,b)$，若 $f(x_0)=0$，则 x_0 就是方程(5.1)的解.否则，若 $f(x_0)<0$，取 $a_1=x_0,b_1=b$；若 $f(x_0)>0$，取 $a_1=a,b_1=x_0$，则有

$$[a_1,b_1]\subset[a,b],b_1-a_1=\frac{b-a}{2},$$

且 $f(x)$ 在 $[a_1,b_1]$ 上连续，满足 $f(a_1)f(b_1)<0$. 重复上述过程又可得到区间 $[a_2,b_2]$，满足 $[a_2,b_2]\subset[a_1,b_1]$，$b_2-a_2=\dfrac{b_1-a_1}{2}$，且 $f(a_2)f(b_2)<0$.如此继续下去，得到一个区间序列

$$[a,b]\supset[a_1,b_1]\supset[a_2,b_2]\supset\cdots\supset[a_n,b_n]\supset\cdots$$

满足

$$f(a_n)f(b_n)<0,b_n-a_n=\frac{b_{n-1}-a_{n-1}}{2}=\frac{b-a}{2^n}.$$

由区间套定理，存在 $x^*\in[a,b]$，使得

$$\lim_{n\to\infty}a_n=\lim_{n\to\infty}b_n=x^*,$$

且 $f(x^*)=0$，即 x^* 是方程(5.1)的根.若取 $x_n=\dfrac{b_n+a_n}{2}$ 作为根 x^* 的近似值，则误差为

$$|x^*-x_n|\leqslant\frac{b_n-a_n}{2}=\frac{b-a}{2^{n+1}},\tag{5.6}$$

以上就是求解非线性方程(5.1)的近似解的二分法.由上面分析的过程可以得到如下二分法收敛性定理.

定理 5.1.1　若 $[a_0,b_0],[a_1,b_1],\cdots,[a_n,b_n],\cdots$ 表示二分法中的区间，则极限 $\lim\limits_{n\to\infty}a_n$ 和 $\lim\limits_{n\to\infty}b_n$ 存在且相等，并且这个极限是 f 的一个零点.若 $c_n=(a_n+b_n)/2$ 且 $r=\lim\limits_{n\to\infty}c_n$，则

$$|r-c_n|\leqslant2^{-(n+1)}(b_0-a_0).$$

下面是二分法的算法.

二分法的思想和算法

算法 5.1.1

(1) 输入 $f(x)$，初始值 a,b 误差限 ε，最大允许迭代次数 N.

（2）置 $n=0$.

（3）计算 $x_n=\frac{a+b}{2}$.

（4）若 $f(x_n)=0$ 或 $\frac{b-a}{2}<\varepsilon$，则输出 $x^*=x_n$；否则转（5）.

（5）若 $n<N$，转（6）；否则输出失败信息.

（6）若 $f(a)f(x_n)<0$，则令 $b=x_n$；否则令 $a=x_n$.

（7）置 $n=n+1$，转（3）.

例 5.1.1　试用二分法求方程 $f(x)=x^3+10x-20=0$ 的唯一实根,要求误差不超过 $\frac{1}{2}\times10^{-4}$.

解　因为

$$f(1)=1+10-20<0, f(2)=2^3+10\times2-20>0,$$

且对任何 $x\in(-\infty,+\infty)$

$$f'(x)=3x^2+10>0, \tag{5.7}$$

所以 $f(x)$ 在 $(-\infty,+\infty)$ 上严格单调递增,于是方程 $f(x)=0$ 有唯一实根,且该实根在区间 $[1,2]$ 上.为达到精度要求,根据式(5.6)，对分区间次数 n 应该满足

$$\frac{2-1}{2^{n+1}}\leqslant\frac{1}{2}\times10^{-4},$$

我们得到 $n\geqslant13.28$，故 $n=14$，x_{14} 即为符合精度要求的解,计算结果见表 5.1.

表 5.1　二分法计算结果

n	a_n	b_n	x_n	$f(x_n)$
0	1	2	1.5	-1.625
1	1.5	2	1.75	2.859375
2	1.5	1.75	1.625	0.5410156
3	1.5	1.625	1.5625	-0.5603027
4	1.5625	1.625	1.59375	-0.0143127
5	1.59375	1.625	1.609375	0.2621726
6	1.59375	1.609375	1.6015625	0.1236367
7	1.59375	1.6015625	1.5976563	0.0545894
8	1.59375	1.5976563	1.5957032	0.0201208
9	1.59375	1.5957032	1.5947266	0.0028996
10	1.59375	1.5947266	1.5942383	-0.0057077
11	1.5942383	1.5947266	1.5944825	-0.0014037
12	1.5944825	1.5947266	1.5944046	0.00074864
13	1.5944825	1.5944046	1.5945436	-0.00032642
14	1.5945436	1.5944046	1.5945741	

二分法的优点很明显,计算非常简便,容易估计误差,但它收敛

较慢,而且只能用于求奇数重实根.例如,对于 $f(x)=(x-1)^2$,$x=1$ 是 $f(x)=0$ 的二重根,因为 $f(x)\geqslant 0$,所以无法找到使得 $f(x)$ 的函数值两端异号的区间.一般不单独使用二分法求根,只用其求得一个较好的近似值.

5.2 不动点迭代法

求非线性方程的迭代法,思路很简单,假设已知方程(5.1)的根的一个近似值 x_0,构造一个递推公式

$$x_{n+1}=g(x_n),\quad n=0,1,2,\cdots,\tag{5.8}$$

这样我们得到一个序列 $\{x_n\}$,以 x_n 逐次逼近方程(5.1)的根 x^*.这种求非线性方程近似根的方法称为迭代法,$g(x)$ 称为迭代函数,$\{x_n\}$ 称为迭代序列.若 $\{x_n\}$ 收敛到 x^*,则称迭代法收敛,否则称迭代法发散.当 $g(x)$ 连续时,若

$$\lim_{n\to\infty}x_n=x^*,$$

则有 $x^*=g(x^*)$,我们称 x^* 为函数 $g(x)$ 的不动点,上述迭代法又称为不动点迭代法.这一迭代法的基本思想是将隐式方程(5.1)归结为一个显式计算公式(5.8),就是说迭代过程是一个逐步显式化的过程.

5.2.1 不动点迭代法的一般形式和几何意义

若将方程(5.1)改写成

$$x=\phi(x),\tag{5.9}$$

则这两个方程同解.取一个初值 x_0,由迭代公式

$$x_{n+1}=\phi(x_n),\quad n=0,1,2,\cdots,\tag{5.10}$$

产生一个迭代序列 $\{x_n\}$.据连续函数的性质,若 $\{x_n\}$ 收敛于 x^*,$\phi(x)$ 在 x^* 处连续,就有

$$x^*=\lim_{n\to\infty}x_{n+1}=\lim_{n\to\infty}\phi(x_n)=\phi(x^*),\tag{5.11}$$

即 x^* 是方程(5.9)的解,从而也是方程(5.1)的解.

我们用几何图像来显示迭代过程.方程 $x=\varphi(x)$ 的求根问题在 x-y 平面上就是确定曲线 $y=\varphi(x)$ 与直线 $y=x$ 的交点 P^*.对于 x^* 的某个近似值 x_0在曲线 $y=\varphi(x)$ 上可以确定一点 P_0引一条平行于 x 轴的直线与 $y=x$ 交于一点,再过这一点引一条平行于 y 轴的直线,它与 $y=\varphi(x)$ 轴的交点为 P_1,以此类推,即可在曲线 $y=\varphi(x)$ 上得到一个点列 $P_1,P_2,\cdots$,其横坐标为求得的迭代值 $x_1,x_2,\cdots$,如果点列 $\{P_k\}$ 收敛到 P^*,则相应的迭代值收敛到所求的根 x^*.

图 5.1 展示了迭代求根的过程,其中图 5.1a 是一个收敛的迭代过程,图 5.1b 是一个发散的迭代过程.这个图主要展示了迭代公式

的不同对迭代过程收敛性的影响.

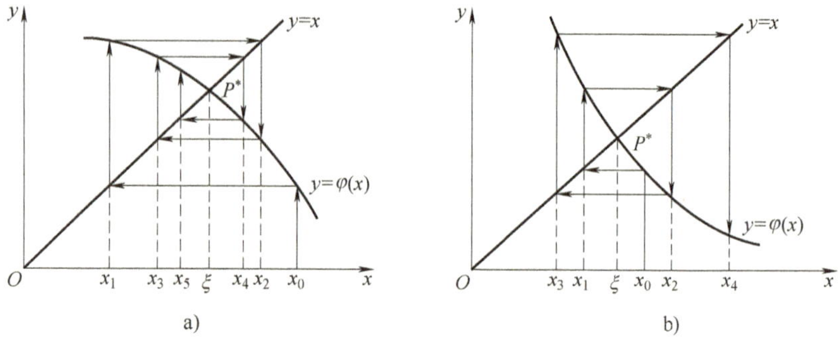

图 5.1 不动点迭代求根的过程

例 5.2.1 求方程

$$f(x)=x^3-x-1=0 \tag{5.12}$$

在 $x_0=1.5$ 附近的根 x^*.

解 将方程(5.12)改写成以下形式

$$x=\sqrt[3]{x+1}.$$

根据这个式子建立迭代格式

$$x_{k+1}=\sqrt[3]{x_k+1},\quad k=0,1,2,\cdots.$$

表 5.2 记录了各步迭代的结果.我们看到,如果只取 6 位有效数字,那么结果 x_7 和 x_8 是完全相同的.这时可以认为 x_7 即为所求的根.

不动点迭代法的一般形式、几何意义与例题

表 5.2 迭代结果

k	0	1	2	3	4	5	6	7	8
x_k	1.5	1.35721	1.33086	1.32588	1.32494	1.32476	1.32473	1.32472	1.32472

迭代法的效果不是总能让人满意的,这从图 5.1b 中也能看到.对于本例而言,如果我们选择另一种等价的方程

$$x=x^3-1$$

建立迭代公式

$$x_{k+1}=x_k^3-1.$$

迭代初值仍然取 $x_0=1.5$,则有

$$x_1=2.375,\quad x_2=12.396.$$

继续迭代下去结果会越来越大,这一迭代过程是发散的.

5.2.2 不动点迭代法的收敛条件

首先考察 $\phi(x)$ 在$[a,b]$上不动点的存在唯一性.

定理 5.2.1 设$[a,b]$上的连续函数 $\phi(x)$ 满足以下两个条件:

(1) 对任意的 $x\in[a,b]$,有 $a\leqslant\phi(x)\leqslant b$;

(2) 存在常数 $0<L<1$, 使得对任意的 $x,y\in[a,b]$有

$$|\phi(x)-\phi(y)|\leqslant L|x-y|, \tag{5.13}$$

则 $\phi(x)$ 在 $[a,b]$ 上存在唯一的不动点 x^*.

证　首先证明不动点的存在性.若

$$\phi(a)=a \text{ 或 } \phi(b)=b,$$

则 a 或 b 就是 $\phi(x)$ 在区间 $[a,b]$ 上的不动点.下面设 $\phi(a)>a$, $\phi(b)<b$,构造辅助函数

$$f(x)=\phi(x)-x.$$

显然 $f(x)$ 也是 $[a,b]$ 上的连续函数,且满足

$$f(a)=\phi(a)-a>0, f(b)=\phi(b)-b<0,$$

由连续函数性质可知存在 $x^*\in[a,b]$ 使得

$$f(x^*)=0, \text{即 } x^*=\phi(x^*),$$

也就是说 x^* 为 $\phi(x)$ 的一个不动点.

下面再证唯一性.设 x_1^* 和 $x_2^*\in[a,b]$ 都是 $\phi(x)$ 的不动点,则由式(5.13)得

$$|x_1^*-x_2^*|=|\phi(x_1^*)-\phi(x_2^*)|\leqslant L|x_1^*-x_2^*|<|x_1^*-x_2^*|, \tag{5.14}$$

得出矛盾.故 $\phi(x)$ 的不动点只能是唯一的.

在 $\phi(x)$ 不动点存在且唯一的情况下,可得到不动点迭代收敛的一个充分条件.

定理 5.2.2　设 $[a,b]$ 上的连续函数 $\phi(x)$ 满足定理 5.2.1 的两个条件,则对任意的 $x_0\in[a,b]$,由式(5.9)得到的迭代序列 $\{x_k\}$ 收敛到 $\phi(x)$ 的不动点 x^*,并有误差估计

$$|x_k-x^*|\leqslant\frac{L^k}{1-L}|x_1-x_0|. \tag{5.15}$$

不动点迭代的全局收敛性

证　设 $x^*\in[a,b]$ 是 $\phi(x)$ 在 $[a,b]$ 上的唯一不动点,由定理 5.2.1 的条件(1)可知,$x_k\in[a,b]$,再由迭代公式得

$$|x_k-x^*|=|\phi(x_{k-1})-\phi(x^*)|\leqslant L|x_{k-1}-x^*|\leqslant\cdots\leqslant L^k|x_0-x^*|, \tag{5.16}$$

因为 $0<L<1$,故当 $k\to\infty$ 时,$\{x_k\}$ 收敛到 x^*.下面再证明估计式(5.15),由迭代公式我们有

$$|x_{k+1}-x_k|=|\phi(x_k)-\phi(x_{k-1})|\leqslant L|x_k-x_{k-1}|\leqslant\cdots\leqslant L^k|x_1-x_0|. \tag{5.17}$$

那么对任意的正整数 p 有

$$\begin{aligned}|x_{k+p}-x_k| &\leqslant |x_{k+p}-x_{k+p-1}|+|x_{k+p-1}-x_{k+p-2}|+\cdots+|x_{k+1}-x_k|\\ &\leqslant(L^{k+p-1}+L^{k+p-2}+\cdots+L^k)|x_1-x_0|\leqslant\frac{L^k(1-L^p)}{1-L}|x_1-x_0|,\end{aligned} \tag{5.18}$$

在上式两边同时关于 $p\to\infty$ 取极限,得式(5.15).

迭代过程是一个极限过程.在用迭代法进行实际计算时,必须按照精度要求控制迭代次数.误差估计式(5.15)理论上可以用于确

定迭代次数,但是由于含有 L 而不便于实际应用.根据式(5.17),对任意的正整数 p, 我们有

$$|x_{k+p}-x_k| \leqslant (L^{p-1}+L^{p-2}+\cdots+1)|x_{k+1}-x_k| \leqslant \frac{1}{1-L}|x_{k+1}-x_k|, \tag{5.19}$$

在上式中令 $p\to\infty$ 得

$$|x^*-x_k| \leqslant \frac{1}{1-L}|x_{k+1}-x_k|, \tag{5.20}$$

那么我们可以得到只要相邻两次计算结果的偏差 $|x_{k+1}-x_k|$ 足够小,就可以保证近似值 x_k 具有足够的精度.

若 $\phi(x)$ 在 $[a,b]$ 上一阶连续可导且对任意的 $x\in[a,b]$ 有

$$|\phi'(x)| \leqslant L<1, \tag{5.21}$$

则由中值定理可知对任意的 $x,y\in[a,b]$ 有

$$|\phi(x)-\phi(y)| = |\phi'(\theta)(x-y)| \leqslant L|x-y|, \theta\in(a,b), \tag{5.22}$$

此式表明本节定理 5.2.1 中的条件(2)可用式(5.21)来代替.这样就给我们提供了一种非常实用的判定不动点迭代法收敛性的方法.

在例 5.2.1 中,当 $\phi(x)=\sqrt[3]{x+1}$ 时,$\phi'(x)=\frac{1}{3}(x+1)^{-2/3}$, 在区间 $[1,2]$ 中,$\phi'(x)<1$, 故式(5.21)成立.又因 $1\leqslant\sqrt[3]{2}\leqslant\phi(x)\leqslant\sqrt[3]{3}\leqslant 2$, 故定理 5.2.1 中条件(1)也成立.因此这个迭代过程是收敛的.而当 $\phi(x)=x^3-1$ 时,$\phi'(x)=3x^2$, 在区间 $[1,2]$ 中,$|\phi'(x)|>1$, 不满足定理条件.

5.2.3 局部收敛性与收敛阶

前面给出的收敛性通常称为全局收敛性.有时候定理的条件是难以检验的,实际应用时我们通常只在不动点 x^* 附近考察迭代法的收敛性,即局部收敛性.

定义 5.2.1 设 $\varphi(x)$ 有不动点 x^*,如果存在 x^* 的某个邻域 $N: |x-x^*|\leqslant\delta$,对任意 $x_0\in N$,迭代法产生的序列 $\{x_k\}\subseteq N$, 且收敛到 x^*, 则称迭代法(5.9)局部收敛.

定理 5.2.3 设 x^* 为 $\varphi(x)$ 的不动点,$\varphi'(x)$ 在 x^* 的某个邻域连续,且 $|\varphi'(x^*)|<1$,则迭代法(5.9)局部收敛.

证 由连续函数的局部有界性,存在 x^* 的某个邻域 $N=\{x\,|\,|x-x^*|\leqslant\delta\}$,使对于任意 $x\in N$ 成立

$$|\varphi'(x)|<1.$$

此外,对于任意 $x\in N$, 总有 $\varphi(x)\in N$, 这是因为

$$|\varphi(x)-x^*| = |\varphi(x)-\varphi(x^*)| = |\varphi'(\theta)||x-x^*| < |x-x^*| \leqslant\delta.$$

于是依据定理 5.2.2 可以断定迭代过程 $x_{k+1}=\varphi(x_k)$ 对于任意初值

$x_0 \in N$ 均收敛.

下面讨论迭代序列的收敛速度,先看一个例子.

例 5.2.2　用不同的方法求方程 $x^2-3=0$ 的根 $x^*=\sqrt{3}$.

解　这里 $f(x)=x^2-3$,可以改写为几种不同的等价形式 $x=\varphi(x)$,从而构造迭代法:

不动点迭代的局部收敛性定义与定理

(1)

$$\varphi(x)=x^2+x-3, x_{k+1}=x_k^2+x_k-3,$$
$$\varphi'(x)=2x+1,\quad \varphi'(x^*)=\varphi'(\sqrt{3})=2\sqrt{3}+1>1.$$

(2)

$$\varphi(x)=\frac{3}{x},\quad x_{k+1}=\frac{3}{x_k},$$
$$\varphi'(x)=-\frac{3}{x^2},\quad \varphi'(x^*)=-1.$$

(3)

$$\varphi(x)=x-\frac{1}{4}(x^2-3),\quad x_{k+1}=x_k-\frac{1}{4}(x_k^2-3),$$
$$\varphi'(x)=1-\frac{1}{2}x,\quad \varphi'(x^*)=1-\frac{\sqrt{3}}{2}<1.$$

(4)

$$\varphi(x)=\frac{1}{2}\left(x+\frac{3}{x}\right),\quad x_{k+1}=\frac{1}{2}\left(x_k+\frac{3}{x_k}\right),$$
$$\varphi'(x)=\frac{1}{2}\left(1-\frac{3}{x^2}\right),\quad \varphi'(x^*)=\varphi'(\sqrt{3})=0.$$

注意 $\sqrt{3}=1.7320508\cdots$,从表 5.3 的计算结果看迭代法(1)及(2)均不收敛,且它们不满足定理 5.2.3 中的收敛条件,迭代法(3)和(4)均满足局部收敛条件,且迭代法(4)比(3)收敛快,因为在迭代法(4)中 $\varphi'(x^*)=0$ 比迭代法(3)中要小.

表 5.3　计算结果

k	x_k	方法(1)	方法(2)	方法(3)	方法(4)
0	x_0	2	2	2	2
1	x_1	3	1.5	1.75	1.75
2	x_2	9	2	1.73745	1.732143
3	x_3	87	1.5	1.732361	1.732051
⋮	⋮	⋮	⋮	⋮	⋮

为了衡量迭代法的收敛速度给出如下定义.

定义 5.2.2　设迭代过程 $x_{k+1}=\varphi(x_k)$ 收敛于方程 $x=\varphi(x)$ 的根 x^*,如果当 $k\to\infty$ 时,迭代误差 $e_k=x_k-x^*$ 满足

$$\frac{e_{k+1}}{e_k^p}\to C,\quad 常数\ C\neq 0,\tag{5.23}$$

则称该迭代过程是 p 阶收敛的.特别地,当 $p=1(|C|<1)$ 时称为线性收敛,当 $p>1$ 时称为超线性收敛,当 $p=2$ 时称为平方收敛.

不动点迭代的收敛阶定义

定理 5.2.4 对于迭代过程 $x_{k+1}=\varphi(x_k)$ 及正整数 $p(\geqslant 2)$,若 $\varphi^{(p)}(x)$ 在所求根的邻近连续并且

$$\begin{aligned}&\varphi'(x^*)=\varphi''(x^*)=\cdots=\varphi^{(p-1)}(x^*)=0,\\&\varphi^{(p)}(x^*)\neq 0,\end{aligned}\tag{5.24}$$

则称该迭代过程在点 x^* 邻近是 p 阶收敛的.若 $x^*=\varphi(x^*)$, $0<|\varphi'(x^*)|<1$, 则该迭代过程是线性收敛的.

证 由于 $\varphi'(x^*)=0$, 根据定理 5.2.3 可以断定迭代过程 $x_{k+1}=\varphi(x_k)$ 具有局部收敛性.再将 $\varphi(x_k)$ 在根 x^* 处做泰勒展开,利用条件(5.24),则有

$$\varphi(x_k)=\varphi(x^*)+\frac{\varphi^{(p)}(\xi)}{p!}(x_k-x^*)^p,$$

其中 ξ 在 x_k 与 x^* 之间.

注意到 $\varphi(x_k)=x_{k+1}$, $\varphi(x^*)=x^*$,由上式得

$$x_{k+1}-x^*=\frac{\varphi^{(p)}(\xi)}{p!}(x_k-x^*)^p,$$

因此对于迭代误差,当 $k\to\infty$ 有

$$\frac{e_{k+1}}{e_k^p}\to\frac{\varphi^{(p)}(x^*)}{p!},$$

这表明迭代过程 $x_{k+1}=\varphi(x_k)$ 确实为 p 阶收敛.

类似地,当 $0<|\varphi'(x^*)|<1$ 时,由定理 5.2.3,迭代序列 $\{x_k\}$ 收敛于 x^*. 又由微分中值定理

$$\lim_{k\to\infty}\frac{e_{k+1}}{e_k}=\frac{\varphi(x_k)-\varphi(x^*)}{x_k-x^*}=|\varphi'(x^*)|\neq 0,\tag{5.25}$$

故迭代过程 $x_{k+1}=\varphi(x_k)$ 是线性收敛的.

上述定理告诉我们,迭代过程的收敛速度依赖于 $\varphi(x)$ 的选取.例如,在例 5.2.2 的 4 种不同解法中,迭代法(3)和(4)收敛.由于迭代法(3)的迭代函数 $\varphi'(x^*)\neq 0$,故该方法是线性收敛的.迭代法(4)的迭代函数 $\varphi(x)$ 满足 $\varphi'(x^*)=0$, 且 $\varphi''(x)=-\frac{1}{2}\cdot 3\cdot(-2)x^{-3}$, 故 $\varphi''(x^*)\neq 0$. 由定理 5.2.4 可得迭代法(4)是二阶收敛的.

5.2.4 斯特芬森加速方法

如果序列 $\{x_k\}$ 线性收敛于 x^*, 则按式(5.26)产生的新序列

$$\bar{x}_k=x_k-\frac{(x_{k+1}-x_k)^2}{x_{k+2}-2x_{k+1}+x_k}\tag{5.26}$$

(称为序列 $\{x_k\}$ 的艾特肯(Aitken)序列) 比序列 $\{x_k\}$ 更快地收敛

于 x^*. 结合艾特肯加速法和迭代公式 $x_{k+1}=\varphi(x_k)$，得到斯特芬森(Steffensen)方法，即

$$\begin{cases} y_n=\varphi(x_n), \\ z_n=\varphi(y_n), \\ x_{n+1}=x_n-\dfrac{(y_n-x_n)^2}{z_n-2y_n+x_n} \end{cases} \quad n=0,1,2,\cdots. \tag{5.27}$$

斯特芬森方程也是一种不动点迭代，其迭代公式为

$$x_{k+1}=x_k-\frac{[\varphi(x_k)-x_k]^2}{\varphi[\varphi(x_k)]-2\varphi(x_k)+x_k}. \tag{5.28}$$

可以证明，当 $\varphi'(x^*)\neq 1$ 时，斯特芬森方法是至少二阶局部收敛的.

例 5.2.3　用斯特芬森方法求方程 $f(x)=x^3+10x-20=0$ 的根，取 $x_0=1.5$，$\varepsilon=10^{-6}$.

解　取迭代函数为 $\varphi(x)=\dfrac{20}{x^2+10}$，利用斯特芬森方法的迭代公式计算，结果见表 5.4.

表 5.4　计算结果

k	x_k	y_k	z_k
0	1.5	1.6326531	1.5790858
1	1.5944947	1.5945895	1.5945510
2	1.5945621	1.5945621	1.5945621
⋮	⋮	⋮	⋮

从上表可以看出，斯特芬森方法收敛很快，迭代两次就得到了满足精度要求的解 $x^*\approx x_2=1.5945621$.

5.3　牛顿迭代法

本章前两节讲的方法是直接求解非线性方程的解，实际上对很多非线性问题，用线性化的方法进行求解是一种常用的方法. 本节要介绍的牛顿迭代法本质上就是一种线性化方法，其基本思想是将非线性方程 $f(x)=0$ 逐步转化为某种线性方程来求解.

5.3.1　牛顿迭代法及其收敛性

设已知方程 $f(x)=0$ 有近似根 x_k，$f'(x_k)\neq 0$，将 $f(x)$ 在点 x_k 处展开，有

$$f(x)\approx f(x_k)+f'(x_k)(x-x_k), \tag{5.29}$$

那么方程 $f(x)=0$ 可以近似的表示为

$$f(x_k)+f'(x_k)(x-x_k)=0, \tag{5.30}$$

这是一个线性方程，它的根 x_{k+1} 可以表示为

$$x_{k+1}=x_k-\frac{f(x_k)}{f'(x_k)},\quad k=0,1,\cdots,\tag{5.31}$$

这就是牛顿迭代法.

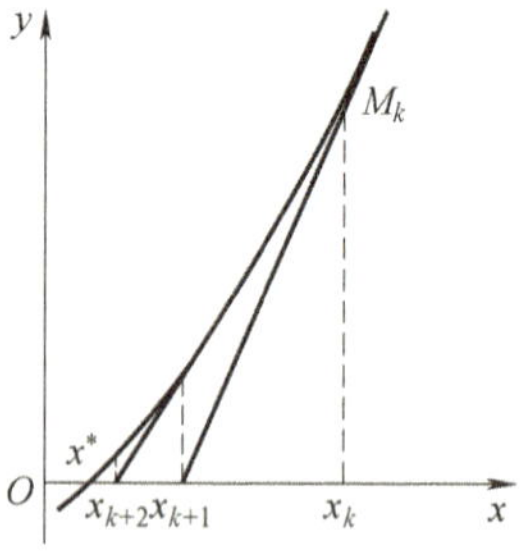

图 5.2　牛顿迭代法

牛顿迭代法基本思想与算法

牛顿迭代法具有明显的几何意义，如图 5.2 所示. 方程 $f(x)=0$ 的根 x^* 可解释为曲线 $y=f(x)$ 与 x 轴的交点的横坐标，如图 5.2 所示. 设 x_k 是根 x^* 的某个近似值，过曲线 $y=f(x)$ 上横坐标为 x_k 的点 M_k 引切线，并将该切线与 x 轴的交点的横坐标 x_{k+1} 作为 x^* 的新的近似值. 注意切线方程为

$$y=f(x_k)+f'(x_k)(x-x_k),\tag{5.32}$$

这样求得的 x_{k+1} 必满足式(5.30)，从而得到牛顿迭代公式(5.31). 由于牛顿迭代法的几何意义，牛顿迭代法也称为切线法.

以下是牛顿迭代算法.

算法 5.3.1

(1) 输入 $f(x)$，初始值 x_0，误差限 ε，最大允许迭代次数 N.

(2) 设置 $n=1$.

(3) 计算 $x=x_0-\dfrac{f(x_0)}{f'(x_0)}$.

(4) 若 $|x-x_0|<\varepsilon$ 或 $\dfrac{|x-x_0|}{|x|}<\varepsilon$，则输出 $x^*=x$；否则转(5).

(5) 若 $n<N$，则设置 $n=n+1$，$x_0=x$，转(3)；否则输出失败信息.

例 5.3.1　写出用牛顿迭代法求方程 $f(x)=x^3+10x-20=0$ 的根的迭代公式.

解　因为 $f'(x)=3x^2+10$，故牛顿迭代公式为

$$x_{k+1}=x_k-\frac{x_k^3+10x_k-20}{3x_k^2+10},\quad k=0,1,\cdots.\tag{5.33}$$

取迭代初值 $x_0=1.5$，迭代结果见表 5.5. 从表 5.5 中可以看出，迭代 3 次就可以得到 8 位有效数字的近似解，可以看出牛顿迭代法收敛很快.

表 5.5　牛顿迭代法示例

n	x_n	$f(x_n)=x_n^3+10x_n-20$
0	1.5	-1.625
1	1.5970149	0.0432666
2	1.5945637	2.877×10^{-5}
3	1.5945621	1.274×10^{-11}
4	1.5945621	0

练习 5.3.1　用牛顿迭代法解方程 $xe^x-1=0$.

定理 5.3.1　设函数 $f(x)$ 在其零点 x^* 邻近二阶连续可微，且

$f'(x^*)\neq 0$,则存在$\delta>0$,对任意$x_0\in[x^*-\delta,x^*+\delta]$,牛顿迭代法所产生的序列$\{x_n\}$至少二阶收敛于$x^*$.

证　由牛顿迭代法的迭代公式(5.31),我们有牛顿迭代法的迭代函数为

$$\varphi(x)=x-\frac{f(x)}{f'(x)}.$$

由于

$$\varphi'(x)=1-\frac{[f'(x)]^2-f(x)f''(x)}{[f'(x)]^2}=\frac{f(x)f''(x)}{[f'(x)]^2},$$

由条件$f(x)$在x^*邻近连续,故$\varphi(x)$在x^*邻近连续.假定x^*是$f(x)$的一个单根,即$f(x^*)=0$,$f'(x^*)\neq 0$,则$\varphi'(x^*)=0$,于是由定理5.2.4可以断定,牛顿迭代法在根x^*附近至少二阶收敛.

当牛顿迭代法在根x^*附近是二阶收敛时,由于

$$\varphi''(x)=\frac{[f'(x)]^3f''(x)+f(x)[f'(x)]^2f'''(x)-2f(x)f'(x)[f''(x)]^2}{[f'(x)]^4},$$

所以

$$\lim_{k\to\infty}\frac{x_{k+1}-x^*}{(x_k-x^*)^2}=\frac{\varphi''(x^*)}{2!}=\frac{f''(x^*)}{2f'(x^*)}.$$

对于 5.2.3 节例 5.2.2 的解法(4),取相同的迭代函数$\varphi(x)=\frac{1}{2}\left(x+\frac{3}{x}\right)$,选择初值为 2 时,迭代 3 次就可以得到有效数字为 7 的近似解.如果选择初值为 100,得到相同精度的近似解需要迭代 9 次.如果初值选择为 1000,迭代的次数更多.

前面的分析表明,当初值x_0充分接近方程的单根x^*时,牛顿迭代法收敛速度较快.但需要注意的是牛顿迭代法是依赖于初值的选择的,如果初值选择不好,牛顿迭代法可能发散.还需要指出的是,当x^*是方程的$r(>1)$重根时,牛顿迭代法是线性收敛的,且

$$\lim_{n\to\infty}\frac{|x_{n+1}-x^*|}{|x_n-x^*|}=\frac{r-1}{r}.\tag{5.34}$$

显然,随着r增大,收敛速度变慢.为了改善牛顿迭代法收敛速度,通常用以下两种方法:

(1) 如果重根x^*的重数r已知,则用迭代公式

$$x_{n+1}=x_n-r\frac{f(x_n)}{f'(x_n)};\tag{5.35}$$

(2) 如果x^*的重数未知,则令$\mu(x)=\frac{f(x)}{f'(x)}$,对$\mu(x)$用牛顿迭代法,得到迭代公式

$$x_{n+1}=x_n-\frac{f(x_n)f'(x_n)}{[f'(x_n)]^2-f(x_n)f''(x_n)}.\tag{5.36}$$

练习 5.3.2　比较牛顿迭代法和上述改进方法求解方程 $\sin x-$

$x=0$的重根，取 $x_0=0.5$.

5.3.2 牛顿迭代法应用举例

对于给定的正数 C，应用牛顿迭代法于二次方程

$$x^2-C=0,$$

可以导出求开方值$\sqrt{C}$的迭代公式

$$x_{k+1}=\frac{1}{2}\left(x_k+\frac{C}{x_k}\right). \tag{5.37}$$

这种迭代公式对任意大于零的初值收敛.

事实上，对式(5.37)配方，易得

$$x_{k+1}-\sqrt{C}=\frac{1}{2x_k}(x_k-\sqrt{C})^2;$$

$$x_{k+1}+\sqrt{C}=\frac{1}{2x_k}(x_k+\sqrt{C})^2.$$

以上两式相除得

$$\frac{x_{k+1}-\sqrt{C}}{x_{k+1}+\sqrt{C}}=\left(\frac{x_k-\sqrt{C}}{x_k+\sqrt{C}}\right)^2.$$

牛顿法的应用举例

据此反复递推有

$$\frac{x_k-\sqrt{C}}{x_k+\sqrt{C}}=\left(\frac{x_0-\sqrt{C}}{x_0+\sqrt{C}}\right)^{2^k}.$$

记 $q=\dfrac{x_0-\sqrt{C}}{x_0+\sqrt{C}}$，整理上式可得

$$x_k-\sqrt{C}=2\sqrt{C}\frac{q^{2^k}}{1-q^{2^k}}.$$

注意到$|q|$恒小于 1，故

$$\lim_{k\to\infty}x_k=\sqrt{C}.$$

例 5.3.2 利用上述方法求$\sqrt{115}$.

解 取初值 $x_0=10$，对 $C=115$ 按式(5.37)迭代三次便得到精度为 10^{-8}的结果(见表 5.6).

表 5.6 计算结果

k	0	1	2	3	4
x_k	10	10.75000	10.723837	10.723805	10.723805

由于式(5.37)对任意初值 $x_0>0$ 收敛，并且收敛速度很快，因此我们可以取固定的初值 $x_0=1$ 编写通用程序用于开方运算.

5.4 弦截法

用牛顿迭代法求非线性方程的根时,每迭代一次需要求$f(x_k)$和$f'(x_k)$,当函数$f(x)$比较复杂时,计算其导函数$f'(x)$较困难,因此可以考虑用函数值来回避求导数值.利用割线近似切线的思想,得到求非线性方程的弦截法.弦截法的迭代公式为

$$x_{k+1}=x_k-\frac{f(x_k)}{\dfrac{f(x_k)-f(x_{k-1})}{x_k-x_{k-1}}}=x_k-\frac{x_k-x_{k-1}}{f(x_k)-f(x_{k-1})}f(x_k), \qquad (5.38)$$

这里的x_{k+1}实际上是割线M_kM_{k-1}与x轴的交点的横坐标,如图 5.3 所示,因此该算法称为弦截法.

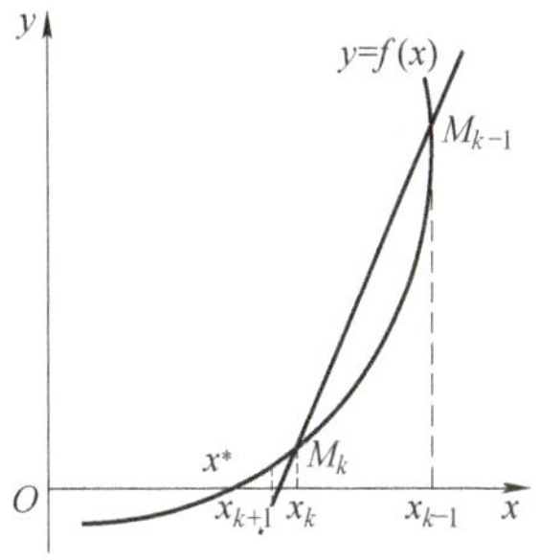

图 5.3　弦截法

弦截法和牛顿迭代法都是求解非线性方程根的线性化方法,但是两者也有不同,牛顿迭代法中计算x_{k+1}只需要一个点x_k,而弦截法需要两个点x_{k-1}和x_k.

算法 5.4.1

(1) 输入函数$f(x)$,初始值x_0,x_1,误差限ε和最大迭代次数N.

(2) 令$f_0=f(x_0)$,$f_1=f(x_1)$,$n=1$.

(3) 计算$x=x_0-\dfrac{f_1}{f_1-f_0}(x_1-x_0)$.

(4) 若$|x-x_1|<\varepsilon$,输出$x^*=x$.否则转(5).

(5) 若$n<N$,$n=n+1$,$x_0=x_1$,$f_0=f_1$,$x_1=x$,$f_1=f(x)$转(3);否则输出失败信息.

例 5.4.1　用弦截法求方程$f(x)=x^3+10x-20=0$的根.

解　因为$f(1.5)<0$,$f(2)>0$,所以$x^*\in[1.5,2]$.取$x_0=1.5$,$x_1=2$,按照算法 5.4.1,迭代 5 次后得到的近似解可以精确到 8 位有效数字.迭代过程见表 5.7.

表 5.7　弦截法迭代过程示例

n	x_n	$f(x_n)$
0	1.5	-1.625
1	2	8
2	1.5844156	-0.1783702
3	1.5934795	-0.0190786
4	1.5945651	0.00005256
5	1.5945621	-2.2×10^{-7}

对于方程$f(x)=x^3+10x-20=0$来说,本章我们用二分法、牛顿迭代法和弦截法分别进行了求解,这三种方法都可以是收敛的.由表 5.1、表 5.5 和表 5.7,我们可以看出要得到 8 位有效数字的近似

解，二分法需要迭代 14 次；在初始值相同的情况下，牛顿迭代法需要迭代 3 次，弦截法需要迭代 5 次.总体来说，牛顿迭代法和弦截法比二分法收敛要快一些；在初始值相同的情况下，对于可微函数 $f(x)$，牛顿迭代法比弦截法要快一些.

5.5 抛物线法

如果考虑用 $f(x)$ 二次插值多项式的零点来近似 $f(x)$ 的根，就导出抛物线法.

设已知 $f(x)=0$ 的三个近似根 x_k, x_{k-1}, x_{k-2} 我们以这三个点为节点构造二次插值多项式

$$p_2(x)=f(x_k)+f[x_k,x_{k-1}](x-x_k)+f[x_k,x_{k-1},x_{k-2}](x-x_k)(x-x_{k-1}). \tag{5.39}$$

为简便起见，令

$$\begin{cases} a_k=f[x_k,x_{k-1},x_{k-2}], \\ b_k=f[x_k,x_{k-1}]+f[x_k,x_{k-1},x_{k-2}](x_k-x_{k-1}), \\ c_k=f(x_k), \end{cases}$$

则插值多项式(5.39)的零点为

$$x=x_k-\frac{2c_k}{b_k\pm\sqrt{b_k^2-4a_kc_k}}. \tag{5.40}$$

为了从式(5.40)定出一个值 x_{k+1} 作为新的近似值，我们需要讨论根式前正负号的取舍问题.

在 x_k, x_{k-1}, x_{k-2} 三个近似根中，自然假定 x_k 更接近真解，因此我们选取式(5.40)中更接近 x_k 的作为新的近似根 x_{k+1}.为此，只要取根式前的符号与 b_k 的符号相同.图 5.4 给出了抛物线法的示意图.

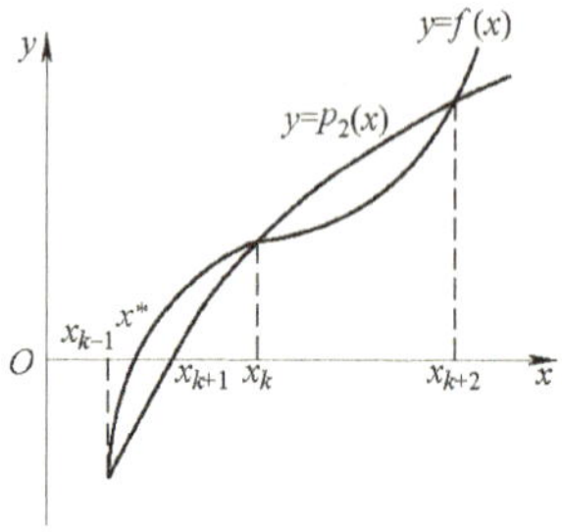

图 5.4 抛物线法的示意图

算法 5.5.1

(1) 输入函数 $f(x)$，初始值 x_0, x_1, x_2 误差限 ε 和最大迭代次数 N.

(2) 令 $f_0=f(x_0)$, $f_1=f(x_1)$, $f_2=f(x_2)$, $n=1$.

(3) 计算

$$a=f[x_2,x_1,x_0],$$
$$b=f[x_2,x_1]+a(x_2-x_1),$$
$$c=f_2,$$
$$x_3=x_2-\frac{2c\,\mathrm{sgn}(b)}{|b|+\sqrt{b^2-4ac}},$$
$$f_3=f(x_3).$$

(4) 若 $f_3<\varepsilon$，输出 $x^*=x$.否则转(5).

(5) 若 $n<N$, $n=n+1$, $x_0=x_1$, $x_1=x_2$, $x_2=x_3 f_0=f_1$, $f_1=f_2$, $f_2=f_3$，转

(3)；否则输出失败信息.

练习 5.5.1　用抛物线法求方程

$$f(x)=x^3+10x-20=0$$

的根并与弦截法比较，取初值 $x_0=1.5, x_1=1.75, x_2=2$.

5.6　非线性方程组的数值解法

5.6.1　非线性方程组

考虑方程组

$$\begin{cases} f_1(x_1,x_2,\cdots,x_n)=0, \\ f_2(x_1,x_2,\cdots,x_n)=0, \\ \quad\vdots \\ f_n(x_1,x_2,\cdots,x_n)=0, \end{cases} \tag{5.41}$$

其中 $f_1,f_2,\cdots,f_n$ 均为 $(x_1,x_2,\cdots,x_n)$ 的多元函数.

若用向量的记号 $\boldsymbol{x}=(x_1,x_2,\cdots,x_n)^{\mathrm{T}}\in\mathbf{R}^n$，$\boldsymbol{F}=(f_1,f_2,\cdots,f_n)^{\mathrm{T}}$，方程组(5.41)就可以写成

$$\boldsymbol{F}(\boldsymbol{x})=\boldsymbol{0}. \tag{5.42}$$

当 $n\geqslant 2$，且 $f_i(i=1,2,\cdots,n)$ 中至少有一个是自变量 $x_i(i=1,2,\cdots,n)$ 的非线性函数时，则称方程组(5.41)为**非线性方程组**.

非线性方程组(5.41)的求解无论在理论上或实际解法上都比线性方程组和单个方程求解要复杂和困难，它可能无解也可能有一个解或多个解.求解方程组(5.41)的根可以直接将单个方程的求根方法加以推广，实际上只要把单变量函数 $f(x)$ 看成向量函数 $\boldsymbol{F}(\boldsymbol{x})$，就可以把本章前面讨论的方法用于求方程组(5.41)的根.为此，设向量函数 $\boldsymbol{F}(\boldsymbol{x})$ 的定义域 $D\subset\mathbf{R}^n$，$\boldsymbol{x}_0\in D$，若

$$\lim_{\boldsymbol{x}\to\boldsymbol{x}_0}\boldsymbol{F}(\boldsymbol{x})=\boldsymbol{F}(\boldsymbol{x}_0),$$

则称 $\boldsymbol{F}(\boldsymbol{x})$ 在 $\boldsymbol{x}_0$ 处连续.如果 $\boldsymbol{F}(\boldsymbol{x})$ 在 D 上每点都连续，则称 $\boldsymbol{F}(\boldsymbol{x})$ 在域 D 上连续.

向量函数 $\boldsymbol{F}(\boldsymbol{x})$ 的导数 $\boldsymbol{F}'(\boldsymbol{x})$ 称为 $\boldsymbol{F}$ 的**雅可比矩阵**，它表示为

$$\boldsymbol{F}'(\boldsymbol{x})=\begin{pmatrix} \dfrac{\partial f_1(\boldsymbol{x})}{\partial x_1} & \dfrac{\partial f_1(\boldsymbol{x})}{\partial x_2} & \cdots & \dfrac{\partial f_1(\boldsymbol{x})}{\partial x_n} \\ \dfrac{\partial f_2(\boldsymbol{x})}{\partial x_1} & \dfrac{\partial f_2(\boldsymbol{x})}{\partial x_2} & \cdots & \dfrac{\partial f_2(\boldsymbol{x})}{\partial x_n} \\ \vdots & \vdots & & \vdots \\ \dfrac{\partial f_n(\boldsymbol{x})}{\partial x_1} & \dfrac{\partial f_n(\boldsymbol{x})}{\partial x_2} & \cdots & \dfrac{\partial f_n(\boldsymbol{x})}{\partial x_n} \end{pmatrix}. \tag{5.43}$$

例 5.6.1　对下列三个函数求解在点(1,3,2)处的雅可比矩阵.

$$f_1(x_1,x_2,x_3)=x_1^3-x_2^2+x_2-x_3^4+x_3^2,$$
$$f_2(x_1,x_2,x_3)=x_1x_2+x_2x_3+x_1x_3,$$
$$f_3(x_1,x_2,x_3)=\frac{x_2}{x_1x_3}.$$

解　雅可比迭代矩阵为

$$\boldsymbol{F}'(x_1,x_2,x_3)=\begin{pmatrix}\dfrac{\partial f_1}{\partial x_1} & \dfrac{\partial f_1}{\partial x_2} & \dfrac{\partial f_1}{\partial x_3}\\ \dfrac{\partial f_2}{\partial x_1} & \dfrac{\partial f_2}{\partial x_2} & \dfrac{\partial f_2}{\partial x_3}\\ \dfrac{\partial f_3}{\partial x_1} & \dfrac{\partial f_3}{\partial x_2} & \dfrac{\partial f_3}{\partial x_3}\end{pmatrix}$$

$$=\begin{pmatrix}3x_1^2 & -2x_2+1 & -4x_3^3+2x_3\\ x_2+x_3 & x_1+x_3 & x_1+x_2\\ -\dfrac{x_2}{x_1^2x_3} & \dfrac{1}{x_1x_3} & -\dfrac{x_2}{x_1x_3^2}\end{pmatrix},$$

这样，在点(1,3,2)处的雅可比矩阵为

$$\begin{pmatrix}3 & -5 & -28\\ 5 & 3 & 4\\ -\dfrac{3}{2} & \dfrac{1}{2} & -\dfrac{3}{4}\end{pmatrix}$$

5.6.2　多变量方程的不动点迭代法

为了求解方程组(5.42)，可将它改写为便于迭代的形式

$$\boldsymbol{x}=\boldsymbol{\Phi}(\boldsymbol{x}),\qquad(5.44)$$

其中向量函数 $\boldsymbol{\Phi}\in D\subset\mathbf{R}^n$，且在定义域 D 上连续，如果 $\boldsymbol{x}^*\in D$，满足

$$\boldsymbol{x}^*=\boldsymbol{\Phi}(\boldsymbol{x}^*),$$

称 $\boldsymbol{x}^*$ 为 $\boldsymbol{\Phi}$ 的**不动点**，$\boldsymbol{x}^*$ 也就是方程组(5.42)的一个解.

根据式(5.44)构造的迭代法

$$\boldsymbol{x}^{(k+1)}=\boldsymbol{\Phi}[\boldsymbol{x}^{(k)}],\quad k=0,1,\cdots\qquad(5.45)$$

称为**不动点迭代法**，$\boldsymbol{\Phi}$ 为 **迭代函数**，如果由它产生的序列收敛到 $\boldsymbol{x}^*$，则 $\boldsymbol{x}^*$ 是 $\boldsymbol{\Phi}$ 的不动点.类似于单个方程的情况，有如下定理.

定理 5.6.1　函数 $\boldsymbol{\Phi}$ 定义在区域 $D\subset\mathbf{R}^n$，假设：

(1) 存在闭集 $D_0\subset D$ 及实数 $L\in(0,1)$，使

$$\|\boldsymbol{\Phi}(\boldsymbol{x})-\boldsymbol{\Phi}(\boldsymbol{x})\|\leqslant L\|\boldsymbol{x}-\boldsymbol{y}\|,\quad\forall\boldsymbol{x},\boldsymbol{y}\in D_0;\qquad(5.46)$$

(2) 对任意 $\boldsymbol{x}\in D_0$，有 $\boldsymbol{\Phi}(\boldsymbol{x})\in D_0$，则 $\boldsymbol{\Phi}$ 在 D_0 有唯一不动点 $\boldsymbol{x}^*$，且对任意 $\boldsymbol{x}^{(0)}\in D_0$，由迭代法(5.45)生成的序列 $\{\boldsymbol{x}^{(k)}\}$ 收敛到 $\boldsymbol{x}^*$，并有误差估计

$$\|\boldsymbol{x}^*-\boldsymbol{x}^{(k)}\|\leqslant\frac{L^k}{1-L}\|\boldsymbol{x}^{(1)}-\boldsymbol{x}^{(0)}\|.\qquad(5.47)$$

此定理条件(1)称为 $\boldsymbol{\Phi}$ 的压缩条件，若 $\boldsymbol{\Phi}$ 是压缩的，则它也是连续的，条件(2)表明 $\boldsymbol{\Phi}$ 把区域 D_0 映到自身.上述定理是迭代法在域 D_0 的全局收敛性定理.此外，还有以下局部性收敛定理.

定理 5.6.2　设 $\boldsymbol{\Phi}$ 在定义域内有不动点 $\boldsymbol{x}^*$，$\boldsymbol{\Phi}$ 的分量函数有连续偏导数且

$$\rho(\boldsymbol{\Phi}'(\boldsymbol{x}^*))<1, \tag{5.48}$$

则在 $\boldsymbol{x}^*$ 的一个邻域 S，对任意 $\boldsymbol{x}^{(0)}\in S$，迭代法(5.45)产生的序列收敛于 $\boldsymbol{x}^*$.

例 5.6.2　用不动点迭代法求解方程组

$$\begin{cases}x_1^2-10x_1+x_2^2+8=0,\\ x_1x_2^2+x_1-10x_2+8=0.\end{cases}$$

解　将方程组化为式(5.44)形式，其中

$$\boldsymbol{x}=\begin{pmatrix}x_1\\x_2\end{pmatrix},\quad \boldsymbol{\Phi}(\boldsymbol{x})=\begin{pmatrix}\varphi_1(\boldsymbol{x})\\\varphi_2(\boldsymbol{x})\end{pmatrix}=\begin{pmatrix}\dfrac{1}{10}(x_1^2+x_2^2+8)\\\dfrac{1}{10}(x_1x_2^2+x_1+8)\end{pmatrix},$$

设 $D=\{(x_1,x_2)\mid 0\leqslant x_1,x_2\leqslant 1.5\}$，不难验证

$$0.8\leqslant\varphi_1(\boldsymbol{x})\leqslant 1.25,\quad 0.8\leqslant\varphi_2(\boldsymbol{x})\leqslant 1.2875,$$

故有 $\boldsymbol{x}\in D$ 时，

$$\boldsymbol{\Phi}(\boldsymbol{x})\in D.$$

又对一切 $\boldsymbol{x},\boldsymbol{y}\in D$，

$$|\varphi_1(\boldsymbol{y})-\varphi_1(\boldsymbol{x})|=\frac{1}{10}|y_1^2-x_1^2+y_2^2-x_2^2|\leqslant\frac{3}{10}(|y_1-x_1|+|y_2-x_2|),$$

$$|\varphi_2(\boldsymbol{y})-\varphi_2(\boldsymbol{x})|=\frac{1}{10}|y_1y_2^2-x_1x_2^2+y_1-x_1|\leqslant\frac{4.5}{10}(|y_1-x_1|+|y_2-x_2|)$$

于是有

$$\|\boldsymbol{\Phi}(\boldsymbol{y})-\boldsymbol{\Phi}(\boldsymbol{x})\|_1\leqslant 0.75\|\boldsymbol{y}-\boldsymbol{x}\|_1,$$

即 $\boldsymbol{\Phi}$ 满足压缩性条件.根据定理 5.6.1，$\boldsymbol{\Phi}$ 在域 D 中存在唯一不动点 $\boldsymbol{x}^*$，D 内任一点 $\boldsymbol{x}^{(0)}$ 出发的迭代法收敛于 $\boldsymbol{x}^*$.

取 $\boldsymbol{x}^{(0)}=(0,0)^{\mathrm{T}}$，可得 $\boldsymbol{x}^{(1)}=(0.8,0.8)^{\mathrm{T}}$，$\boldsymbol{x}^{(2)}=(0.928,0.9312)^{\mathrm{T}},\cdots,\boldsymbol{x}^{(6)}=(0.999328,0.999329)^{\mathrm{T}},\cdots,\boldsymbol{x}^*=(1,1)^{\mathrm{T}}$.

5.6.3 非线性方程组的牛顿迭代法

可以将单个方程的牛顿迭代法直接推广即可得解方程组(5.42)的牛顿迭代法：

$$\boldsymbol{x}^{(k+1)}=\boldsymbol{x}^{(k)}-\boldsymbol{F}'(\boldsymbol{x}^{(k)})^{-1}\boldsymbol{F}(\boldsymbol{x}^{(k)}),\quad k=0,1,\cdots, \tag{5.49}$$

这里 $\boldsymbol{F}'(\boldsymbol{x}^{(k)})^{-1}$ 是式(5.43)给出的雅可比矩阵的逆矩阵，具体计算时记 $\boldsymbol{x}^{(k+1)}-\boldsymbol{x}^{(k)}=\Delta\boldsymbol{x}^{(k)}$，先解线性方程组

$$\boldsymbol{F}'(\boldsymbol{x}^{(k)})\Delta\boldsymbol{x}^{(k)}=-\boldsymbol{F}(\boldsymbol{x}^{(k)}),$$

求出向量 $\Delta\boldsymbol{x}^{(k)}$，再令

$$\boldsymbol{x}^{(k+1)}=\boldsymbol{x}^{(k)}+\Delta\boldsymbol{x}^{(k)}.$$

牛顿迭代法有下面收敛定理.

定理 5.6.3 设 $\boldsymbol{F}(\boldsymbol{x})$ 的定义域 $D\subset\mathbf{R}^n$, $\boldsymbol{x}^*\in D$ 满足

$$\boldsymbol{F}(\boldsymbol{x}^*)=\boldsymbol{0},$$

在 $\boldsymbol{x}^*$ 的开邻域 $S_0\subset D$ 上, $\boldsymbol{F}'(\boldsymbol{x})$ 存在且连续, $\boldsymbol{F}'(\boldsymbol{x}^*)$ 非奇异,则牛顿迭代法生成的序列在闭域 $S\subset S_0$ 上超线性收敛,若还存在常数 $L>0$,使

$$\|\boldsymbol{F}'(\boldsymbol{x})-\boldsymbol{F}'(\boldsymbol{x}^*)\|\leqslant L\|\boldsymbol{x}-\boldsymbol{x}^*\|,\quad \forall\boldsymbol{x}\in S,$$

则牛顿迭代法至少平方收敛.

例 5.6.3 用牛顿迭代法解例 5.6.2 的方程组.

解

$$\boldsymbol{F}(\boldsymbol{x})=\begin{pmatrix}x_1^2-10x_1+x_2^2+8\\x_1x_2^2+x_1-10x_2+8\end{pmatrix},$$

$$\boldsymbol{F}'(\boldsymbol{x})=\begin{pmatrix}2x_1-10 & 2x_2\\x_2^2+1 & 2x_1x_2-10\end{pmatrix},$$

选 $\boldsymbol{x}^{(0)}=(0,0)^{\mathrm{T}}$,解线性方程组 $\boldsymbol{F}'(\boldsymbol{x}^{(0)})\Delta\boldsymbol{x}^{(0)}=-\boldsymbol{F}(\boldsymbol{x}^{(0)})$,即

$$\begin{pmatrix}-10 & 0\\1 & -10\end{pmatrix}\begin{pmatrix}\Delta x_1^{(0)}\\\Delta x_2^{(0)}\end{pmatrix}=\begin{pmatrix}-8\\-8\end{pmatrix},$$

解得

$$\Delta\boldsymbol{x}^{(0)}=\begin{pmatrix}0.8\\0.88\end{pmatrix},$$

$$\boldsymbol{x}^{(1)}=\boldsymbol{x}^{(0)}+\Delta\boldsymbol{x}^{(0)}=\begin{pmatrix}0.8\\0.88\end{pmatrix},$$

牛顿迭代法的计算结果见表 5.8.

表 5.8 计算结果

	$\boldsymbol{x}^{(0)}$	$\boldsymbol{x}^{(1)}$	$\boldsymbol{x}^{(2)}$	$\boldsymbol{x}^{(3)}$	$\boldsymbol{x}^{(4)}$
$x_1^{(k)}$	0	0.80	0.9917872	0.9999752	1.0000000
$x_2^{(k)}$	0	0.88	0.9917117	0.9999685	1.0000000

习题 5

1. 用二分法求解下列方程,要求误差不超过 10^{-5}.

(1) $x-\ln x=2$ 在区间[2,4]内的根;

(2) $xe^x-1=0$ 在区间[0,1]内的根;

(3) $x^3+4x^2-10=0$ 在区间[1,2]内的根.

2. 已知方程 $x^3-x^2-1=0$ 在 $x_0=1.5$ 附近有根,试判断下列迭代格式:

(1) $x_{n+1}=1+\dfrac{1}{x_n^2}$;

（2）$x_{n+1}=\sqrt{\dfrac{1}{x_n-1}}$；

（3）$x_{n+1}=\sqrt[3]{1+x_n^2}$；

在 $x_0=1.5$ 附近的收敛性.选一种迭代法计算 1.5 附近的根,要求结果具有 5 位有效数字.

3. 用不动点迭代法求下列方程的根,要求 $|x_{n+1}-x_n|<10^{-5}$.

（1）$x-\cos x=0$；

（2）$4x-e^{-x}=0$；

（3）$x^3-2x-5=0$.

4. 用牛顿迭代法求解下列方程,要求 $|x_{n+1}-x_n|<10^{-6}$.

（1）$x-\ln x=2$；

（2）$x+\sin x=1$.

5. 分别用二分法和牛顿迭代法求 $x-\tan x=0$ 的最小正根.

6. 证明:方程 $f(x)=x^3-x-1=0$ 在区间[1,2]内仅有一个根.取 $x_0=1.5$,用牛顿迭代法求此方程的根,要求精确到 5 位有效数字.

7. 对方程 $x^3-a=0$ 应用牛顿迭代法,导出求立方根 $\sqrt[3]{a}$ 的迭代公式,并讨论其收敛性.

8. 对方程 $f(x)=1-\dfrac{1}{x^2}=0$ 应用牛顿迭代法,导出求 $\sqrt{a}$ 的迭代公式,并用此公式求 $\sqrt{115}$ 的值.

9. 用弦截法求解下列方程,要求 $|x_{n+1}-x_n|<10^{-5}$.

（1）$x-\ln x=2$；

（2）$5x-\cos x-1=0$；

（3）$x=3-2^x$.

10. 求下列方程的实根.

（1）$x^2-3x+2-e^x=0$；

（2）$x^3+2x^2+10x-20=0$.

要求:(1) 设计一种收敛的不动点迭代方法,计算到 $|x_k-x_{k-1}|<10^{-8}$ 为止.(2) 用牛顿迭代法,同样计算到 $|x_k-x_{k-1}|<10^{-8}$.输出迭代初值及各次迭代值和迭代次数 k,比较方法的优劣.

11. 证明迭代公式

$$x_{k+1}=\frac{x_k(x_k^2+3a)}{3x_k^2+a}$$

是计算 $\sqrt{a}$ 的三阶方法,假定初值 x_0 充分靠近根 x^*,求

$$\lim_{k\to\infty}(\sqrt{a}-x_{k+1})/(\sqrt{a}-x_k)^3.$$

12. 用抛物线法求多项式 $p(x)=4x^4-10x^3+1.25x^2+5x+1.5$ 的两个零点.

13. 用牛顿迭代法解方程组 $\begin{cases}x^2+y^2=4,\\x^2-y^2=1,\end{cases}$ 取 $\boldsymbol{x}^{(0)}=(1.6,1.2)^{\mathrm{T}}$.

第 6 章 数值积分与数值微分

在工程技术与科学研究中，经常会遇到定积分的计算问题，即定积分

$$I(f)=\int_a^b f(x)\,\mathrm{d}x \tag{6.1}$$

的计算问题.从理论上讲，如果$f(x)$在区间$[a,b]$上连续，只要找到函数$f(x)$在区间$[a,b]$上的一个原函数$F(x)$，根据牛顿-莱布尼茨(Newton-Leibniz)公式

$$\int_a^b f(x)\,\mathrm{d}x = F(b)-F(a), \tag{6.2}$$

即可求出积分(6.1).但在实际应用时遇到的积分问题往往比较复杂，因而很难直接应用牛顿-莱布尼茨公式来解决，比如：

1. 当被积函数$f(x)$为$\dfrac{\sin x}{x}$，e^{-x^2}时，由于没有初等形式的原函数，因而没法应用式(6.2)来计算定积分.

2. 当被积函数$f(x)$没有解析表达式，仅知道一些离散点处的值时，也没法应用式(6.2) 来计算定积分.

3. 尽管可以求出被积函数$f(x)$的原函数，但是由于原函数的形式过于复杂，从而使得$F(a)$，$F(b)$的计算异常困难，如被积函数$f(x)=\dfrac{1}{1+x^6}$，

$$F(x)=\frac{1}{3}\arctan x+\frac{1}{6}\arctan\left(x-\frac{1}{x}\right)+\frac{1}{4\sqrt{3}}\ln\frac{x^2+\sqrt{3}x+1}{x^2-\sqrt{3}x+1}+C. \tag{6.3}$$

针对以上问题，可以借助于本章的数值积分来解决.数值积分的应用非常广泛，尤其在一些实际问题的研究和求解中，数值积分方法都起到了非常重要的作用.

6.1 数值积分概述

6.1.1 数值积分的基本思想

当$f(x)\geqslant 0$时，式(6.1)的几何意义是求曲线$y=f(x)$，直线$x=$

$a, x=b$ 与 x 轴所围成的曲边梯形的面积,因此只要能近似求出曲边梯形的面积也就近似求出了式(6.1)的值,这就是数值积分的基本思想.根据积分中值定理,当函数 $f(x)$ 连续时,在区间 $[a,b]$ 上存在一点 ξ,使得

$$\int_a^b f(x)\,\mathrm{d}x = (b-a)f(\xi), \tag{6.4}$$

就是说,底为 $b-a$,高为 $f(\xi)$ 的矩形面积恰好等于所求曲边梯形的面积 I(见图 6.1).问题在于很难找到 ξ 的准确位置,因而难以确定 $f(\xi)$ 的值.因此只要给出一种近似 ξ 或者 $f(\xi)$ 的算法,便相应地给出了一种数值积分算法.如果我们用区间中点值 $c=\frac{a+b}{2}$ 作为 ξ 的近似值,得到的求积公式

$$I(f) = \int_a^b f(x)\,\mathrm{d}x \approx (b-a)f\left(\frac{b+a}{2}\right), \tag{6.5}$$

称为中矩形公式.如果我们用两个端点值 $f(a)$, $f(b)$ 的平均值作为 $f(\xi)$ 的近似值,得到的求积公式

$$I(f) = \int_a^b f(x)\,\mathrm{d}x \approx \frac{b-a}{2}[f(a)+f(b)] \tag{6.6}$$

称为梯形公式(见图 6.2).

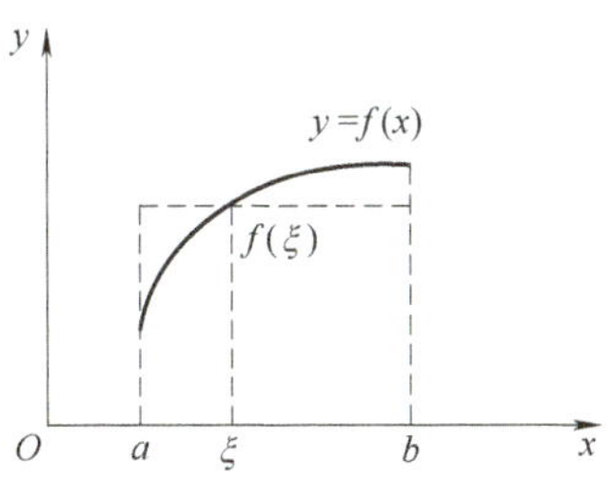

图 6.1　式(6.4)的函数图像

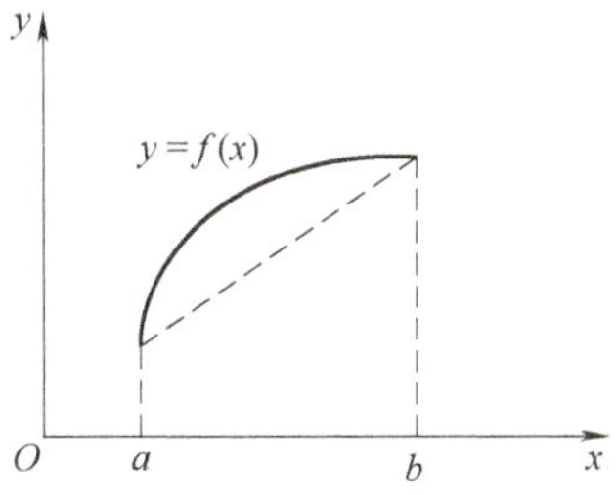

图 6.2　式(6.6)的函数图像

更一般地,我们可以在区间 $[a,b]$ 上适当选取 $n+1$ 个节点 $x_i(i=0,1,2,\cdots,n)$,然后用函数值 $f(x_i)$ 的加权平均作为 $f(\xi)$ 的近似值,这样就得到形如

$$I(f) = \int_a^b f(x)\,\mathrm{d}x \approx \sum_{i=0}^{n} A_i f(x_i) = I_n(f) \tag{6.7}$$

的求积公式,称其为机械求积公式,其中 x_i 称为求积节点,A_i 称为求积系数,只与节点 x_i 有关而不依赖于函数 $f(x)$ 的具体形式.机械求积的特点是将定积分的计算问题转化为被积函数值的计算问题,这样就避开了应用牛顿-莱布尼茨公式求原函数的困难,并为用计算机编程求解定积分提供了可行性.

6.1.2 代数精度

式(6.7)是近似方法,为了保证计算的精度,我们自然希望提供

的公式对于“尽可能多”的函数精确成立，这就提出了代数精度的概念.

定义 6.1.1 如果某个求积公式对于次数不超过 m 的多项式均能准确成立，但对于 $m+1$ 次的多项式不能准确成立，则称该求积公式具有 m 次代数精度.

一般地，欲使式(6.7)具有 n 次代数精度，只要令它对于函数 $f(x)=1,x,x^2,\cdots,x^n$ 都能够准确成立，即对给定的 $n+1$ 个互异节点 $x_i(i=0,1,2,\cdots,n)$，相应的求积系数 A_i 满足以下方程组：

代数精度

$$\begin{cases}\sum_{i=0}^{n} A_i = b-a,\\ \sum_{i=0}^{n} A_i x_i = \frac{1}{2}(b^2-a^2),\\ \quad\vdots\\ \sum_{i=0}^{n} A_i x_i^n = \frac{1}{n+1}(b^{n+1}-a^{n+1}).\end{cases} \tag{6.8}$$

可见，当节点 x_i 互异时，方程组(6.8)有唯一解，即可确定系数 $A_i(i=0,1,2,\cdots,n)$，进而可以构造出一个形如式(6.7)的求积公式，于是有以下定理：

定理 6.1.1 对任意给定的 $n+1$ 个互异节点 $x_i(i=0,1,2,\cdots,n)$，总存在相应的系数 $A_i(i=0,1,2,\cdots,n)$，使得式(6.7)至少具有 n 次代数精度.

不难验证，中矩形公式(6.5)和梯形公式(6.6)均具有 1 次代数精度.

例 6.1.1 证明求积公式

$$\int_{-1}^{1} f(x)\,\mathrm{d}x \approx f\left(-\frac{1}{\sqrt{3}}\right)+f\left(\frac{1}{\sqrt{3}}\right)$$

具有 3 次代数精度.

证 由于公式中的求积系数及节点都已给定，故只需验证求积公式对函数 $1,x,x^2,x^3$ 都能够准确成立，并且对 x^4 不成立即可.

例 6.1.2 试确定一个至少具有 2 次代数精度的数值积分公式

$$\int_{0}^{4} f(x)\,\mathrm{d}x \approx A_0 f(0)+A_1 f(1)+A_2 f(3).$$

解 由题意，要使上式至少具有 2 次代数精度，需对 $f(x)=1,x,x^2$ 都能够准确成立，即常数 A_0,A_1,A_2 需满足方程组

$$\begin{cases}A_0+A_1+A_2=4,\\ A_1+3A_2=8,\\ A_1+9A_2=\frac{64}{3}.\end{cases}$$

解得 $A_0=\frac{4}{9},A_1=\frac{4}{3},A_2=\frac{20}{9}$,所求积分公式为

$$\int_0^4 f(x)\mathrm{d}x \approx \frac{1}{9}[4f(0)+12f(1)+20f(3)].$$

当 $f(x)=x^3$ 时,$\int_0^4 x^3\mathrm{d}x=64$. 而求积公式右端为$\frac{184}{3}$,故公式对 $f(x)=x^3$ 不能精确成立,该求积公式具有 2 次代数精度.

方程组(6.8)是根据形如式(6.7)的求积公式得到的,按照代数精度的定义,如果求积公式中除了 $f(x_i)$ 还有 $f'(x)$ 在某些节点的值,也同样可得相应的求积公式.

例 6.1.3　给定形如

$$\int_0^1 f(x)\mathrm{d}x \approx A_0 f(0)+A_1 f(1)+B_0 f'(0)$$

的求积公式,试确定系数 A_0,A_1,B_0,使公式具有尽可能高的代数精度.

解　根据题意可令 $f(x)=1,x,x^2$ 分别代入求积公式使它精确成立,可得

$$A_0+A_1=\int_0^1 1\mathrm{d}x=1,$$

$$A_1+B_0=\int_0^1 x\mathrm{d}x=\frac{1}{2},$$

$$A_1=\int_0^1 x^2\mathrm{d}x=\frac{1}{3}.$$

解得

$$A_1=\frac{1}{3},\quad A_0=\frac{2}{3},\quad B_0=\frac{1}{6},$$

于是有

$$\int_0^1 f(x)\mathrm{d}x \approx \frac{2}{3}f(0)+\frac{1}{3}f(1)+\frac{1}{6}f'(0).$$

当 $f(x)=x^3$ 时,上式两端不相等,因此,其代数精度为 2.

练习 6.1.1　设求积公式

$$\int_{-1}^1 f(x)\mathrm{d}x=A_0 f(-1)+A_1 f(0)+A_2 f(1),$$

试确定 A_0,A_1,A_2,让上述公式具有尽可能高的代数精度,并指出该公式的代数精度.

6.1.3　插值型求积公式

通过上一节对代数精度的学习可知,在求积节点及求积常数都未知的情况下,如果想让式(6.7)具有尽可能高的代数精度,就需要解非线性方程组(6.8),这往往是非常困难的,因此本节我们从其他角度去探讨数值积分公式的求解方法.

设给定一组节点 $a\leqslant x_0<x_1<x_2<\cdots<x_n\leqslant b$,且已知 $f(x)$ 在节点处

的函数值，构造拉格朗日插值函数

$$L_n(x)=\sum_{i=0}^{n}l_i(x)f(x_i)=\sum_{i=0}^{n}\left(\prod_{j=0,j\neq i}^{n}\frac{x-x_j}{x_i-x_j}\right)f(x_i),$$

代数多项式 $L_n(x)$ 的原函数容易求出，因而我们可以用 $L_n(x)$ 在 $[a,b]$ 上的积分代替函数 $f(x)$ 的积分，即

$$\begin{aligned}\int_a^b f(x)\,\mathrm{d}x &\approx \int_a^b L_n(x)\,\mathrm{d}x=\int_a^b\sum_{i=0}^{n}l_i(x)f(x_i)\,\mathrm{d}x\\&=\sum_{i=0}^{n}\left[\int_a^b l_i(x)\,\mathrm{d}x\right]f(x_i),\end{aligned}$$

于是得求积公式

$$\int_a^b f(x)\,\mathrm{d}x\approx\sum_{i=0}^{n}A_if(x_i),\tag{6.9}$$

其中，

$$A_i=\int_a^b l_i(x)\,\mathrm{d}x=\int_a^b\prod_{j=0,j\neq i}^{n}\frac{x-x_j}{x_i-x_j}\mathrm{d}x.\tag{6.10}$$

由式(6.10)确定的式(6.9)称为插值型求积公式，求积公式的余项为

$$R[f]=\int_a^b[f(x)-L_n(x)]\,\mathrm{d}x=\int_a^b\frac{f^{(n+1)}(\xi)}{(n+1)!}\prod_{j=0}^{n}(x-x_j)\,\mathrm{d}x.\tag{6.11}$$

插值型求积公式

当被积函数 $f(x)$ 取次数不超过 n 次的多项式时，由于 $f^{(n+1)}(\xi)=0$，所以余项 $R[f]\equiv0$，这说明式(6.9)对一切次数不超过 n 次的多项式都精确成立，所以含有 $n+1$ 个互异节点 $x_i(i=0,1,2,\cdots,n)$ 的插值型数值积分公式至少具有 n 次代数精度.

反之，如果式(6.9)至少具有 n 次代数精度，则它对插值基函数 $l_i(x)(i=0,1,2,\cdots,n)$ 均精确成立，从而有

$$\int_a^b l_i(x)\,\mathrm{d}x=\sum_{j=0}^{n}A_jl_i(x_j)=A_i,$$

因而式(6.10)成立，即说明其必为插值型求积公式.

定理 6.1.2 形如式(6.7)的求积公式至少有 n 次代数精度的充分必要条件是它为插值型的.

例 6.1.4 给定求积公式

$$\int_0^1 f(x)\,\mathrm{d}x\approx\frac{1}{3}\left[2f\left(\frac{1}{4}\right)-f\left(\frac{1}{2}\right)+2f\left(\frac{3}{4}\right)\right],$$

试证此求积公式是插值型求积公式.

证 设 $x_0=\dfrac{1}{4},x_1=\dfrac{1}{2},x_2=\dfrac{3}{4}$，则以这三点为插值节点的拉格朗日插值函数为

$$l_0(x)=8\left(x-\frac{1}{2}\right)\left(x-\frac{3}{4}\right),\quad l_1(x)=-16\left(x-\frac{1}{4}\right)\left(x-\frac{3}{4}\right),$$

$$l_2(x)=8\left(x-\frac{1}{4}\right)\left(x-\frac{1}{2}\right),$$

所以

$$A_0=\int_0^1 l_0(x)\mathrm{d}x=\frac{2}{3},\quad A_1=\int_0^1 l_1(x)\mathrm{d}x=-\frac{1}{3},\quad A_2=\int_0^1 l_2(x)\mathrm{d}x=\frac{2}{3},$$

由定义可知,所给积分公式为插值型积分公式.

练习 6.1.2　试在区间$[-1,1]$上确定以 $x_0=-\frac{1}{2},x_1=0,x_2=\frac{1}{2}$ 为求积节点的插值型求积公式.

6.2　牛顿-科茨公式和误差估计

6.2.1　牛顿-科茨公式

将积分区间$[a,b]$进行 n 等分,步长为 $h=\frac{b-a}{n}$,求积节点为 $x_i=a+ih(i=0,1,2,\cdots,n)$,相应的函数值为$f(x_i)$,则以 x_i 为插值节点导出的数值积分公式称为牛顿-科茨(Newton-Cotes)求积公式,简称牛顿-科茨公式.

在等距节点的情况下,式(6.9)可以改写为

$$I(f)=\int_a^b f(x)\mathrm{d}x\approx(b-a)\sum_{i=0}^{n}C_i^{(n)}f(x_i),\tag{6.12}$$

其中,

$$C_i^{(n)}=\frac{A_i}{b-a}=\frac{1}{b-a}\int_a^b\prod_{j=0,j\neq i}^{n}\frac{x-x_j}{x_i-x_j}\mathrm{d}x.$$

做变量替换 $x=a+th$,可得

$$C_i^{(n)}=\frac{h}{b-a}\int_0^n\prod_{j=0,j\neq i}^{n}\frac{t-j}{i-j}\mathrm{d}t=\frac{(-1)^{n-i}}{ni!(n-i)!}\int_0^n\prod_{j=0,j\neq i}^{n}(t-j)\mathrm{d}t.\tag{6.13}$$

满足等距节点条件的式(6.12)称为 n 阶牛顿-科茨公式,式(6.13)称为科茨系数.由式(6.13)的形式不难发现,科茨系数 $C_i^{(n)}$ 只与积分区间$[a,b]$的等分数有关,而与积分区间$[a,b]$和被积函数$f(x)$无关.因此,只要知道了等分数 n,就能给出相应的牛顿-科茨公式,表 6.1 列出了当 $n=1,2,\cdots,8$ 时的科茨系数.

表 6.1　科茨系数

n	$C_i^{(n)}$			
1	$\frac{1}{2}$	$\frac{1}{2}$		
2	$\frac{1}{6}$	$\frac{2}{3}$	$\frac{1}{6}$	
3	$\frac{1}{8}$	$\frac{3}{8}$	$\frac{3}{8}$	$\frac{1}{8}$

（续）

n	$C_i^{(n)}$								
4	$\frac{7}{90}$	$\frac{16}{45}$	$\frac{2}{15}$	$\frac{16}{45}$	$\frac{7}{90}$				
5	$\frac{19}{288}$	$\frac{25}{144}$	$\frac{25}{144}$	$\frac{25}{144}$	$\frac{25}{144}$	$\frac{19}{288}$			
6	$\frac{41}{840}$	$\frac{9}{35}$	$\frac{9}{280}$	$\frac{34}{105}$	$\frac{9}{280}$	$\frac{9}{35}$	$\frac{41}{840}$		
7	$\frac{751}{17280}$	$\frac{3577}{17280}$	$\frac{1323}{17280}$	$\frac{2989}{17280}$	$\frac{2989}{17280}$	$\frac{1323}{17280}$	$\frac{3577}{17280}$	$\frac{751}{17280}$	
8	$\frac{989}{28350}$	$\frac{5888}{28350}$	$\frac{-928}{28350}$	$\frac{10496}{28350}$	$\frac{-4540}{28350}$	$\frac{10496}{28350}$	$\frac{-928}{28350}$	$\frac{5888}{28350}$	$\frac{989}{28350}$

牛顿-柯特斯公式

从表中可以看出，当 $n=8$ 时，科茨系数出现负数，在本节的最后我们会讨论数值积分公式的稳定性，此时稳定性就得不到保障．因此，实际应用中一般采用 $n\leqslant 4$ 时的牛顿-科茨公式．

从表 6.1 中不难发现，当 $n=1$ 时的牛顿-科茨公式就是梯形公式．当 $n=2$ 时，称

$$I(f)=\int_a^b f(x)\,\mathrm{d}x\approx S=\frac{b-a}{6}\left[f(a)+4f\left(\frac{a+b}{2}\right)+f(b)\right] \tag{6.14}$$

为辛普森（Simpson）公式．它实际上是由三个节点 $a,\frac{a+b}{2},b$ 得到的插值型求积公式，因此式（6.14）也称为抛物线求积公式．当 $n=4$ 时，称

$$\begin{aligned}I(f)&=\int_a^b f(x)\,\mathrm{d}x\approx C\\&=\frac{b-a}{90}[7f(x_0)+32f(x_1)+12f(x_2)+32f(x_3)+7f(x_4)]\end{aligned}$$

为科茨公式，其中 $x_i=a+ih(i=0,1,2,3,4)$，$h=\frac{b-a}{4}$．

例 6.2.1 分别用梯形公式、辛普森公式和科茨公式计算定积分 $\int_{0.5}^1\sqrt{x}\,\mathrm{d}x$．（计算结果保留 5 位有效数字）

解 （1）梯形公式

$$\begin{aligned}\int_{0.5}^1\sqrt{x}\,\mathrm{d}x&\approx\frac{1-0.5}{2}[f(0.5)+f(1)]=0.25\times(0.70711+1)\\&=0.42678.\end{aligned}$$

（2）辛普森公式

$$\begin{aligned}\int_{0.5}^1\sqrt{x}\,\mathrm{d}x&\approx\frac{1-0.5}{6}[f(0.5)+4f(0.75)+f(1)]\\&=\frac{1}{12}\times(0.70711+4\times0.86603+1)\\&=0.43094.\end{aligned}$$

（3）科茨公式

$$\int_{0.5}^{1}\sqrt{x}\,\mathrm{d}x \approx \frac{1-0.5}{90}[7f(0.5)+32f(0.625)+12f(0.75)+$$
$$32f(0.875)+7f(1)]$$
$$=0.43096.$$

而积分的准确值为

$$\int_{0.5}^{1}\sqrt{x}\,\mathrm{d}x\ \frac{2}{3}x^{\frac{3}{2}}\Big|_{0.5}^{1}=0.43096441,$$

可见,三个求积公式的精度依次提高.

练习 6.2.1　分别用梯形公式、辛普森公式和科茨公式计算定积分 $\int_{1}^{3}\ln^2 x\mathrm{d}x$.（计算结果保留 5 位有效数字）.

式(6.12)作为在等距节点条件下的插值型求积公式,n 阶的牛顿-科茨公式至少具有 n 次代数精度.事实上,当 n 为偶数时,其精度可以提高到 $n+1$ 阶.对辛普森公式(6.14),根据前面的讨论,至少具有 2 阶代数精度.对 $f(x)=x^3$,不难验证:

$$\frac{b^4-a^4}{4}=I(f)=\int_a^b x^3\mathrm{d}x=S=\frac{b-a}{6}\left[a^3+4\left(\frac{a+b}{2}\right)^3+b^3\right],$$

因此,辛普森公式至少具有 3 次代数精度.可以进一步验证,辛普森公式对 $f(x)=x^4$ 不能精确成立.

定理 6.2.1　当 n 为偶数时,牛顿-科茨公式至少具有 $n+1$ 阶代数精度.

证　只需验证,当被积函数 $f(x)=x^{n+1}$,n 为偶数时,求积公式的余项

$$R[f]=\int_a^b\frac{f^{(n+1)}(\xi)}{(n+1)!}\prod_{j=0}^{n}(x-x_j)\mathrm{d}x=\int_a^b\prod_{j=0}^{n}(x-x_j)\mathrm{d}x,$$

做变量替换 $x=a+th$,$x_j=a+jh$,上式可化为

$$R[f]=h^{n+2}\int_0^n\prod_{j=0}^{n}(t-j)\mathrm{d}t,$$

因为 n 是偶数,再令 $t=u+\dfrac{n}{2}$,进一步可得

$$R[f]=h^{n+2}\int_{-\frac{n}{2}}^{\frac{n}{2}}\prod_{j=0}^{n}\left(u+\frac{n}{2}-j\right)\mathrm{d}u,$$

由被积函数为奇函数可知,$R[f]=0$.

6.2.2　牛顿-科茨公式的误差估计

牛顿-科茨公式的余项可由式(6.11)来表示,当 $n=1$ 时,有

$$R_1[f]=I(f)-T_1=\frac{1}{2}\int_a^b f''(\xi)(x-a)(x-b)\mathrm{d}x,$$

由推广的积分中值定理可知,存在 $\eta\in(a,b)$,使

$$R_1[f]=\frac{f''(\eta)}{2}\int_a^b(x-a)(x-b)\,\mathrm{d}x=-\frac{f''(\eta)}{12}(b-a)^3, \tag{6.15}$$

式(6.15)为梯形公式(6.6)的截断误差.

当 $n=2$ 时,有

$$R_2[f]=\frac{1}{3!}\int_a^b f'''(\xi)(x-a)\left(x-\frac{a+b}{2}\right)(x-b)\,\mathrm{d}x,$$

由于辛普森公式(6.14)具有 3 次代数精度,故对满足条件

$$H(a)=f(a),\quad H(b)=f(b),$$
$$H\left(\frac{a+b}{2}\right)=f\left(\frac{a+b}{2}\right),\quad H'\left(\frac{a+b}{2}\right)=f'\left(\frac{a+b}{2}\right) \tag{6.16}$$

的 3 次插值多项式 $H(x)$ 精确成立,从而有

$$\int_a^b H(x)\,\mathrm{d}x=\frac{b-a}{6}\left[H(a)+4H\left(\frac{a+b}{2}\right)+H(b)\right].$$

再由条件式(6.16)可知,积分 $\int_a^b H(x)\,\mathrm{d}x$ 就是辛普森公式的积分值,从而有

$$R_2[f]=I(f)-S_1=\int_a^b[f(x)-H(x)]\,\mathrm{d}x,$$

再由埃尔米特插值余项公式及积分中值定理可知,存在 $\eta\in(a,b)$,使

$$\begin{aligned}R_2[f]&=\frac{1}{4!}\int_a^b f^{(4)}(\xi)(x-a)\left(x-\frac{a+b}{2}\right)^2(x-b)\,\mathrm{d}x\\&=-\frac{b-a}{180}\left(\frac{b-a}{2}\right)^4 f^{(4)}(\eta),\end{aligned} \tag{6.17}$$

式(6.17)为辛普森公式(6.14)的截断误差.

类似地,当 $n=4$ 时,科茨公式的截断误差可由埃尔米特插值余项公式及积分中值定理求得,存在 $\eta\in(a,b)$,使

$$R_4[f]=-\frac{2(b-a)}{945}\left(\frac{b-a}{4}\right)^6 f^{(6)}(\eta). \tag{6.18}$$

下面讨论牛顿-科茨公式的稳定性.所谓稳定性即研究和式

$$I_n(f)=(b-a)\sum_{i=0}^{n}C_i^{(n)}f(x_i),$$

当 $f(x_i)$ 有误差 δ_i 时,$I_n(f)$ 的误差是否会增长.现设 $f(x_i)\approx\tilde{f}_i$,误差 $\delta_i=|f(x_i)-\tilde{f}_i|$,$i=0,1,2,\cdots,n$.

定义 6.2.1(数值稳定性) 对任意的 $\varepsilon>0$,如果存在 $\delta>0$,只要 $\delta_i=|f(x_i)-\tilde{f}_i|\leqslant\delta$,$i=0,1,2,\cdots,n$,就有

$$|I_n(f)-I_n(\tilde{f})|\leqslant\varepsilon,$$

则称 n 阶牛顿-科茨公式(6.12)是数值稳定的.

定理 6.2.2 n 阶牛顿-科茨公式(6.12)的系数 $C_i^{(n)}>0(i=0,1,2,\cdots,n)$,则该公式是数值稳定的.

证 由于 $C_i^{(n)}>0$, $|f(x_i)-\tilde{f}_i|\leqslant\delta,(i=0,1,2,\cdots,n)$,从而有

$$\begin{aligned}|I_n(f)-I_n(\tilde{f})| &= \left|(b-a)\sum_{i=0}^{n}\left[C_i^{(n)}(f(x_i)-\tilde{f}_i)\right]\right| \\ &\leqslant \delta(b-a)\sum_{i=0}^{n}C_i^{(n)}=\delta(b-a),\end{aligned}$$

故,对任意的 $\varepsilon>0$,取 $\delta=\dfrac{\varepsilon}{b-a}$,只要 $\delta_i=|f(x_i)-\tilde{f}_i|\leqslant\delta$,就有

$$|I_n(f)-I_n(\tilde{f})|\leqslant\delta(b-a)\leqslant\varepsilon.$$

所以,n 阶牛顿-科茨公式(6.12)是数值稳定的.

从表 6.1 可以看出,当 $n\geqslant8$ 时,科茨系数出现负值.此时,牛顿-科茨公式是不稳定的.另外,考虑到高次插值多项式的数值振荡现象,在实际计算时,很少使用高阶的牛顿-科茨公式.

6.3 复合求积公式

从梯形公式、辛普森公式及科茨公式的截断误差可以看出,数值求积公式的误差除了与被积函数有关外,还与积分区间的长度 $b-a$有关.积分区间的长度越小,求积公式的截断误差就越小.再考虑到高次求积公式的数值不稳定性,因此,在实际求积分时,往往把积分区间等分为多个小区间,在每个小区间上采用低次的求积公式,然后合并成整个积分区间上的数值积分公式,这就是复合求积的基本思想.

6.3.1 复合梯形公式

将区间$[a,b]$进行 n 等分,记等分点为

$$x_i=a+ih\quad\left(h=\frac{b-a}{n},i=0,1,2,\cdots,n\right),$$

在每个小区间$[x_i,x_{i+1}]$内应用梯形公式(6.6),可得

$$\begin{aligned}\int_a^b f(x)\,\mathrm{d}x &= \sum_{i=0}^{n-1}\int_{x_i}^{x_{i+1}}f(x)\,\mathrm{d}x \approx \sum_{i=0}^{n-1}\frac{h}{2}[f(x_i)+f(x_{i+1})] \\ &= \frac{h}{2}\left[f(a)+2\sum_{i=1}^{n-1}f(x_i)+f(b)\right],\end{aligned}$$

记

$$T_n=\frac{h}{2}\left[f(a)+2\sum_{i=1}^{n-1}f(x_i)+f(b)\right],\tag{6.19}$$

式(6.19)称为复合梯形公式,也称为复合梯形求积公式,下标 n 表

示将区间 n 等分.复合梯形公式的截断误差可由式(6.15)得到

$$R_n[f]=I(f)-T_n=\sum_{i=0}^{n-1}\left[-\frac{h^3}{12}f''(\eta_i)\right]$$
$$=-\frac{h^2}{12}(b-a)\frac{1}{n}\sum_{i=0}^{n-1}[f''(\eta_i)],\quad \eta_i\in(x_i,x_{i+1}),$$

如果进一步假设 $f''(x)$ 在区间 $[a,b]$ 上连续,则由连续函数的介值定理可知,存在 $\eta_i\in[a,b]$,使

$$f''(\eta)=\frac{1}{n}\sum_{i=0}^{n-1}[f''(\eta_i)],$$

于是有

$$R_n[f]=-\frac{b-a}{12}h^2f''(\eta),\quad \eta\in[a,b],\tag{6.20}$$

式(6.20)称为复合梯形公式的截断误差,阶为 $R_n[f]=O(h^2)$.

6.3.2 复合辛普森公式

在每个小区间 $[x_i,x_{i+1}]$ 内应用辛普森公式(6.14),可得

$$\int_a^b f(x)\mathrm{d}x\approx\sum_{i=0}^{n-1}\frac{h}{6}[f(x_i)+4f(x_{i+\frac{1}{2}})+f(x_{i+1})]$$
$$=\frac{h}{6}\left[f(a)+4\sum_{i=0}^{n-1}f(x_{i+\frac{1}{2}})+2\sum_{i=1}^{n-1}f(x_i)+f(b)\right],$$

记

$$S_n=\frac{h}{6}\left[f(a)+4\sum_{i=0}^{n-1}f(x_{i+\frac{1}{2}})+2\sum_{i=1}^{n-1}f(x_i)+f(b)\right],\tag{6.21}$$

其中 $x_{i+\frac{1}{2}}$ 指的是区间 $[x_i,x_{i+1}]$ 的中点 $x_i+\frac{h}{2}$.式(6.21)称为复合辛普森公式,也称复合辛普森求积公式,其截断误差可由式(6.17)得到

$$R_n[f]=I(f)-S_n=-\frac{h}{180}\left(\frac{h}{2}\right)^4\sum_{i=0}^{n-1}f^{(4)}(\eta_i)\quad[\eta_i\in(x_i,x_{i+1})]$$

或

$$R_n[f]=-\frac{b-a}{180}\left(\frac{h}{2}\right)^4f^{(4)}(\eta)\quad[\eta\in(a,b)],$$

记

$$R_n[f]=-\frac{b-a}{180}\left(\frac{h}{2}\right)^4f^{(4)}(\eta)\quad[\eta\in(a,b)],\tag{6.22}$$

复合求积公式

式(6.22)称为复合辛普森公式的截断误差,阶为 $R_n[f]=O(h^4)$.所以,

$$\lim_{n\to\infty}S_n=\lim_{n\to\infty}\frac{1}{6}\left[hf(a)+4h\sum_{i=0}^{n-1}f(x_{i+\frac{1}{2}})+2h\sum_{i=1}^{n-1}f(x_i)+hf(b)\right],$$
$$=\frac{1}{6}\left[4\int_a^b f(x)\mathrm{d}x+2\int_a^b f(x)\mathrm{d}x\right]=\int_a^b f(x)\mathrm{d}x,$$

所以式(6.21)是收敛的,又因为式(6.21)中的求积系数全正,从而

该求积公式也是数值稳定的.

例 6.3.1 分别用 $n=8$ 的复合梯形公式和 $n=4$ 的复合辛普森公式计算定积分

$$I=\int_0^1 \frac{\sin x}{x}\mathrm{d}x.$$

解 （1）复合梯形公式：

当 $n=8$ 时，$h=\frac{1}{8}$，由复合梯形公式(6.19)可得

$$T_8=\frac{1}{16}[f(0)+2f(0.125)+2f(0.25)+2f(0.375)+2f(0.5)+2f(0.625)+2f(0.75)+2f(0.875)+f(1)]=0.9456909.$$

（2）复合辛普森公式：

当 $n=4$ 时，由复合辛普森公式(6.21)计算可得

$$S_4=\frac{1}{24}\{f(0)+2[f(0.25)+f(0.5)+f(0.75)]+4[f(0.125)+f(0.375)+f(0.625)+f(0.875)]+f(1)\}=0.9460832.$$

该积分的准确值为 0.9460831，以上两种数值方法都需要计算 9 个点处的函数值，计算量基本相同，但是精度差别是非常大的，所以说选择采用好的数值方法非常重要，只需要较少的计算量便可满足计算需求或者在相同计算量的情况下使结果精度更高.

例 6.3.2 将区间[0,1]进行 n 等分后，分别用复合梯形公式和复合辛普森公式计算定积分 $I=\int_0^1 \mathrm{e}^{-x}\mathrm{d}x$，要求计算结果有 4 位有效数字，$n$ 应取多大？

解

$$x\in[0,1],\ 0.3<\mathrm{e}^{-1}\leqslant \mathrm{e}^{-x}\leqslant 1,$$

$$0.3<\int_0^1 \mathrm{e}^{-x}\mathrm{d}x<1,\ |f^{(k)}(x)|\leqslant 1.$$

（1）复合梯形公式：

$$|R_n[f]|=\frac{|f''(\eta)|}{12}h^2\leqslant\frac{1}{12}h^2\leqslant\frac{1}{2}\times 10^{-4},$$

解得 $n\geqslant 40.8$，所以若用复合梯形公式，n 至少要取 41 才能达到所要求的精度.

（2）复合辛普森公式：

$$|R_n[f]|=\frac{|f^{(4)}(\eta)|}{180}h^4\leqslant\frac{1}{180}h^4\leqslant\frac{1}{2}\times 10^{-4},$$

解得 $n\geqslant 3.2$，所以若用复合辛普森公式，n 只要取 4 就能达到所要求的精度.

练习 6.3.1 设 $f(-1)=1$，$f(-0.5)=4$，$f(0)=6$，$f(0.5)=9$，$f(1)=2$，分别用复合梯形公式、复合辛普森公式计算定积分 $\int_{-1}^1 f(x)\mathrm{d}x$.

6.4 外推法和龙贝格求积公式

6.4.1 变步长求积公式

通过上一节的学习可知,复合梯形公式可以提高求积精度,但是步长过大,则计算的精度难以达到,步长过小,则导致计算量过大.因此,在实际的应用中,如果一次的计算精度不够,通常采用将步长逐次减半的方法来达到要求.下面以复合梯形公式为例简要介绍变步长求积公式的基本思想.

将区间$[a,b]$进行 n 等分,步长 $h=\frac{b-a}{n}$,则

$$T_n=T(h)=\frac{h}{2}\left[f(a)+2\sum_{i=1}^{n-1}f(x_i)+f(b)\right], \tag{6.23}$$

将区间$[a,b]$进行 $2n$ 等分,步长$\frac{h}{2}=\frac{b-a}{2n}$,则

$$\begin{aligned}T_{2n}=T\left(\frac{h}{2}\right)&=\frac{1}{2}\left(\frac{h}{2}\right)\left[f(a)+2\sum_{i=1}^{n-1}f(x_i)+2\sum_{i=0}^{n-1}f(x_{i+\frac{1}{2}})+f(b)\right]\\&=\frac{1}{2}T_n+\frac{h}{2}\sum_{i=0}^{n-1}f(x_{i+\frac{1}{2}}).\end{aligned} \tag{6.24}$$

由前面的学习可知复合梯形公式是收敛的,所以用逐次折半步长的方法得到的数值积分序列

$$T(h),T\left(\frac{h}{2}\right),T\left(\frac{h}{2^2}\right),\cdots,T\left(\frac{h}{2^n}\right),\cdots,$$

收敛到积分的精确值.

例 6.4.1 计算积分

$$I(f)=\int_0^1\frac{\sin x}{x}\mathrm{d}x. \tag{6.25}$$

解 补充定义$f(0)=1$,而$f(1)=0.8414709$,由梯形公式可得

$$T_1=\frac{1}{2}[f(0)+f(1)]=0.9207355.$$

再将区间$[0,1]$二等分,中点处的函数值$f\left(\frac{1}{2}\right)=0.9588510$,由递推公式(24)得

$$T_2=\frac{1}{2}T_1+\frac{1}{2}f\left(\frac{1}{2}\right)=0.9397933.$$

进一步将区间$[0,1]$四等分,并求函数值$f\left(\frac{1}{4}\right)=0.9896158$,$f\left(\frac{3}{4}\right)=0.9088516$.由递推公式(6.24)得

$$T_4=\frac{1}{2}T_2+\frac{1}{4}\left[f\left(\frac{1}{4}\right)+f\left(\frac{3}{4}\right)\right]=0.9445135.$$

依次将区间不断二分下去,计算结果见表 6.2.

表 6.2　计算结果

k	1	2	3	4	5
T_{2^k}	0.9397933	0.9445135	0.9456909	0.9459859	0.9460596
k	6	7	8	9	10
T_{2^k}	0.9460769	0.9460815	0.9460827	0.9460830	0.9460831

由表 6.2 可见,对分区间[0,1]10 次后,利用复合梯形公式计算积分的值可达到 7 位有效数字,计算量比较大.因此需要进一步探讨一些能够加速数值积分收敛速度的算法.

6.4.2　外推技巧

由上一节的学习,我们通过不断折半步长,利用复合梯形公式可以得到一个序列

$$T(h),T\left(\frac{h}{2}\right),T\left(\frac{h}{2^2}\right),\cdots,T\left(\frac{h}{2^n}\right),\cdots,$$

去逼近准确值 $T(0)$.由于这一收敛速度往往较慢,因此我们希望能够通过这一序列构造一个新的序列使其能够较快地收敛,这就是外推法最初的想法.

给定一个收敛到 $f(0)$ 的序列 $f(h),f\left(\frac{h}{2}\right),f\left(\frac{h}{2^2}\right),\cdots$,并假设函数 $f(x)$ 足够光滑,由泰勒公式可得

$$f(h)=f(0)+hf'(0)+\frac{h^2}{2!}f''(0)+\frac{h^3}{3!}f'''(0)+\cdots, \tag{6.26}$$

$$f\left(\frac{h}{2}\right)=f(0)+\frac{h}{2}f'(0)+\frac{1}{2!}\left(\frac{h}{2}\right)^2f''(0)+\frac{1}{3!}\left(\frac{h}{2}\right)^3f'''(0)+\cdots, \tag{6.27}$$

如果 $f'(0)\neq0$,则用 $f(h),f\left(\frac{h}{2}\right)$ 作为 $f(0)$ 的近似值的阶都是 $O(h)$.

现将式(6.27)乘以 2 减去式(6.26)可得

$$f_1(h)=2f\left(\frac{h}{2}\right)-f(h)=f(0)-\frac{h^2}{4}f''(0)-\frac{h^3}{8}f'''(0)-\cdots, \tag{6.28}$$

如果 $f''(0)\neq0$,则用 $f_1(h)$ 作为 $f(0)$ 的近似值的阶都是 $O(h^2)$.即新的序列 $f_1(h),f_1\left(\frac{h}{2}\right),f_1\left(\frac{h}{2^2}\right),\cdots$,比 $f(h)$ 能更快地收敛到 $f(0)$.

类似地,可以通过

$$f_1(h)=f(0)-\frac{h^2}{4}f''(0)-\frac{h^3}{8}f'''(0)-\cdots,$$

$$f_1\left(\frac{h}{2}\right)=f(0)-\frac{h^2}{16}f''(0)-\frac{h^3}{64}f'''(0)-\cdots,$$

得到

$$f_2(h)=\frac{1}{3}\left[4f_1\left(\frac{h}{2}\right)-f_1(h)\right]=f(0)+\frac{h^3}{48}f'''(0)+\cdots,$$

如果$f'''(0)\neq 0$,则用$f_2(h)$作为$f(0)$的近似值的阶都是$O(h^3)$.以上利用低阶的数值积分公式推算出更高阶加速收敛的数值积分公式的方法称为外推算法.它在数值积分和数值微分中都有广泛的应用.

6.4.3 龙贝格求积公式

龙贝格求积公式

由复合梯形公式的截断误差公式(6.20)可知,积分值 T_n 的截断误差为

$$I-T_n=-\frac{b-a}{12}h^2 f''(\eta_1).$$

如果继续将每个小区间$[x_i,x_{i+1}]$$(i=0,1,2,\cdots,n-1)$对分,将区间$[a,b]$进行 $2n$ 等分,则截断误差为

$$I-T_{2n}=-\frac{b-a}{12}\left(\frac{h}{2}\right)^2 f''(\eta_2).$$

如果$f''(x)$在区间$[a,b]$内变化不大,则有

$$\frac{I-T_n}{I-T_{2n}}\approx 4,$$

从而,

$$I\approx\frac{4}{3}T_{2n}-\frac{1}{3}T_n=\widetilde{T},$$

容易验证$\widetilde{T}$作为数值积分公式要比 T_n,T_{2n}更精确.当 $n=1$ 时,

$$\widetilde{T}=\frac{4}{3}T_2-\frac{1}{3}T_1=\frac{b-a}{6}\times\left[f(a)+4f\left(\frac{a+b}{2}\right)+f(b)\right],$$

恰好是辛普森公式,即

$$S_1=\frac{4}{3}T_2-\frac{1}{3}T_1=\frac{4}{4-1}T_2-\frac{1}{4-1}T_1.$$

进一步可以验证

$$S_2=\frac{4}{4-1}T_4-\frac{1}{4-1}T_2,$$

更一般的有

$$S_n=\frac{4}{4-1}T_{2n}-\frac{1}{4-1}T_n. \tag{6.29}$$

其中 S_n是将区间$[a,b]$进行 n 等分后,在每个小区间$[x_i,x_{i+1}]$$(i=0,1,2,\cdots,n-1)$上应用辛普森求积公式的计算结果.

式(6.29)说明,用复合梯形公式二分前后的两个积分近似值 T_n,T_{2n}的组合可以得到更高计算精度的辛普森公式 S_n,从而可以加

速收敛,所以式(6.29)也称为梯形加速公式.

由复合辛普森公式的截断误差公式(6.22)可知,积分值 S_n 的截断误差为

$$I-S_n=-\frac{b-a}{180}\left(\frac{h}{2}\right)^4 f^{(4)}(\eta_1),$$

类似地,可以得到

$$\frac{I-S_n}{I-S_{2n}}\approx 16,$$

从而

$$I\approx\frac{16}{15}S_{2n}-\frac{1}{15}S_n,$$

可以验证,上式右端的值是将区间 $[a,b]$ 进行 n 等分后,在每个小区间 $[x_i,x_{i+1}]$ $(i=0,1,2,\cdots,n-1)$ 上应用科茨公式的计算结果,是具有更高代数精度的复合科茨公式的积分值 C_n,即有

$$C_n=\frac{4^2}{4^2-1}S_{2n}-\frac{1}{4^2-1}S_n, \tag{6.30}$$

式(6.30)称为辛普森加速公式.

类似地,利用复合科茨公式可以得到

$$R_n=\frac{4^3}{4^3-1}C_{2n}-\frac{1}{4^3-1}C_n, \tag{6.31}$$

式(6.31)称为科茨加速公式,也被称为龙贝格求积公式.上述这种由若干个积分近似值推导更为精确的积分近似值的方法称为外推方法.序列 T_n,S_n,C_n,R_n 分别称为梯形序列,辛普森序列,科茨序列,龙贝格序列.事实上,由龙贝格序列继续外推,可知组合系数分别为

$$\frac{4^m}{4^m-1}\approx 1,\quad \frac{1}{4^m-1}\approx 0(m\geqslant 4),$$

因此,利用外推法通常到龙贝格序列为止.

例 6.4.2　用龙贝格算法计算定积分

$$I=\int_0^1\frac{4}{1+x^2}\mathrm{d}x,$$

要求相邻两次龙贝格值的偏差不超过 10^{-5}.

解　由题意,$a=0,b=1,f(x)=\dfrac{4}{1+x^2}$,具体计算见表 6.3.

表 6.3　计算结果

k	T_{2^k}	$S_{2^{k-1}}$	$C_{2^{k-2}}$	$R_{2^{k-3}}$
0	3			
1	3.1	3.1333		
2	3.13118	3.14157	3.14212	
3	3.13899	3.14159	3.14159	3.14158
4	3.1409	3.14159	3.14159	3.14159

由表 6.3 可知，$|R_2-R_1|\leqslant 0.00001$，所以

$$I=\int_0^1 \frac{4}{1+x^2}\mathrm{d}x\approx 3.14159.$$

练习 6.4.1 用龙贝格算法计算定积分 $\int_0^1 x^{\frac{3}{2}}\mathrm{d}x$.

6.5 高斯求积公式

6.5.1 高斯点与高斯求积公式

根据本章 6.1 节的学习可知，插值型求积公式具有的代数精度与求积节点的个数有关，具有 $n+1$ 个节点的插值型求积公式至少具有 n 次代数精度.事实上，求积公式的代数精度不仅与节点数有关，与节点的选择也有关系.

设积分限 $a=-1,b=1$，本节讨论如下插值型求积公式：

$$\int_{-1}^1 f(x)\mathrm{d}x\approx\sum_{i=0}^n A_i f(x_i). \tag{6.32}$$

对任意的积分区间 $[a,b]$，做变量替换

$$x=\frac{b-a}{2}t+\frac{b+a}{2}, \tag{6.33}$$

则可以将积分区间转化到 $[-1,1]$ 上的积分

$$\int_a^b f(x)\mathrm{d}x=\frac{b-a}{2}\int_{-1}^1 f\left(\frac{b-a}{2}t+\frac{b+a}{2}\right)\mathrm{d}t, \tag{6.34}$$

从而求积公式可以写为

$$\int_a^b f(x)\mathrm{d}x=\frac{b-a}{2}\sum_{i=0}^n A_i f\left(\frac{b-a}{2}t_i+\frac{b+a}{2}\right). \tag{6.35}$$

适当选取式(6.32)中的节点位置 x_i 与求积系数 A_i，可以使其具有的代数精度达到最高.

定理 6.5.1 插值型求积公式(6.32)具有的代数精度最高不超过 $2n+1$ 次.

证 由定义可知，只要找到一个 $2n+2$ 次的多项式，使式(6.32)不能精确成立即可.设

$$\omega_{n+1}(x)=(x-x_0)(x-x_1)\cdots(x-x_n),$$

则 $\omega_{n+1}(x)$ 为 $n+1$ 次多项式，取 $p(x)=[\omega_{n+1}(x)]^2$ 为一个 $2n+2$ 次的多项式，且只在 $x_0,x_1,\cdots,x_n$ 处 $p(x)$ 为 0.因此

$$\int_{-1}^1 p(x)\mathrm{d}x=\int_{-1}^1[\omega_{n+1}(x)]^2\mathrm{d}x>0,$$

故 $p(x)=[\omega_{n+1}(x)]^2$ 对式(6.32)不能精确成立，所以其代数精度不可能超过 $2n+1$.

定义 6.5.1（高斯点）　如果节点 $x_0,x_1,\cdots,x_n\in[-1,1]$，使插值型求积公式(6.32)具有 $2n+1$ 次代数精度，则称该组节点为高斯点，并称相应的求积公式为高斯求积公式.

例 6.5.1　构造形如

$$\int_{-1}^{1} f(x)\,\mathrm{d}x \approx A_0 f(x_0) + A_1 f(x_1),$$

的求积公式，使其具有最高的代数精度.

解　由高斯求积公式的定义可知，上式最多对 $f(x)=1,x,x^2,x^3$ 精确成立，分别代入上式可得

$$\begin{cases} A_0+A_1=2, \\ A_0x_0+A_1x_1=0, \\ A_0x_0^2+A_1x_1^2=\dfrac{2}{3}, \\ A_0x_0^3+A_1x_1^3=0, \end{cases}$$

解得 $A_0=A_1=1,x_0=-\dfrac{\sqrt{3}}{3},x_1=\dfrac{\sqrt{3}}{3}$，即所求数值积分公式为

$$\int_{-1}^{1} f(x)\,\mathrm{d}x \approx f\left(-\frac{\sqrt{3}}{3}\right)+f\left(\frac{\sqrt{3}}{3}\right),$$

该式也称为两点高斯-勒让德求积公式.

高斯点与高斯求积公式

定理 6.5.2　插值型求积公式(6.32)中，节点 $x_0,x_1,\cdots,x_n$ 为高斯点的充分必要条件是：在区间 $[-1,1]$ 上，以这些点为零点的 $n+1$ 次多项式 $\omega_{n+1}(x)$ 与所有的次数都不超过 n 的多项式 $p(x)$ 都正交，即

$$\int_{-1}^{1} p(x)\omega_{n+1}(x)\,\mathrm{d}x = 0. \tag{6.36}$$

证　必要性：设 $p(x)$ 是任意次数不超过 n 的多项式，则 $p(x)\omega_{n+1}(x)$ 的次数不超过 $2n+1$，因此，如果 $x_0,x_1,\cdots,x_n$ 为高斯点，则式(6.32)对 $p(x)\omega_{n+1}(x)$ 精确成立，即有

$$\int_{-1}^{1} p(x)\omega_{n+1}(x)\,\mathrm{d}x = \sum_{i=0}^{n} A_i p(x_i)\omega_{n+1}(x_i).$$

而 $\omega_{n+1}(x_i)=0(i=0,1,2,\cdots,n)$，故式(6.36)成立.

充分性：对任意次数不超过 $2n+1$ 的多项式 $f(x)$，用 $\omega_{n+1}(x)$ 除 $f(x)$，记商为 $p(x)$，余式为 $q(x)$，则 $p(x),q(x)$ 都是次数不超过 n 次的多项式，且

$$f(x)=p(x)\omega_{n+1}(x)+q(x),$$

由式(6.36)得

$$\int_{-1}^{1} f(x)\,\mathrm{d}x = \int_{-1}^{1} q(x)\,\mathrm{d}x, \tag{6.37}$$

而式(6.32)为插值型的数值积分公式，对 $q(x)$ 能够精确成立，因此，

$$\int_{-1}^{1} q(x)\mathrm{d}x = \sum_{i=0}^{n} A_i q(x_i),$$

注意到 $\omega_{n+1}(x_i)=0(i=0,1,2,\cdots,n)$，所以，$q(x_i)=f(x_i)(i=0,1,2,\cdots,n)$，从而有

$$\int_{-1}^{1} q(x)\mathrm{d}x = \sum_{i=0}^{n} A_i f(x_i),$$

结合式(6.37)得

$$\int_{-1}^{1} f(x)\mathrm{d}x = \sum_{i=0}^{n} A_i f(x_i),$$

这说明式(6.32)对一切次数不超过 $2n+1$ 的多项式 $f(x)$ 都精确成立，因此 $x_i(i=0,1,2,\cdots,n)$ 是高斯点.

6.5.2　高斯-勒让德求积公式

由上一节的学习可知，要想确定一个高斯求积公式，关键是要找到满足式(6.36)的 $n+1$ 次多项式 $\omega_{n+1}(x)$，为此，我们需要进一步去讨论勒让德多项式的一些相关性质.

定理 6.5.3　以区间$[-1,1]$内的高斯点 $x_i(i=0,1,2,\cdots,n)$ 为零点的 $n+1$ 次多项式是勒让德(Legendre)多项式.

证　设 $p_n(x)$ 是零点为高斯点的 n 次多项式，考虑 n 重积分

$$u(x) = \underbrace{\int_{-1}^{x}\int_{-1}^{x}\cdots\int_{-1}^{x}}_{n} p_n(x)\ \underbrace{\mathrm{d}x\mathrm{d}x\cdots\mathrm{d}x}_{n},$$

它是 $2n$ 次多项式，且 $u(x)$ 的 n 阶导数为

$$u^{(n)}(x)=p_n(x), \tag{6.38}$$

同时还有

$$u(-1)=u'(-1)=\cdots=u^{(n-1)}(-1)=0. \tag{6.39}$$

再设 $v(x)$ 为任意 $n-1$ 次多项式，并注意到 $v^{(n)}(x)=0$，结合式(6.38)和式(6.39)及分部积分公式可得

$$\begin{aligned}\int_{-1}^{1} v(x)p_n(x)\mathrm{d}x &= \int_{-1}^{1} v(x)u^{(n)}(x)\mathrm{d}x \\ &= v(1)u^{(n-1)}(1) - v'(1)u^{(n-2)}(1) + \cdots + (-1)^{n-1}v^{(n-1)}(1)u(1). \end{aligned}\tag{6.40}$$

又因为 $p_n(x)$ 的零点都是高斯点，因此式(6.40)的值总是 0，再由 $v(x)$ 的任意性，得

$$u(1)=u'(1)=\cdots=u^{(n-1)}(1)=0. \tag{6.41}$$

式(6.39)和式(6.41)说明 $-1,1$ 都是 $u(x)$ 的 n 重零点，因而可设

$$u(x)=c(x^2-1)^n,$$

其中 c 为待定常数，为使 $p_n(x)$ 的首项系数为 1，取 $c=\dfrac{n!}{(2n)!}$. 再由式(6.38)可得

$$p_n(x)=\frac{n!}{(2n)!}\frac{\mathrm{d}^n}{\mathrm{d}x^n}(x^2-1)^n. \tag{6.42}$$

由式(6.42)可以逐步构造出首项系数为 1 的勒让德多项式

$$p_1(x)=x,$$

$$p_2(x)=x^2-\frac{1}{3},$$

$$p_3(x)=x^3-\frac{3}{5}x,$$

$$p_4(x)=x^4-\frac{30}{35}x^2+\frac{3}{35},$$

$$\vdots$$

再由定理 6.5.3 的结论可知,只要找到以上各个多项式的零点即可构造相应的高斯求积公式.表 6.4 给出了 $n=0,1,2,3,4,5$ 时的高斯-勒让德求积公式的节点和系数.

表 6.4　高斯-勒让德求积公式节点与系数对应表

n	x_i	A_i	n	x_i	A_i
0	0.0000000	2.0000000	3	±0.8611363 ±0.3399810	0.3478548 0.6521452
1	±0.5773503	1.0000000	4	±0.9061798 ±0.5384693 0.0000000	0.2369269 0.4786287 0.5688889
2	±0.7745967 0.0000000	0.5555556 0.8888889	5	±0.9324695 ±0.6612094 ±0.2386192	0.1713245 0.3607616 0.4679139

例 6.5.2　用 4 点($n=3$)高斯-勒让德求积公式计算

$$I=\int_0^{\frac{\pi}{2}}x^2\cos x\mathrm{d}x.$$

解　先将积分区间化为$[-1,1]$,则有

$$I=\int_{-1}^{1}\left(\frac{\pi}{4}\right)^3(1+t)^2\cos\left[\frac{\pi}{4}(1+t)\right]\mathrm{d}t,$$

再根据表 6.4 中的节点与系数可以计算

$$I\approx\sum_{k=0}^{3}A_kf(x_k)\approx 0.467402.$$

练习 6.5.1　用 $n=2,3$ 的高斯-勒让德公式计算积分

$$\int_1^3 \mathrm{e}^x\sin x\mathrm{d}x.$$

6.5.3　高斯求积公式的稳定性

定理 6.5.4　高斯求积公式(6.32)中的求积系数全是正的,所以高斯求积公式是数值稳定的,并且有

$$A_i=\int_{-1}^{1}[l_i(x)]^2\mathrm{d}x,\quad(i=0,1,2,\cdots,n),$$

其中

$$l_i(x) = \prod_{j=0,j\neq i}^{n} \frac{x - x_j}{x_i - x_j}.$$

证 因为 $l_i(x)$ 是 n 次多项式，所以 $l_i^2(x)$ 是 $2n$ 次多项式，而式(6.32)具有 $2n+1$ 次代数精度，故对 $l_i^2(x)$ 精确成立，所以有

$$\int_a^b l_i^2(x)\,dx = \sum_{j=0}^{n} A_j l_i^2(x_j) = A_i > 0. \tag{6.43}$$

如果对式(6.32)，计算每个函数值 $f(x_i)$ 时会产生舍入误差 ε_i，则其整个积分计算中产生的舍入误差为

$$\varepsilon = \sum_{i=0}^{n} A_i \varepsilon_i,$$

从而有估计式

$$|\varepsilon| \leqslant \left(\sum_{i=0}^{n} |A_i|\right) \max_{0\leqslant i\leqslant n} |\varepsilon_i|$$

因为 $A_i>0$，所以高斯求积公式的误差传播是可控制的，从而具有较好的稳定性.

6.6 数值微分

6.6.1 中点公式与误差分析

数值微分就是利用函数在某些点处的函数值的线性组合近似在某点的导数值.按照导数的定义，函数在一点 a 处的导数为

$$f'(a) = \lim_{h\to 0} \frac{f(a+h)-f(a)}{h},$$

因此，如果对精度的要求不高，可以用差商来近似导数的值，从而能够得到以下数值微分公式：

向前差商公式

$$f'(a) \approx \frac{f(a+h)-f(a)}{h}, \tag{6.44}$$

向后差商公式

$$f'(a) \approx \frac{f(a)-f(a-h)}{h}, \tag{6.45}$$

中心差商公式

$$f'(a) \approx \frac{f(a+h)-f(a-h)}{2h} = G(h), \tag{6.46}$$

其中 h 为一增量，称为步长.式(6.46)也称为中点方法，是式(6.44)与式(6.45)的算术平均，但是它的误差却由 $O(h)$ 提高到 $O(h^2)$.分别将 $f(a\pm h)$ 在 $x=a$ 处做泰勒展开有

$$f(a\pm h) = f(a) \pm hf'(a) + \frac{h^2}{2!}f''(a) \pm \frac{h^3}{3!}f'''(a) + \frac{h^4}{4!}f^{(4)}(a) + \cdots,$$

代入式(6.46)得

$$G(h)=f'(a)+\frac{h^2}{3!}f'''(a)+\frac{h^4}{5!}f^{(5)}(a)+\cdots. \tag{6.47}$$

所以，仅从截断误差的角度看，步长越小，计算结果越准确.如果

$$\max_{|x-a|\le h}|f'''(x)|\le M,$$

则有

$$|f'(a)-G(h)|\le\frac{h^2}{6}M. \tag{6.48}$$

所以说中点公式的误差是二阶的.但是在实际应用中，考虑到舍入误差的存在，h 的取值不宜过小.因为当 h 很小时，$f(a+h)$ 与 $f(a-h)$ 非常接近，两项相减会造成有效数字的严重损失.因此，从舍入误差的角度看，步长不宜太小.在很多实际应用中，函数值是通过测量得到的，这时的数值微分问题更为困难，因为它是不稳定的.有关这方面的论述和稳定的数值微分方法，读者可以参见一些不适定问题相关的书籍和论文，在这里不再展开.

例 6.6.1 用中点公式计算函数 $f(x)=\sqrt{x}$ 在 $x=2$ 处的一阶导数

$$G(h)=\frac{\sqrt{2+h}-\sqrt{2-h}}{2h}.$$

取 4 位有效数字.

解 计算结果见表 6.5，导数的准确值为 $f'(2)=0.353553$.由表 6.5可以看出，当 $h=0.1$ 时，逼近效果最好.如果进一步缩小步长，近似效果反而变差.

表 6.5 计算结果

h	$G(h)$	h	$G(h)$	h	$G(h)$
1	0.3660	0.05	0.3530	0.001	0.3500
0.5	0.3564	0.01	0.3500	0.0005	0.3000
0.1	0.3535	0.005	0.3500	0.0001	0.3000

为了提高中点公式的收敛速度，也可以利用外推法的思想对式(6.46)进行加速.由式(6.47)可得

$$G\left(\frac{h}{2}\right)=f'(a)+\frac{1}{3!}\left(\frac{h}{2}\right)^2f'''(a)+\frac{1}{5!}\left(\frac{h}{2}\right)^4f^{(5)}(a)+\cdots. \tag{6.49}$$

由式(6.47)和式(6.49)得

$$\begin{aligned}G_1(h)&=\frac{4}{3}G\left(\frac{h}{2}\right)-\frac{1}{3}G(h)=f'(a)-\frac{1}{4\times5!}h^4f^{(5)}(a)+\cdots\\&=f'(a)+O(h^4).\end{aligned} \tag{6.50}$$

同理，令

$$G_2(h)=\frac{16}{15}G_1\left(\frac{h}{2}\right)-\frac{1}{15}G_1(h)=f'(a)+O(h^6). \tag{6.51}$$

$$G_3(h)=\frac{64}{63}G_2\left(\frac{h}{2}\right)-\frac{1}{63}G_2(h)=f'(a)+O(h^8).\qquad(6.52)$$

例 6.6.2　分别用式(6.47),式(6.50),式(6.51),式(6.52)逐次减半步长来计算 e^x在 $x=1$ 处的导数值,步长从 $h=0.8$ 算起.

解　计算结果见表 6.6.

数值微分公式的基本思想及构造

表 6.6　计算结果

h	$G(h)$	$G_1(h)$	$G_2(h)$	$G_3(h)$
0.8	3.01765			
0.4	2.79135	2.715917		
0.2	2.73644	2.718137	2.718285	
0.1	32.72281	2.719267	2.718276	2.71828

采用公式

$$G(h)=\frac{e^{1+h}-e^{1-h}}{2h},$$

步长 $h=\dfrac{0.8}{2^k}$(k 为二等分次数),二等分 9 次的结果为 $f'(1)\approx$ 2.71828,有 6 位有效数字,通过与式(6.50),式(6.51),式(6.52) 比较,在相同计算量的情况下,加速效果非常明显.

6.6.2　插值型数值微分公式

设函数 $f(x)$ 在节点 $x_i(i=0,1,2,\cdots,n)$ 上的函数值为 $f(x_i)$,则可以构建 n 次插值多项式 $L_n(x)$,并取 $L_n'(x)$ 的值作为 $f'(x)$ 的近似值,即

$$f'(x)\approx L_n'(x).\qquad(6.53)$$

式(6.53)称为插值型微分公式.由插值余项定理可得,式(6.53)的余项为

$$R_n'(x)=f'(x)-L_n'(x)=\frac{f^{(n+1)}(\xi)}{(n+1)!}\omega_{n+1}'(x)+\frac{\omega_{n+1}(x)}{(n+1)!}\frac{\mathrm{d}}{\mathrm{d}x}f^{(n+1)}(\xi),$$

如果求在某个节点 x_i 处的导数值,易见上式右端第二项为 0. 此时,余项公式变为

$$R_n'(x_i)=f'(x_i)-L_n'(x_i)=\frac{f^{(n+1)}(\xi)}{(n+1)!}\omega_{n+1}'(x_i).\qquad(6.54)$$

设已经给出三个节点 $x_0,x_1=x_0+h,x_2=x_0+2h$ 上的函数值,可以构建二次拉格朗日插值多项式

$$L_2(x)=\frac{(x-x_1)(x-x_2)}{(x_0-x_1)(x_0-x_2)}f(x_0)+\frac{(x-x_0)(x-x_2)}{(x_1-x_0)(x_1-x_2)}f(x_1)+\frac{(x-x_0)(x-x_1)}{(x_2-x_0)(x_2-x_1)}f(x_2),$$

$$R_2(x)=\frac{f'''(\xi)}{3!}(x-x_0)(x-x_1)(x-x_2),$$

所以有

$$L_2'(x_i)=\frac{f(x_0)}{2h^2}(2x_i-x_1-x_2)+\frac{f(x_1)}{-h^2}(2x_i-x_0-x_2)+\frac{f(x_2)}{2h^2}(2x_i-x_0-x_1),$$

$$R_2'(x_i)=\frac{f'''(\xi)}{3!}[(x_i-x_0)(x_i-x_1)+(x_i-x_0)(x_i-x_2)+(x_i-x_1)(x_i-x_2)],$$

$$f'(x_i)=L_2'(x_i)+R_2'(x_i).$$

分别取 $i=0,1,2$,可得带余项的三点求导公式

$$f'(x_0)=\frac{1}{2h}[-3f(x_0)+4f(x_1)-f(x_2)]+\frac{h^2}{3}f'''(\xi),$$

$$f'(x_1)=\frac{1}{2h}[-f(x_0)+f(x_2)]-\frac{h^2}{6}f'''(\xi),\xi\in[x_0,x_2], \tag{6.55}$$

$$f'(x_2)=\frac{1}{2h}[f(x_0)-4f(x_1)+3f(x_2)]+\frac{h^2}{3}f'''(\xi).$$

式(6.55)中的第二式就是我们熟悉的中点公式,尽管在计算时少用了一个函数值,但是它的误差要比另外两个少一半,这也是它在平常的计算中经常出现的原因.需要注意的是,尽管能够通过减小步长 h 的值来提高精度,但是步长过小则会导致舍入误差的增加.

例 6.6.3　已知函数 $f(x)=e^x$ 的函数值(见表 6.7),试利用式(6.55)中的第二式分别对步长 $h=1,0.1,0.01$ 计算 $f'(1)$ 的值.

表 6.7　函数值

x	0	0.90	0.99	1.00	1.01	1.10	2
$f(x)=e^x$	1.000	2.460	2.691	2.718	2.746	3.004	7.389

解　(1) 当 $h=1$ 时,取 $x_0=0,x_1=1,x_2=2$

$$f'(1)\approx\frac{1}{2}(e^2-e^0)=3.195;$$

(2) 当 $h=0.1$ 时,取 $x_0=0.90,x_1=1,x_2=1.10$

$$f'(1)\approx\frac{1}{2\times0.1}(e^{1.10}-e^{0.90})=2.720;$$

(3) 当 $h=0.01$ 时,取 $x_0=0.99,x_1=1,x_2=1.01$

$$f'(1)\approx\frac{1}{2\times0.01}(e^{1.01}-e^{0.99})=2.750.$$

而 $f'(1)$ 的真实值为 2.7182818.从上面的计算结果也可以看到,并不是步长越小计算结果就越精确.

习题 6

1. 试确定下列求积公式中的待定参数,使其具有尽可能高的

代数精度，并给出代数精度.

(1) $\int_{-h}^{h} f(x)\,\mathrm{d}x \approx A_{-1}f(-h) + A_0 f(0) + A_1 f(h)$;

(2) $\int_{-2h}^{2h} f(x)\,\mathrm{d}x \approx A_{-1}f(-h) + A_0 f(0) + A_1 f(h)$;

(3) $\int_{-1}^{1} f(x)\,\mathrm{d}x \approx \frac{1}{3}[f(-1) + 2f(x_1) + 3f(x_2)]$;

(4) $\int_{0}^{h} f(x)\,\mathrm{d}x \approx \frac{h}{2}[f(0) + f(h)] + ah^2[f'(0) - f'(h)]$.

2. 分别用梯形公式和辛普森公式计算下列积分.

(1) $\int_0^1 \frac{x}{1+x^2}\mathrm{d}x \quad (n=4)$;

(2) $\int_1^9 \sqrt{x}\,\mathrm{d}x \quad (n=4)$;

(3) $\int_0^{\frac{\pi}{6}} \sqrt{4-\sin^2 x}\,\mathrm{d}x \quad (n=6)$.

3. 验证科茨公式具有 5 次代数精度.

4. 验证求积公式

$$\int_a^b f(x)\,\mathrm{d}x \approx \frac{b-a}{2}[f(a) + f(b)] - \frac{h^2}{12}[f'(b) - f'(a)]$$

具有 3 次代数精度.

5. 推导下列三种矩形求积公式.

(1) $\int_a^b f(x)\,\mathrm{d}x \approx (b-a)f(a) + \frac{f'(\eta)}{2}(b-a)^2$;

(2) $\int_a^b f(x)\,\mathrm{d}x \approx (b-a)f(b) - \frac{f'(\eta)}{2}(b-a)^2$;

(3) $\int_a^b f(x)\,\mathrm{d}x \approx (b-a)f\left(\frac{a+b}{2}\right) + \frac{f''(\eta)}{24}(b-a)^3$.

6. 用辛普森公式求积分 $\int_0^1 \mathrm{e}^{-x}\mathrm{d}x$ 并估计误差.

7. 若用复合梯形公式计算积分 $\int_0^1 \mathrm{e}^{x}\mathrm{d}x$，问：区间$[0,1]$应分多少等份才能使截断误差不超过$\frac{1}{2}\times10^{-5}$？若采用复合辛普森公式要达到同样的精度需要分多少等份？

8. 如果$f''(x)>0$，证明：用梯形公式计算积分 $\int_a^b f(x)\,\mathrm{d}x$ 所得结果比准确值 I 大，并说明其几何意义.

9. 设

$$I = \int_0^1 f(x)\,\mathrm{d}x \approx A_0 f\left(\frac{1}{4}\right) + A_1 f\left(\frac{1}{2}\right) + A_2 f\left(\frac{3}{4}\right)$$

是插值型的，试确定参数 A_0, A_1, A_2，并给出其代数精度.

10. 在区间$[-1,1]$上求节点 x_1,x_2,x_3 及待定系数 A，使求积公式

$$\int_{-1}^{1} f(x)\mathrm{d}x \approx A[f(x_1)+f(x_2)+f(x_3)]$$

具有 3 次代数精度.

11. 用龙贝格求积方法计算下列积分，使误差不超过 10^{-5}.

(1) $\dfrac{2}{\sqrt{\pi}}\int_0^1 \mathrm{e}^{-x}\mathrm{d}x$；

(2) $\int_0^{2\pi} x\sin x\mathrm{d}x$；

(3) $\int_0^3 x\sqrt{1+x^2}\,\mathrm{d}x$.

12. 试构造高斯型求积公式

$$\int_0^1 \frac{1}{\sqrt{x}}f(x)\mathrm{d}x \approx A_0 f(x_0)+A_1 f(x_1).$$

13. 试确定常数 A,B,C 及 a，使求积公式

$$\int_{-h}^{h} f(x)\mathrm{d}x \approx Af(-h)+Bf(0)+Cf(h)$$

具有尽可能高的代数精度，并给出代数精度，判断该公式是否为高斯求积公式.

14. 用三点高斯求积公式求积分值

$$\int_{-1}^{1} \frac{1}{\sqrt{1-x^4}}\mathrm{d}x.$$

15. 分别用下列方法计算积分 $\int_1^3 \dfrac{1}{x}\mathrm{d}x$，并比较结果.

(1) 龙贝格方法；

(2) 三点及五点高斯勒让德求积公式；

(3) 将积分区间四等分，用复合两点高斯勒让德求积公式.

16. 设 $f(x)=x^3$，分别对 $h=0.1,0.01$ 用中心差商公式计算 $f'(2)$ 的近似值.

17. 用三点求导公式求 $f(x)=\dfrac{1}{(1+x)^2}$ 在 $x=1.0,1.1,1.2$ 处的导数值，并估计误差，其中 $f(1.0)=0.2500$，$f(1.1)=0.2268$，$f(1.2)=0.2066$.

18. 试确定数值微分公式的截断误差表达式：

$$f'(x_0)\approx\frac{1}{2h}[4f(x_0+h)-3f(x_0)-f(x_0+2h)].$$

第7章 矩阵特征值的计算

工程实践及实际应用中经常会遇到求某些矩阵的特征值和特征向量的问题.如机械振动问题、层次分析法、主成分分析、稳定性问题以及谱方法等.这些问题的求解最终归结为矩阵的特征值求解问题.通过线性代数的学习,我们可以通过求解特征方程也就是通过多项式求根的方式来计算矩阵的特征值.这种方式对于大型矩阵而言显然是不适合的,而且多项式的根有时对于其系数是敏感的,系数中的任何误差(比如舍入误差)可能导致结果的不准确.因此,我们需要研究特征值及特征向量的数值计算方法.我们首先给出一些关于特征值的理论结果.

7.1 特征值的性质与估计

定理 7.1.1 设 λ 为矩阵 $\boldsymbol{A}\in\mathbf{R}^{n\times n}$ 的特征值,$\boldsymbol{Ax}=\lambda\boldsymbol{x},\boldsymbol{x}\neq\boldsymbol{0}$,则

(1) $c\lambda$ 是矩阵 $c\boldsymbol{A}$ 的特征值(c 为常数,$c\neq0$);

(2) $\lambda-\mu$ 为 $\boldsymbol{A}-\mu\boldsymbol{I}$ 的特征值,即

$$(\boldsymbol{A}-\mu\boldsymbol{I})\boldsymbol{x}=(\lambda-\mu)\boldsymbol{x};$$

(3) λ^k 为 $\boldsymbol{A}^k$ 的特征值.

定理 7.1.2 (1) 设 $\boldsymbol{A}\in\mathbf{R}^{n\times n}$ 可对角化,即存在非奇异矩阵 $\boldsymbol{P}$ 使

$$\boldsymbol{P}^{-1}\boldsymbol{AP}=\begin{pmatrix}\lambda_1 & & & \\ & \lambda_2 & & \\ & & \ddots & \\ & & & \lambda_n\end{pmatrix}$$

的充要条件是 $\boldsymbol{A}$ 具有 n 个线性无关的特征向量.

(2) 如果 $\boldsymbol{A}$ 有 m 个($m\leqslant n$)不同的特征值 $\lambda_1,\lambda_2,\cdots,\lambda_m$,则对应的特征向量 $\boldsymbol{x}_1,\boldsymbol{x}_2,\cdots,\boldsymbol{x}_m$ 线性无关.

定理 7.1.3 设 $\boldsymbol{A}\in\mathbf{R}^{n\times n}$ 为对称矩阵,则

(1) $\boldsymbol{A}$ 的特征值均为实数;

(2) $\boldsymbol{A}$ 有 n 个线性无关的特征向量;

(3) 存在正交矩阵 $\boldsymbol{P}$ 使

$$P^{\mathrm{T}}AP=\begin{pmatrix}\lambda_1 & & & \\ & \lambda_2 & & \\ & & \ddots & \\ & & & \lambda_n\end{pmatrix},$$

且 $\lambda_i(i=1,2,\cdots,n)$ 为 $\boldsymbol{A}$ 的特征值,而 $\boldsymbol{P}=(\boldsymbol{u}_1,\boldsymbol{u}_2,\cdots,\boldsymbol{u}_n)$ 的列向量 $\boldsymbol{u}_i$ 为 $\boldsymbol{A}$ 对应于 λ_i 的特征向量.

定理 7.1.4　设 $\boldsymbol{A}\in\mathbf{R}^{n\times n}$ 为对称矩阵(其特征值依次记为 $\lambda_1\geqslant\lambda_2\geqslant\cdots\geqslant\lambda_n$),则

(1) $\lambda_n\leqslant\dfrac{(\boldsymbol{Ax},\boldsymbol{x})}{(\boldsymbol{x},\boldsymbol{x})}\leqslant\lambda_1$(对任何非零向量 $\boldsymbol{x}\in\mathbf{R}^n$);

(2) $\lambda_1=\max\limits_{\boldsymbol{x}\in\mathbf{R}^n,\boldsymbol{x}\neq\boldsymbol{0}}\dfrac{(\boldsymbol{Ax},\boldsymbol{x})}{(\boldsymbol{x},\boldsymbol{x})},\lambda_n=\min\limits_{\boldsymbol{x}\in\mathbf{R}^n,\boldsymbol{x}\neq\boldsymbol{0}}\dfrac{(\boldsymbol{Ax},\boldsymbol{x})}{(\boldsymbol{x},\boldsymbol{x})}$.

记 $R(\boldsymbol{x})=\dfrac{(\boldsymbol{Ax},\boldsymbol{x})}{(\boldsymbol{x},\boldsymbol{x})},\boldsymbol{x}\neq\boldsymbol{0}$,称为矩阵 $\boldsymbol{A}$ 的瑞利(Rayleigh)商.

如果能够给出矩阵 $\boldsymbol{A}$ 特征值大小的一个范围,在很多情况下是有意义的,下面不加证明地给出特征值估计的一个定理(格什戈林圆盘定理).

定理 7.1.5　(1) 设 $\boldsymbol{A}=(a_{ij})_{n\times n}$,则 $\boldsymbol{A}$ 的每一个特征值必属于下述某个圆盘之中

$$|\lambda-a_{ii}|\leqslant r_i=\sum_{j=1,j\neq i}^{n}|a_{ij}|,\quad i=1,2,\cdots,n. \tag{7.1}$$

或者说 $\boldsymbol{A}$ 的特征值都在复平面的 n 个圆盘的并集中.

(2) 如果 $\boldsymbol{A}$ 的 m 个圆盘组成一个连通的并集 S,且 S 与其他 $n-m$ 个圆盘是分离的,则 S 内包含 $\boldsymbol{A}$ 的 m 个特征值.

定理 7.1.5(圆盘定理)

例 7.1.1　估计矩阵

$$\boldsymbol{A}=\begin{pmatrix}4 & 1 & 0\\ 1 & 0 & -1\\ 1 & 1 & -4\end{pmatrix}$$

的特征值范围.

解　$\boldsymbol{A}$ 的三个圆盘为

$$D_1:|\lambda-4|\leqslant1,\quad D_2:|\lambda|\leqslant2,\quad D_3:|\lambda+4|\leqslant2.$$

所以 $\boldsymbol{A}$ 的三个特征值位于三个圆盘的并集中,由于 D_1 是孤立圆盘,所以 D_1 内恰好包含 $\boldsymbol{A}$ 的一个特征值 λ_1,即

$$3\leqslant\lambda_1\leqslant5.$$

$\boldsymbol{A}$ 的其他两个特征值 λ_2,λ_3 包含在 D_2,D_3 的并集中.

现选取对角矩阵

$$\boldsymbol{D}^{-1}=\begin{pmatrix}1 & & \\ & 1 & \\ & & 0.9\end{pmatrix},$$

做相似变换

$$A \to A_1 = D^{-1}AD = \begin{pmatrix} 4 & 1 & 0 \\ 1 & 0 & -\dfrac{10}{9} \\ 0.9 & 0.9 & -4 \end{pmatrix},$$

A_1的三个圆盘为

$$D_1: |\lambda - 4| \leqslant 1, \quad D_2: |\lambda| \leqslant \frac{19}{9}, \quad D_3: |\lambda + 4| \leqslant 1.8.$$

这三个圆盘都是孤立圆盘,所以每个圆盘包含 A 的一个特征值,有估计

$$3 \leqslant \lambda_1 \leqslant 5, \quad -\frac{19}{9} \leqslant \lambda_2 \leqslant \frac{19}{9}, \quad -5.8 \leqslant \lambda_3 \leqslant -2.2.$$

7.2 幂法和反幂法

7.2.1 幂法

幂法主要用于求矩阵按模最大的特征值与其相应的特征向量,通过迭代产生向量序列,由此计算特征值和特征向量.

设 A 是一个 $n \times n$ 的实矩阵,它的特征值 $\lambda_i(i=1,2,\cdots,n)$ 满足 $|\lambda_1| > |\lambda_2| \geqslant |\lambda_3| \geqslant \cdots \geqslant |\lambda_n|$,且 $\lambda_i(i=1,2,\cdots,n)$ 相应的特征向量 $u_i(i=1,2,\cdots,n)$ 线性无关.

幂法的基本思想是对任一给定非零初始向量 $x^{(0)}$,由迭代公式

$$x^{(k+1)} = Ax^{(k)}, \quad k = 0,1,2,\cdots \tag{7.2}$$

产生向量序列 $x^{(k)}$,下面我们来分析迭代序列的性质.

首先,不妨设 $\|u_i\| = 1(i=1,2,\cdots,n)$,由于 $u_i(i=1,2,\cdots,n)$ 线性无关,故必存在 n 个不全为零的数 $\alpha_i(i=1,2,\cdots,n)$,使得 $x^{(0)}$ 可由 $u_i(i=1,2,\cdots,n)$ 线性表示,即

$$x^{(0)} = \sum_{i=1}^{n} \alpha_i u_i.$$

由式(7.2)得

$$x^{(k+1)} = Ax^{(k)} = A^{k+1}x^{(0)} = \sum_{i=1}^{n} A^{k+1}(\alpha_i u_i) = \sum_{i=1}^{n} \alpha_i \lambda_i^{k+1} u_i, \tag{7.3}$$

即

$$x^{(k+1)} = \lambda_1^{k+1}[\alpha_1 u_1 + (\lambda_2/\lambda_1)^{k+1}\alpha_2 u_2 + \cdots + (\lambda_n/\lambda_1)^{k+1}\alpha_n u_n]. \tag{7.4}$$

设 $\alpha_1 \neq 0$,由 $|\lambda_1| > |\lambda_i|$ $(i=2,3,\cdots,n)$得

$$\lim_{k\to\infty} (\lambda_i/\lambda_1)^{k+1}\alpha_i u_i = \mathbf{0}, \tag{7.5}$$

那么

$$\lim_{k\to\infty}\sum_{i=2}^{n}(\lambda_i/\lambda_1)^{k+1}\alpha_i\boldsymbol{u}_i=\boldsymbol{0},\tag{7.6}$$

因此只要 k 充分大,我们有

$$\boldsymbol{x}^{k+1}=\lambda_1^{k+1}\left[\alpha_1\boldsymbol{u}_1+\sum_{i=2}^{n}(\lambda_i/\lambda_1)^{k+1}\alpha_i\boldsymbol{u}_i\right]\approx\lambda_1^{k+1}\alpha_1\boldsymbol{u}_1,\tag{7.7}$$

因此我们可以把 $\boldsymbol{x}^{(k+1)}$ 作为与 λ_1 相对应的特征向量的近似.由 $\boldsymbol{x}^{k+1}\approx\lambda_1^{k+1}\alpha_1\boldsymbol{u}_1,\boldsymbol{x}^k\approx\lambda_1^k\alpha_1\boldsymbol{u}_1$ 得

$$\lambda_1\approx\frac{x_i^{(k+1)}}{x_i^{(k)}}\quad(i=1,2,\cdots,n),\tag{7.8}$$

其中 $x_i^{(k)}$ 是 $\boldsymbol{x}^{(k)}$ 的第 i 个分量,就是说相邻迭代向量分量的比值收敛到主特征值.

根据式(7.2)和式(7.8)计算矩阵 $\boldsymbol{A}$ 按模最大的特征值与相应的特征向量的方法称为幂法.

因为 $\boldsymbol{x}^{(k)}\approx\lambda_1^k\alpha_1\boldsymbol{u}_1$,如果 $|\lambda_1|>1$(或 $|\lambda_1|<1$),迭代向量的分量随着 $k\to\infty$ 而趋于无穷(或趋于零),这样在计算过程中可能会出现溢出,实际计算时需要将向量归一化.因此幂法每次迭代的计算公式为

$$\begin{cases}\boldsymbol{y}^{(k)}=\dfrac{\boldsymbol{x}^{(k)}}{x_r^{(k)}},\ |x_r^{(k)}|=\max\limits_{1\leqslant i\leqslant n}|x_i^{(k)}| & (k=0,1,2,\cdots),\\ \boldsymbol{x}^{(k+1)}=\boldsymbol{A}\boldsymbol{y}^{(k)}, \\ \lambda_1=x_r^{(k+1)}.\end{cases}\tag{7.9}$$

算法 7.2.1

(1) 输入矩阵 $\boldsymbol{A}=(a_{ij})$,初始向量 $\boldsymbol{x}=(x_1,x_2,\cdots,x_n)$,误差限为 ε,最大迭代次数 N.

(2) 设置 $k=1,\mu=0$.

(3) 求整数 r,使 $|x_r|=\max\limits_{1\leqslant i\leqslant n}|x_i|$,置 $\alpha=x_r$.

(4) 计算 $\boldsymbol{y}=\dfrac{\boldsymbol{x}}{\alpha},\boldsymbol{x}=\boldsymbol{A}\boldsymbol{y}$,置 $\lambda=x_r$.

(5) 若 $|\lambda-\mu|<\varepsilon$,输出 λ,x;否则,转(6).

(6) 若 $k<N,k=k+1,\mu=\lambda$,转(3);否则,输出失败信息.

例 7.2.1　用幂法求矩阵

$$\begin{pmatrix}2&-1&0\\0&2&-1\\0&-1&2\end{pmatrix}$$

的按模最大特征值和对应的特征向量。取 $\boldsymbol{x}^{(0)}=(0,0,1)^{\mathrm{T}}$,要求误差不超过 10^{-3}.

幂法及反幂法的计算流程

解　由算法 7.2.1,我们有

$$\boldsymbol{y}^{(0)}=\boldsymbol{x}^{(0)}=(0,0,1)^{\mathrm{T}},$$
$$\boldsymbol{x}^{(1)}=\boldsymbol{A}\boldsymbol{y}^{(0)}=(0,-1,2)^{\mathrm{T}},$$

$$y^{(1)}=\frac{x^{(1)}}{\alpha}=(0,-0.5,1)^{\mathrm{T}},$$
$$x^{(2)}=Ay^{(1)}=(0.5,-2,2.5)^{\mathrm{T}},\alpha=2.5, \tag{7.10}$$

如此进行下去,计算结果见表 7.1.

表 7.1 幂法示例计算结果

k	$x_1^{(k)}$	$x_2^{(k)}$	$x_3^{(k)}$	α	$y_1^{(k)}$	$y_2^{(k)}$	$y_3^{(k)}$
0	0	0	1	1	0	0	1
1	0	-1	2	2	0	-0.5	1
2	0.5	-2	2.5	2.5	0.2	-0.8	1
3	1.2	-2.6	2.8	2.8	0.4285714	-0.9285714	1
4	1.7857142	-2.8571428	2.9285714	2.9285714	0.6097560	-0.9756097	1
5	2.1951218	-2.951394	2.9756097	2.9756097	0.7377048	-0.9756097	1
6	2.4672717	-2.9837238	2.9918619	2.9918619	0.8246609	-0.9918619	1
7	2.6466018	-2.9945598	2.9972799	2.9972799	0.8830012	-0.9972799	1
8	2.7650948	-2.9981848	2.9990924	2.9990924	0.9219772	-0.9990924	1
9	2.8436517	-2.9993946	2.9996973	2.9996973		-0.9996973	1

由于 $2.9996973-2.9990924<0.0006049<10^{-3}$,故 $\lambda_1\approx 2.9996973$,相应的特征向量为 $u\approx(2.8436517,-2.9993946,2.9996973)^{\mathrm{T}}$.实际上,$A$ 的特征值为 $\lambda_1=3,\lambda_2=2,\lambda_3=1$,与 λ_1 对应的特征向量为$(1,-1,1)^{\mathrm{T}}$.

幂法的收敛速度由比值 $r=\left|\frac{\lambda_2}{\lambda_1}\right|$决定,$r$ 越小收敛速度越快,当 $r\approx1$ 时收敛速度可能很慢.艾特肯加速方法同样可以用于幂法来提高收敛速度,读者可自行推导其修正序列.我们在这里再介绍另外一种幂法加速收敛的方法——原点平移法.

引进矩阵

$$B=A-pI,$$

其中 p 为参数.设 A 的特征值为 $\lambda_1,\lambda_2,\cdots,\lambda_n$,则 B 的相应特征值为 $\lambda_1-p,\lambda_2-p,\cdots,\lambda_n-p$,且 A,B 的特征向量相同.如果需要计算 A 的主特征值 λ_1,就要适当的选择 p 使 λ_1-p 仍然是 B 的主特征值,且使

$$\left|\frac{\lambda_2-p}{\lambda_1-p}\right|<\left|\frac{\lambda_2}{\lambda_1}\right|.$$

对 B 应用幂法,使计算过程得到加速.

例 7.2.2 设 $A\in\mathbf{R}^{4\times4}$有特征值

$$\lambda_j=15-j,\quad j=1,2,3,4,$$

可得

$$\frac{\lambda_2}{\lambda_1}\approx0.9.$$

做变换

$$B=A-pI,\quad p=12,$$

则 B 的特征值为

$$\mu_1=2,\quad \mu_2=1,\quad \mu_3=0,\quad \mu_4=-1.$$

得

$$\left|\frac{\mu_2}{\mu_1}\right|=\frac{1}{2}<0.9.$$

虽然可以通过选择有利的 p 值，使幂法得到加速，但设计一个自动选择适当参数 p 的过程是困难的.下面考虑当 A 的特征值是实数时，如何选择 p 使采用幂法计算 λ_1 得到加速.

设 A 的特征值满足

$$\lambda_1>\lambda_2\geqslant\cdots\geqslant\lambda_{n-1}>\lambda_n,\tag{7.11}$$

则不管如何选择 p，$B=A-pI$ 的主特征值为 λ_1-p 或 λ_n-p，当我们希望计算 λ_1 及 x_1 时，首先应选择 p 使

$$|\lambda_1-p|>|\lambda_n-p|,$$

且使收敛速度的比值

$$\omega=\max\left\{\frac{|\lambda_2-p|}{|\lambda_1-p|},\frac{|\lambda_n-p|}{|\lambda_1-p|}\right\}=\min.$$

显然，当 $\dfrac{\lambda_2-p}{\lambda_1-p}=-\dfrac{\lambda_n-p}{\lambda_1-p}$，即 $p=\dfrac{\lambda_2+\lambda_n}{2}$ 时 ω 为最小，此时收敛速度为

$$\frac{\lambda_2-\lambda_n}{2\lambda_1-\lambda_2-\lambda_n}.$$

当计算 λ_n 时，应选择

$$p=\frac{\lambda_1+\lambda_{n-1}}{2}.$$

当然，这类方法需要我们对矩阵的特征值范围有比较好的估计.

7.2.2 反幂法

反幂法是计算矩阵按模最小的特征值及特征向量的方法，也是修正特征值、求相应特征向量最有效的方法.反幂法的基本思想为设 A 是 $n\times n$ 阶非奇异矩阵，λ，u 是 A 的特征值与对应的特征向量，则 A^{-1} 的特征值是 A 的特征值的倒数，它们的特征向量相同，即

$$A^{-1}u=\frac{1}{\lambda}u,\tag{7.12}$$

那么，若对矩阵 A^{-1} 用幂法，即可计算出 A^{-1} 的按模最大的特征值的倒数恰好是 A 的最小的特征值.

因为 A^{-1} 的计算很繁琐，而且很多时候不能保持矩阵 A 的好性质（如稀疏性），所以反幂法在实际计算时不是直接利用 $x^{(k+1)}=A^{-1}x^{(k)}$

求得 $\boldsymbol{x}^{(k+1)}$，而是用解线性方程组

$$\boldsymbol{A}\boldsymbol{x}^{(k+1)}=\boldsymbol{x}^{(k)} \tag{7.13}$$

来代替.由于矩阵在迭代过程中不变，因此可以先对矩阵 $\boldsymbol{A}$ 进行三角分解，这样每次迭代只要解两个三角方程组即可.

反幂法计算的主要步骤如下：

1. 对 $\boldsymbol{A}$ 进行三角分解 $\boldsymbol{A}=\boldsymbol{L}\boldsymbol{U}$.
2. 求整数 r，使得 $|x_r^{(k)}|=\max\limits_{1\leqslant i\leqslant n}|x_i|$.
3. 解方程组

$$\begin{aligned}\boldsymbol{L}\boldsymbol{z}&=\boldsymbol{y}^{(k)},\\ \boldsymbol{U}\boldsymbol{x}^{(k+1)}&=\boldsymbol{z}.\end{aligned} \tag{7.14}$$

4. 取

$$\lambda_n\approx\frac{1}{x_r^{(k+1)}}$$

用带原点移位的反幂法来修正特征值，并求对应的特征向量是一种非常有效的方法.设已知 $\boldsymbol{A}$ 的一个特征值 λ 的近似值为 λ^*，因为 λ^* 接近 λ，一般有

$$0<|\lambda-\lambda^*|\ll|\lambda_i-\lambda^*|\quad(\lambda_i\neq\lambda), \tag{7.15}$$

因此 $\lambda-\lambda^*$ 是矩阵 $\boldsymbol{A}-\lambda^*\boldsymbol{I}$ 的按模最小的特征值.

算法 7.2.2

（1）输入矩阵 $\boldsymbol{A}=(a_{ij})$，近似值 λ^*，初始向量 $\boldsymbol{x}=(x_1,x_2,\cdots,x_n)$，误差限为 ε，最大迭代次数 N.

（2）设置 $k=1,\mu=1$.

（3）做三角分解 $\boldsymbol{A}-\lambda^*\boldsymbol{I}=\boldsymbol{L}\boldsymbol{U}$.

（4）求整数 r，使 $|x_r|=\max\limits_{1\leqslant i\leqslant n}|x_i|$，置 $\alpha=x_r$.

（5）计算 $\boldsymbol{y}=\dfrac{\boldsymbol{x}}{\alpha}$，$\boldsymbol{L}\boldsymbol{z}=\boldsymbol{y}$，$\boldsymbol{U}\boldsymbol{x}=\boldsymbol{z}$，置 $\beta=x_r$.

（6）若 $\left|\dfrac{1}{\beta}-\dfrac{1}{\mu}\right|<\varepsilon$，则 $\lambda=\lambda^*+\dfrac{1}{\beta}$，输出 $\lambda,\boldsymbol{x}$；否则转(7).

（7）若 $k<N$，$k=k+1$，$\mu=\beta$，转(4)；否则，输出失败信息.

例 7.2.3 用反幂法求矩阵

$$\begin{pmatrix}2&-1&0\\0&2&-1\\0&-1&2\end{pmatrix}$$

接近 2.93 的特征值，并求相应的特征向量，取 $\boldsymbol{x}^{(0)}=(0,0,1)^{\mathrm{T}}$.

解 对矩阵 $\boldsymbol{A}-2.93\boldsymbol{I}$ 做三角分解得

$$\boldsymbol{A}-2.93\boldsymbol{I}=\begin{pmatrix}-0.93&-1&0\\0&-0.93&-1\\0&-1&-0.93\end{pmatrix}$$

幂法与反幂法的优缺点

$$=\begin{pmatrix}1 & 0 & 0\\ 0 & 1 & 0\\ 0 & \frac{1}{0.93} & 1\end{pmatrix}\begin{pmatrix}-0.93 & -1 & 0\\ 0 & -0.93 & -1\\ 0 & 0 & -0.93+\frac{1}{0.93}\end{pmatrix},\tag{7.16}$$

按照算法 7.2.2 计算结果见表 7.2.经过 3 次迭代,也就是 $\lambda\approx 3.0000954$,与精确值 $\lambda=3$ 的误差小于 10^{-4},对应的特征向量为 $u\approx\frac{x^{(3)}}{\alpha_3}=(1,-0.9992431,0.9991478)^{\mathrm{T}}$ 与精确值 $(1,-1,1)^{\mathrm{T}}$ 比较,残差 $\|r\|_\infty<0.001$.

表 7.2　反幂法示例

k	$x_1^{(k)}$	$x_2^{(k)}$	$x_3^{(k)}$	α	$y_1^{(k)}$	$y_2^{(k)}$	$y_3^{(k)}$
0	0	0	1	1	0	0	1
1	0	−1	2	2	0	−0.5	1
2	0.5	−2	2.5	2.5	0.2	−0.8	1
3	1.2	−2.6	2.8	2.8	0.4285714	−0.9285714	1
4	1.7857142	−2.8571428	2.9285714	2.9285714	0.6097560	−0.9756097	1
5	2.1951218	−2.951394	2.9756097	2.9756097	0.7377048	−0.9756097	1
6	2.4672717	−2.9837238	2.9918619	2.9918619	0.8246609	−0.9918619	1
7	2.6466018	−2.9945598	2.9972799	2.9972799	0.8830012	−0.9972799	1
8	2.7650948	−2.9981848	2.9990924	2.9990924	0.9219772	−0.9990924	1
9	2.8436517	−2.9993946	2.9996973	2.9996973		−0.9996973	1

7.3　雅可比方法

雅可比方法是一种求实对称矩阵的全部特征值及对应的特征向量的方法.该方法主要基于以下两个原理:

1. 任何一个实对称矩阵 A 可以通过正交相似变换化成对角形,即存在正交矩阵 Q,使得

$$Q^{\mathrm{T}}AQ=\mathrm{diag}(\lambda_1,\lambda_2,\cdots,\lambda_n),\tag{7.17}$$

其中 $\lambda_i(i=1,2,\cdots,n)$ 是 A 的特征值,Q 的各列是对应的特征向量.

2. 经正交相似变换,矩阵元素的平方和不变.设 $A=(a_{ij})_{n\times n}$,P 为正交矩阵,$B=P^{\mathrm{T}}AP=(b_{ij})_{n\times n}$,则

$$\sum_{i,j=1}^{n}a_{ij}^2=\sum_{i,j=1}^{n}b_{ij}^2.\tag{7.18}$$

雅可比方法的基本思想是经过一次正交变换,将 A 中一对非零的非对角元素化为零,并使得非对角元素的平方和减小.重复上述步骤,使得变换后的矩阵的非对角元素的平方和趋于零,从而使矩阵

近似为对角矩阵，得到全部特征值和特征向量.

7.3.1 实对称矩阵的旋转正交相似变换

这里首先介绍一种正交变换，它是雅可比方法的基本工具.

定义 7.3.1 设 $1\leqslant i<j\leqslant n$，则矩阵

$$\boldsymbol{V}(i,j)=\begin{pmatrix}1&&&&&&&&\\&\ddots&&&&&&&\\&&1&&&&&&\\&&&\cos\phi&&&\sin\phi&&\\&&&&1&&&&\\&&&\vdots&&\ddots&\vdots&&\\&&&&&1&&&\\&&&-\sin\phi&&&\cos\phi&&\\&&&&&&&1&\\&&&&&&&&\ddots\\&&&&&&&&&1\end{pmatrix}\begin{matrix}\\ \\ \\ i\\ \\ \\ \\ j\\ \\ \\ \\ \end{matrix}\tag{7.19}$$

（第 i 列、第 j 列）

为(i,j)平面的旋转矩阵，或吉文斯(Givens)变换矩阵.

显然 $\boldsymbol{V}=\boldsymbol{V}(i,j)$ 为正交矩阵，即 $\boldsymbol{V}^{\mathrm{T}}\boldsymbol{V}=\boldsymbol{I}$.对于向量 $\boldsymbol{x}\in\mathbf{R}^n$，由线性变换 $\boldsymbol{y}=\boldsymbol{V}\boldsymbol{x}$ 得到的向量 $\boldsymbol{y}$ 的分量为

$$\begin{cases}y_i=x_i\cos\phi+x_j\sin\phi,\\ y_j=-x_i\sin\phi+x_j\cos\phi,\\ y_k=x_k,\quad k\neq i,j,\end{cases}$$

即 $\boldsymbol{V}(i,j)$ 对向量 $\boldsymbol{x}$ 的作用只改变 i,j 两个分量.易验证矩阵 $\boldsymbol{V}(i,j)$ 具有如下性质：

定理 7.3.1 设 $\boldsymbol{x}\in\mathbf{R}^n$ 的第 j 个分量 $x_j\neq0$，$1\leqslant i<j\leqslant n$.如果令

$$c=\cos\phi=\frac{x_i}{\sqrt{x_i^2+x_j^2}},\quad s=\sin\phi=\frac{x_j}{\sqrt{x_i^2+x_j^2}},\tag{7.20}$$

则 $\boldsymbol{y}=\boldsymbol{V}(i,j)\boldsymbol{x}$ 的分量为

$$\begin{cases}y_i=\sqrt{x_i^2+x_j^2},\\ y_j=0,\\ y_k=x_k,\quad k\neq i,j.\end{cases}\tag{7.21}$$

上述定理表明，可以用吉文斯变换将向量的某个分量变为零.

例 7.3.1 设 $\boldsymbol{x}=(-2,4,-1,3)^{\mathrm{T}}$，构造吉文斯变换 $\boldsymbol{V}(2,4)$ 使 $\boldsymbol{y}=\boldsymbol{V}(2,4)\boldsymbol{x}$ 的分量 $y_4=0$.

解 这里 $i=2,j=4$.按式(7.20)，有

$$c=\cos\phi=\frac{4}{\sqrt{4^2+3^2}}=\frac{4}{5},\quad s=\sin\phi=\frac{3}{\sqrt{4^2+3^2}}=\frac{3}{5}.$$

可得

$$V(2,4)=\begin{pmatrix}1 & & & \\ & \frac{4}{5} & & \frac{3}{5} \\ & & 1 & \\ & -\frac{3}{5} & & \frac{4}{5}\end{pmatrix}$$

可得

$$\boldsymbol{y}=\boldsymbol{V}(2,4)\boldsymbol{x}=(-2,5,-1,0)^{\mathrm{T}}.$$

7.3.2 求矩阵特征值的雅可比方法

下面介绍吉文斯变换对实对称矩阵的作用.设 $\boldsymbol{A}$ 为 n 阶实对称矩阵,记

$$\boldsymbol{A}^{(1)}=\boldsymbol{V}(i,j)\boldsymbol{A}\boldsymbol{V}^{\mathrm{T}}(i,j)=(a_{ij}^{(1)}),$$

我们有

$$\begin{aligned}
a_{ii}^{(1)}&=a_{ii}\cos^2\phi+a_{jj}\sin^2\phi+a_{ij}\sin2\phi,\\
a_{jj}^{(1)}&=a_{ii}\sin^2\phi+a_{jj}\cos^2\phi-a_{ij}\sin2\phi,\\
a_{il}^{(1)}&=a_{li}^{(1)}=a_{il}\cos\phi+a_{jl}\sin\phi\quad(l\neq i,j),\\
a_{jl}^{(1)}&=a_{lj}^{(1)}=-a_{il}\sin\phi+a_{jl}\cos\phi,\\
a_{lm}^{(1)}&=a_{ml}^{(1)}=a_{lm}\quad(l,m\neq i,j),\\
a_{ij}^{(1)}&=a_{ji}^{(1)}=\frac{1}{2}(a_{jj}-a_{ii})\sin2\phi+a_{ij}\cos2\phi.
\end{aligned}\tag{7.22}$$

如果 $a_{ij}\neq0$,要使得 $a_{ij}^{(1)}=a_{ji}^{(1)}=0$,取 ϕ 满足下面条件即可

$$\tan2\phi=\frac{2a_{ij}}{(a_{ii}-a_{jj})}\left(|\phi|<\frac{\pi}{4}\right).$$

如此进行下去,通过一系列旋转相似变换将 $\boldsymbol{A}$ 变成 $\boldsymbol{A}^{(k+1)}$,求得 $\boldsymbol{A}$ 的全部特征值与特征向量的方法称为雅可比方法.下面介绍古典雅可比方法,在对 $\boldsymbol{A}$ 的相似变换过程中,每一步都选绝对值最大的非对角元素 $a_{ij}^{(k)}$ 来确定旋转矩阵.该方法具体计算过程如下:

雅可比方法的实施问题

1. 令 $k=0,\boldsymbol{A}^{(k)}=\boldsymbol{A}$.
2. 求使得 $|a_{ij}^{(k)}|=\max\limits_{1\leqslant s,t\leqslant n,s\neq t}|a_{st}^{(k)}|$ 的整数 i,j.
3. 计算旋转矩阵

$$\begin{aligned}
a&=\cot2\phi=\frac{a_{ii}^{(k)}-a_{jj}^{(k)}}{2a_{ij}^{(k)}},\\
b&=\tan\phi=\operatorname{sign}(a)(\sqrt{a^2+1}-|a|),\\
c&=\cos\phi=\frac{1}{\sqrt{1+b^2}},\\
d&=\sin\phi=bc,\\
V^{(k)}&=V_{ij}(\phi).
\end{aligned}\tag{7.23}$$

4. 计算 $\boldsymbol{A}^{(k+1)}$

$$\begin{aligned}
a_{ii}^{(k+1)} &= c^2a_{ii}^{(k)}+d^2a_{jj}^{(k)}+2cda_{ij}^{(k)},\\
a_{jj}^{(k+1)} &= d^2a_{ii}^{(k)}+c^2a_{jj}^{(k)}-2cda_{ij}^{(k)},\\
a_{il}^{(k+1)} &= a_{li}^{(k+1)}=ca_{il}^{(k)}+da_{jl}^{(k)},\\
a_{jl}^{(k+1)} &= a_{lj}^{(k+1)}=-da_{il}^{(k)}+ca_{jl}^{(k)} \quad (l=1,2,\cdots,n,l\neq i,j),\\
a_{lm}^{(k+1)} &= a_{ml}^{(k+1)}=a_{lm}^{(k)} \quad (l,m=1,2,\cdots,n,l,m\neq i,j),
\end{aligned} \tag{7.24}$$

$$\text{设置 } a_{ij}^{(k+1)}=a_{ji}^{(k+1)}=0.$$

5. 计算 $E(\boldsymbol{A}^{k+1})=\sum\limits_{l\neq m}(a_{lm}^{(k+1)})^2$.

6. 若 $E(\boldsymbol{A}^{k+1})<\varepsilon$，则 $a_{11}^{(k+1)},a_{22}^{(k+1)},\cdots,a_{nn}^{(k+1)}$ 为特征值，$\boldsymbol{Q}=\boldsymbol{V}^{(0)}\boldsymbol{V}^{(1)}\cdots\boldsymbol{V}^{(k)}$ 的各列为对应的特征向量；否则，$k=k+1$，返回 2，重复上述过程.

一般地，雅可比方法无法在有限步内将 $\boldsymbol{A}$ 化成对角阵，但是具有收敛性.此外，该方法对舍入误差具有较强的稳定性，所求得的特征向量正交性很好.它的缺点是运算量大，不能保持矩阵的特殊形状（如稀疏性），因此雅可比方法是求中小型稠密实矩阵的全部特征值和特征向量较好的方法.

例 7.3.2 用雅可比方法求矩阵

$$\begin{pmatrix}1 & 2 & 0\\ 2 & 2 & -1\\ 0 & -1 & 1\end{pmatrix}$$

的特征值.

解 (1) 取 $i=1,j=2,\cot 2\phi=-4$，故

$$\cos\phi=0.7882,\quad \sin\phi=-0.6154,$$

那么

$$\boldsymbol{V}_0=\boldsymbol{V}(1,2)=\begin{pmatrix}0.7882 & -0.6154 & 0\\ 0.6154 & 0.7882 & 0\\ 0 & 0 & 1\end{pmatrix},$$

$$\begin{aligned}
\boldsymbol{A}^{(1)} &= \boldsymbol{V}_0\boldsymbol{A}^{(0)}\boldsymbol{V}_0^{\mathrm{T}}\\
&= \begin{pmatrix}0.7882 & -0.6154 & 0\\ 0.6154 & 0.7882 & 0\\ 0 & 0 & 1\end{pmatrix}\begin{pmatrix}1 & 2 & 0\\ 2 & 2 & -1\\ 0 & -1 & 1\end{pmatrix}\begin{pmatrix}0.7882 & 0.6154 & 0\\ -0.6154 & 0.7882 & 0\\ 0 & 0 & 1\end{pmatrix}\\
&= \begin{pmatrix}-0.5615 & 0 & 0.6154\\ 0 & 3.5615 & -0.7882\\ 0.6154 & -0.7882 & 1\end{pmatrix},
\end{aligned} \tag{7.25}$$

(2) 再取 $i=2,j=3,\tan 2\phi=-0.6154,\cos\phi=0.9622,\sin\phi=-0.2723$，则

$$\boldsymbol{V}_1=\boldsymbol{V}(1,3)=\begin{pmatrix}1 & 0 & 0\\ 0 & 0.9622 & -0.2723\\ 0 & 0.2723 & 0.9622\end{pmatrix},$$

$$A^{(2)}=V_1A^{(1)}V_1^{\mathrm{T}}=\begin{pmatrix}-0.5615 & -0.1675 & 0.5921\\ -0.1675 & 3.7845 & -0.0002\\ 0.5921 & -0.0002 & 0.7769\end{pmatrix},$$

重复上述步骤可得,

$$A^{(6)}=V_4A^{(4)}V_4^{\mathrm{T}}=\begin{pmatrix}-0.7912 & 0 & 0\\ 0 & 3.7912 & -0.0001\\ 0 & -0.0001 & 1.000\end{pmatrix}$$

$$\approx\begin{pmatrix}-0.7912 & 0 & 0\\ 0 & 3.7912 & 0\\ 0 & 0 & 1\end{pmatrix}.$$

那么 $E(A^{(6)})=2\times(0.0001)^2=2\times10^{-8}$.因此我们得到 A 的特征值为

$$\lambda_1\approx3.79121,\quad \lambda_2\approx1,\quad \lambda_3=-0.7912.$$

7.4 QR 方法

QR 方法是 20 世纪 60 年代出现的,该方法是目前计算中小型矩阵全部特征值和对应的特征向量最有效的方法.MATLAB 的库函数 eig 就是利用的这种方法计算特征值和特征向量.本章只介绍基本 QR 方法.

7.4.1 豪斯霍尔德变换及矩阵的 QR 分解

定义 7.4.1 设向量 $v\in\mathbf{R}^n$ 满足 $v^{\mathrm{T}}v=1$,令 $H=I-2vv^{\mathrm{T}}$,则称 H 为豪斯霍尔德(Householder)变换,又称初等反射变换.

根据上述定义容易看出

$$H^{\mathrm{T}}=(I-2vv^{\mathrm{T}})^{\mathrm{T}}=I-2vv^{\mathrm{T}}=H,$$

且

$$HH^{\mathrm{T}}=HH=(I-2vv^{\mathrm{T}})(I-2vv^{\mathrm{T}})=I-4vv^{\mathrm{T}}+4v(v^{\mathrm{T}}v)v^{\mathrm{T}}=I,$$

也就是说 H 是对称正交矩阵.

定理 7.4.1 设 x,y 是两个不相等的 n 维向量,且满足 $\|x\|_2=\|y\|_2$,则存在一个豪斯霍尔德矩阵 H,使得 $Hx=y$.

证 令 $v=\dfrac{(x-y)}{\|x-y\|_2}$,则有豪斯霍尔德矩阵

$$H=I-2vv^{\mathrm{T}}=I-2\frac{(x-y)(x^{\mathrm{T}}-y^{\mathrm{T}})}{\|x-y\|_2^2}.$$

于是,

$$Hx=x-2\frac{(x-y)(x^{\mathrm{T}}-y^{\mathrm{T}})}{\|x-y\|_2^2}x=x-2\frac{(x-y)(x^{\mathrm{T}}x-y^{\mathrm{T}}x)}{\|x-y\|_2^2},$$

注意到

$$\|x-y\|_2^2=(x-y)^{\mathrm{T}}(x-y)=2(x^{\mathrm{T}}x-y^{\mathrm{T}}x),$$

故

$$Hx=x-(x-y)=y.$$

基本 QR 方法的实施步骤

推论 7.4.1　设 $x=(x_1,x_2,\cdots,x_n)^{\mathrm{T}}$ 是 n 维向量，则存在一个豪斯霍尔德矩阵

$$H=I-2\frac{uu^{\mathrm{T}}}{\|u\|_2^2}=I-\rho^{-1}uu^{\mathrm{T}},\tag{7.26}$$

使得

$$Hx=-\alpha e_1,$$

其中 $\alpha=\mathrm{sgn}(x_1)\|x\|_2, e_1=(1,0,\cdots,0)^{\mathrm{T}}, u=x+\alpha e_1, \rho=\dfrac{\|u\|_2^2}{2}$.

例 7.4.1　设 $x=(3,5,1,1)^{\mathrm{T}}$，则 $\|x\|_2=6$.

取

$$u=x+6e_1=(9,5,1,1)^{\mathrm{T}}$$

则

$$\|u\|_2^2=108,\quad \rho=\frac{1}{2}\|u\|_2^2=54,$$

$$H=I-\rho^{-1}uu^{\mathrm{T}}=\frac{1}{54}\begin{pmatrix}-27 & -45 & -9 & -9\\ -45 & 29 & -5 & -5\\ -9 & -5 & 53 & -1\\ -9 & -5 & -1 & 53\end{pmatrix}$$

可直接验证 $Hx=(-6,0,0,0)^{\mathrm{T}}$.

定理 7.4.2　设 $A\in\mathbf{R}^{n\times n}$ 非奇异，则存在正交矩阵 P 使 $PA=R$，其中 R 为上三角矩阵.

证　我们用豪斯霍尔德变换来构造正交矩阵 P，记 $A^{(0)}=A$，它的第一列记为 $a_1^{(0)}$，不妨设 $a_1^{(0)}\neq 0$，可按式(7.26)找到矩阵 $H_1\in\mathbf{R}^{n\times n}$，使

$$H_1a_1^{(0)}=-\alpha_1e_1,\quad e_1=(1,0,\cdots,0)^{\mathrm{T}}\in\mathbf{R}^n.$$

于是

$$A^{(1)}=H_1A^{(0)}=(H_1a_1^{(0)},H_1a_2^{(0)},\cdots,H_1a_n^{(0)})=\begin{pmatrix}-\alpha_1 & b^{(1)}\\ 0 & \overline{A}^{(1)}\end{pmatrix},$$

其中

$$\overline{A}^{(1)}=(a_1^{(1)},a_2^{(1)},\cdots,a_{n-1}^{(1)})\in\mathbf{R}^{(n-1)\times(n-1)}.$$

一般地，设

$$A^{(j-1)}=\begin{pmatrix}D^{(j-1)} & B^{(j-1)}\\ O & \overline{A}^{(j-1)}\end{pmatrix},$$

其中 $D^{(j-1)}$ 为 $j-1$ 阶方阵，其对角线以下元素均为零，$\overline{A}^{(j-1)}$ 为 $n-j+1$

阶方阵,设其第一列为 $\boldsymbol{a}_1^{(j-1)}$,可选择 $n-j+1$ 阶的豪斯霍尔德变换 $\boldsymbol{H}_j\in\mathbf{R}^{(n-j)\times(n-j)}$,使

$$\overline{\boldsymbol{H}}_j\boldsymbol{a}_1^{(j-1)}=-\alpha_j\boldsymbol{e}_1,\quad \boldsymbol{e}_1=(1,0,\cdots,0)^{\mathrm{T}}\in\mathbf{R}^{n-j+1}.$$

根据 $\overline{\boldsymbol{H}}_j$构造 $n\times n$ 阶变换矩阵 $\boldsymbol{H}_j$,

$$\boldsymbol{H}_j=\begin{pmatrix}\boldsymbol{I}_{j-1} & \boldsymbol{O}\\ \boldsymbol{O} & \overline{\boldsymbol{H}}_j\end{pmatrix}$$

于是有

$$\boldsymbol{A}^{(j)}=\boldsymbol{H}_j\boldsymbol{A}^{(j-1)}=\begin{pmatrix}\boldsymbol{D}^{(j)} & \boldsymbol{B}^{(j)}\\ \boldsymbol{O} & \overline{\boldsymbol{A}}^{(j)}\end{pmatrix}.$$

这样经过 $n-1$ 步运算可得

$$\boldsymbol{H}_{n-1}\cdots\boldsymbol{H}_1\boldsymbol{A}=\boldsymbol{A}^{(n-1)}=\boldsymbol{R},$$

其中 $\boldsymbol{R}$ 为上三角矩阵,$\boldsymbol{P}=\boldsymbol{H}_{n-1}\cdots\boldsymbol{H}_1$ 为正交矩阵,从而有 $\boldsymbol{PA}=\boldsymbol{R}$.

定理 7.4.3(*QR* 分解定理) 设 $\boldsymbol{A}\in\mathbf{R}^{n\times n}$ 为非奇异矩阵,则存在正交矩阵 $\boldsymbol{Q}$ 与上三角矩阵 $\boldsymbol{R}$,使 $\boldsymbol{A}$ 有分解

$$\boldsymbol{A}=\boldsymbol{QR},$$

且当 $\boldsymbol{R}$ 的对角元素为正时,分解唯一.

证 从定理 7.4.2 可知,只要令 $\boldsymbol{Q}=\boldsymbol{P}^{\mathrm{T}}$就有 $\boldsymbol{A}=\boldsymbol{QR}$,下面证唯一性,设有两种分解

$$\boldsymbol{A}=\boldsymbol{Q}_1\boldsymbol{R}_1=\boldsymbol{Q}_2\boldsymbol{R}_2,$$

其中 $\boldsymbol{Q}_1,\boldsymbol{Q}_2$ 为正交矩阵,$\boldsymbol{R}_1,\boldsymbol{R}_2$ 为上三角矩阵,则

$$\boldsymbol{A}^{\mathrm{T}}\boldsymbol{A}=\boldsymbol{R}_1^{\mathrm{T}}\boldsymbol{Q}_1^{\mathrm{T}}\boldsymbol{Q}_1\boldsymbol{R}_1=\boldsymbol{R}_1^{\mathrm{T}}\boldsymbol{R}_1,$$

$$\boldsymbol{A}^{\mathrm{T}}\boldsymbol{A}=\boldsymbol{R}_2^{\mathrm{T}}\boldsymbol{Q}_2^{\mathrm{T}}\boldsymbol{Q}_2\boldsymbol{R}_2=\boldsymbol{R}_2^{\mathrm{T}}\boldsymbol{R}_2.$$

由对称正定矩阵的楚列斯基分解的唯一性,可得 $\boldsymbol{R}_1=\boldsymbol{R}_2$,从而得 $\boldsymbol{Q}_1=\boldsymbol{Q}_2$.

如果不规定 $\boldsymbol{R}$ 的对角线元素为正,则分解不唯一.这时设上三角矩阵 $\boldsymbol{R}=(r_{ij})$,只要令

$$\boldsymbol{D}=\mathrm{diag}\left(\frac{r_{11}}{|r_{11}|},\cdots,\frac{r_{nn}}{|r_{nn}|}\right),$$

则 $\overline{\boldsymbol{Q}}=\boldsymbol{QD}$ 为正交矩阵,$\overline{\boldsymbol{R}}=\boldsymbol{D}^{-1}\boldsymbol{R}$ 为对角元素为正的上三角矩阵.

例 7.4.2 用豪斯霍尔德变换做矩阵 $\boldsymbol{A}$ 的 $\boldsymbol{QR}$ 分解:

$$\boldsymbol{A}=\begin{pmatrix}2 & -2 & 3\\ 1 & 1 & 1\\ 1 & 3 & -1\end{pmatrix}.$$

解 按式(7.26)找豪斯霍尔德矩阵 $\boldsymbol{H}_1\in\mathbf{R}^{3\times3}$,使

$$\boldsymbol{H}_1\begin{pmatrix}2\\1\\1\end{pmatrix}=\begin{pmatrix}*\\0\\0\end{pmatrix},$$

则有

$$H_1=\begin{pmatrix}-0.816497 & -0.408248 & -0.408248\\ -0.408248 & 0.908248 & -0.0917517\\ -0.408248 & -0.0917517 & 0.908248\end{pmatrix},$$

$$H_1A=\begin{pmatrix}-2.44949 & 0 & -2.44949\\ 0 & 1.44949 & -0.224745\\ 0 & 3.44949 & -2.22474\end{pmatrix},$$

再次使用式(7.26)确定 $\overline{H}_2\in\mathbf{R}^{2\times2}$,使

$$\overline{H}_2\begin{pmatrix}1.44949\\3.44949\end{pmatrix}=\begin{pmatrix}*\\0\end{pmatrix},$$

可得

$$H_2=\begin{pmatrix}1 & \mathbf{0}\\ \mathbf{0} & \overline{H}_2\end{pmatrix}=\begin{pmatrix}1 & 0 & 0\\ 0 & -0.387392 & -0.921915\\ 0 & -0.921915 & 0.387392\end{pmatrix}$$

$$H_2(H_1A)=\begin{pmatrix}-2.44949 & 0 & -2.44949\\ 0 & -3.74166 & 2.13809\\ 0 & 0 & -0.654654\end{pmatrix}$$

这是一个对角线元素皆为负的上三角矩阵,只要取 $D=-I$,则

$$R=-H_2(H_1A),\quad Q=-(H_2H_1)^{\mathrm{T}}$$

即为所求.

7.4.2 基本 QR 方法

设 $A\in\mathbf{R}^{n\times n}$,且对 A 进行 QR 分解,即

$$A=QR,$$

这样可以构造一个新矩阵

$$B=RQ=Q^{\mathrm{T}}AQ.$$

显然,矩阵 B 是 A 经过正交相似变换得到,因此矩阵 B 与 A 特征值相同.再对矩阵 B 进行 QR 分解,又可得一个新的矩阵,重复这一过程:

设 $A=A_1$;

将 A_1 进行 QR 分解得到 $A_1=Q_1R_1$;

做矩阵 $A_2=R_1Q_1=Q_1^{\mathrm{T}}A_1Q_1$;

⋮

求得 A_k 后将 A_k 进行 QR 分解得到 $A_k=Q_kR_k$;

形成矩阵 $A_{k+1}=R_kQ_k=Q_k^{\mathrm{T}}A_kQ_k$;

⋮

QR 算法就是利用矩阵的 QR 分解,按上述递推法则构造矩阵序列 $\{A_k\}$ 的过程.只要 A 非奇异,算法形成的序列是完全确定的.这一过程称作基本 QR 方法,我们有如下收敛性定理.

定理 7.4.4 设 $A=(a_{ij})\in\mathbf{R}^{n\times n}$ 对称正定,且

(1) $\boldsymbol{A}$ 的特征值满足：

$$|\lambda_1|>|\lambda_2|>\cdots>|\lambda_n|>0;$$

(2) $\boldsymbol{A}$ 有标准形 $\boldsymbol{A}=\boldsymbol{XDX}^{-1}$，其中 $\boldsymbol{D}=\mathrm{diag}(\lambda_1,\lambda_2,\cdots,\lambda_n)$，且设 $\boldsymbol{X}^{-1}$ 有三角分解 $\boldsymbol{X}^{-1}=\boldsymbol{LU}$（$\boldsymbol{L}$ 为单位下三角矩阵，$\boldsymbol{U}$ 为上三角矩阵）. 则由 QR 算法产生的序列 $\{\boldsymbol{A}_k\}$ 收敛于对角矩阵

$$\boldsymbol{D}=\mathrm{diag}(\lambda_1,\lambda_2,\cdots,\lambda_n).$$

上述算法计算量较大，在实际过程中一般先通过变换将矩阵转换成特殊形式，再通过 QR 算法计算特征值. 本书不再过多介绍，感兴趣的读者可以参见参考文献[1].

习题 7

1. 利用格什戈林圆盘定理估计下面矩阵特征值的界.

(1) $\begin{pmatrix}-1&0&0\\-1&0&1\\-1&-1&2\end{pmatrix}$；　　(2) $\begin{pmatrix}4&-1&&&\\-1&4&-1&&\\&\ddots&\ddots&\ddots&\\&&-1&4&-1\\&&&-1&4\end{pmatrix}$.

2. 用幂法计算下列矩阵的按模最大的特征值和对应的特征向量，取 $\boldsymbol{x}^{(0)}=(1,0,0)^{\mathrm{T}}$.

(1) $\begin{pmatrix}-4&14&0\\-5&13&0\\-1&0&2\end{pmatrix}$；　　(2) $\begin{pmatrix}4&-1&1\\-1&3&-2\\1&-2&3\end{pmatrix}$.

3. 求矩阵

$$\begin{pmatrix}4&0&0\\0&3&1\\0&1&3\end{pmatrix}$$

与特征值 4 对应的特征向量.

4. 用反幂法计算矩阵

$$\boldsymbol{A}=\begin{pmatrix}2&1&0\\1&3&1\\0&1&4\end{pmatrix}$$

对应于特征值 1.2679 的特征向量.

5. 已知矩阵

$$\boldsymbol{A}=\begin{pmatrix}6&-12&6\\-21&-3&24\\-12&-12&51\end{pmatrix}.$$

(1) 用反幂法求 $\boldsymbol{A}$ 的按模最小的特征值，迭代 2 次，计算中取 4 位有效数字.

(2) 以(1)的计算结果为近似值,再用反幂法改进这个特征值,并求对应的特征向量.

6. 用雅可比方法求下列矩阵的全部特征值.

(1) $\begin{pmatrix} 4 & 2 & 2 \\ 2 & 5 & 1 \\ 2 & 1 & 6 \end{pmatrix}$;　　(2) $\begin{pmatrix} 2 & -1 & 0 \\ -1 & -2 & -1 \\ 0 & -1 & 2 \end{pmatrix}$.

7. 已知矩阵

$$\begin{pmatrix} 190 & 66 & -84 & 30 \\ 66 & 303 & 42 & -36 \\ 336 & -168 & 147 & -112 \\ 30 & -36 & 28 & 291 \end{pmatrix}.$$

(1) 用幂法求矩阵的按模最大的特征值和特征向量;

(2) 用反幂法求矩阵的按模最小的特征值与特征向量;

(3) 用 QR 方法求矩阵的所有特征值与特征向量,并用 MATLAB 函数"eig"检验结果.

8. (1) 设 $\boldsymbol{A}$ 是对称矩阵,λ 和 $\boldsymbol{x}(\|\boldsymbol{x}\|_2=1)$是 $\boldsymbol{A}$ 的一个特征值及相应的特征向量.又 $\boldsymbol{P}$ 为一个正交矩阵,使

$$\boldsymbol{Px}=\boldsymbol{e}_1=(1,0,\cdots,0)^{\mathrm{T}}.$$

证明:$\boldsymbol{B}=\boldsymbol{PAP}^{\mathrm{T}}$的第一行和第一列除了 λ 外其余元素均为零.

(2) 对矩阵

$$\begin{pmatrix} 2 & 10 & 2 \\ 10 & 5 & -8 \\ 2 & -8 & 11 \end{pmatrix},$$

$\lambda=9$ 是其特征值,$\boldsymbol{x}=\left(\frac{2}{3},\frac{1}{3},\frac{2}{3}\right)^{\mathrm{T}}$ 是对应的特征向量,试求一个初等反射矩阵 $\boldsymbol{P}$,使 $\boldsymbol{Px}=\boldsymbol{e}_1$,并计算 $\boldsymbol{B}=\boldsymbol{PAP}^{\mathrm{T}}$.

9. 试用初等反射矩阵做矩阵

$$\begin{pmatrix} 1 & 1 & 1 \\ 2 & -1 & -1 \\ 2 & -4 & 5 \end{pmatrix}$$

的 QR 分解.

第 8 章 常微分方程初值问题的数值解法

8.1 引　言

本章主要讨论常微分方程初值问题的数值解法,即利用数值微分、数值积分以及泰勒展开等方法将常微分方程转化为差分方程进行计算.

科学技术中常常需要求解常微分方程的定解问题,大多数情况下要找出常微分方程解的解析表达式是非常困难的,所以解常微分方程主要依靠数值解法.本章我们以一阶的一维常微分方程的初值问题为例来介绍相关的数值解法,多维问题的数值解法与之类似.高阶常微分方程的初值问题可以通过变量代换变成一阶常微分方程的初值问题来进行求解.

考虑这样的问题:

$$\frac{\mathrm{d}y}{\mathrm{d}x}=f(x,y), \tag{8.1}$$

$$y(x_0)=y_0, \tag{8.2}$$

求解上述微分方程的初值问题,就是在 X-Y 平面中,对于给定的点 (x_0,y_0),求微分方程 $\frac{\mathrm{d}y}{\mathrm{d}x}=f(x,y)$ 的一个特解 $y=y(x)$,使它满足 $y(x_0)=y_0$.

在求解常微分方程的初值问题之前,首先应该确定此问题的解是否存在,如果存在,还要考虑解是不是唯一的.因为对某些初值问题,解可能不存在,或者解存在但不唯一.例如下面的问题:

$$\begin{cases}\left(\dfrac{\mathrm{d}y}{\mathrm{d}x}\right)^2+y=0,\\ y(0)=1\end{cases}$$

在 $x=0$ 的任意邻域内,都不存在实数解.而初值问题

$$\begin{cases}\dfrac{\mathrm{d}y}{\mathrm{d}x}=y^{\frac{2}{3}},\\ y(0)=0\end{cases}$$

有解 $y=\frac{x^3}{27}$ 和 $y=0$，解不唯一.

为了保证常微分方程初值问题的解的存在唯一性，$f(x,y)$ 必须满足一定的条件.而确保解存在唯一的条件有很多，我们这里给出一个常用的存在唯一性定理，并且在后面介绍的数值算法里，认为 $f(x,y)$ 满足下面定理中的条件.

定理 8.1.1　对于初值问题(8.1)和(8.2)，如果 $f(x,y)$ 在带状区域

$$D:\{a\leqslant x\leqslant b,-\infty<y<+\infty\}$$

中为 x,y 的连续函数，且对 y 满足利普希茨(Lipschitz)条件

$$|f(x,y_1)-f(x,y_2)|\leqslant L|y_1-y_2|$$

则初值问题的解存在且唯一.其中，$(x,y_1),(x,y_2)\in D$，$L>0$ 为利普希茨常数.

对于常微分方程初值问题(8.1)和(8.2)，除少数特殊类型的常微分方程(如常系数线性微分方程、可分离变量微分方程等)可以用初等积分法求得精确解外，大多数情况下要求得解的解析表达式是极其困难或不可能的.因此我们要研究常微分方程初值问题的数值解法.

所谓初值问题的数值解法，就是在给定初始函数值 $y(x_0)=y_0$ 后，能计算出精确解 $y(x)$ 在自变量 x 的一系列后续离散节点 $x_1<x_2<\cdots<x_{N-1}<x_N$ 处的近似值 $y_1,y_2,\cdots,y_{N-1},y_N$ 的方法.

我们把 $y_n(n=1,2,\cdots,N)$ 称为初值问题在点列 $x_n(n=1,2,\cdots,N)$ 上的数值解.点列 $x_n(n=1,2,\cdots,N)$ 上相邻两个节点间的距离称为步长.通常取相邻两个节点的距离为定步长 h，此时 $x_i=x_0+ih$，$i=0,1,2,\cdots,N$.具体计算时从 $y(x_0)=y_0$ 出发，先求出 y_1，再依次递推直至求出 y_N 为止.这种按节点 $x_1,x_2,\cdots,x_N$ 的次序逐步向前推进的方法称为“步进式”方法.如果计算 y_n 时，只利用前一步的函数值 y_{n-1}，则称这种方法为单步法.如果在计算 y_n 时，不仅利用 y_{n-1} 还要利用 $y_{n-2},y_{n-3},\cdots,y_{n-r}$，则称这种方法为 r 步法，也称为多步法.

在初值问题的数值解法里，我们需要对连续的初值问题进行离散化处理.常用的离散化方法有下面三种：

1. 基于数值微分的离散化方法，这种方法的基本思想是用差商近似代替导数，构造出初值问题的离散化方程.

如果将点 x_n 处的导数 $y'(x_n)$ 用点 x_n 处的向前差商 $\frac{y(x_{n+1})-y(x_n)}{x_{n+1}-x_n}$ 近似代替，则有

$$y(x_{n+1})\approx y(x_n)+hy'(x_n),$$

其中 $x_{n+1}=x_n+h$.而根据微分方程有 $y'(x_n)=f[x_n,y(x_n)]$，从而

$$y(x_{n+1})\approx y(x_n)+hf[x_n,y(x_n)].$$

建立数值解法的三种途径

用 y_n, y_{n+1} 分别代替精确值 $y(x_n), y(x_{n+1})$，可以构造出初值问题的离散化方程

$$y_{n+1}=y_n+hf(x_n,y_n). \tag{8.3}$$

式(8.3)称为求解一阶常微分方程初值问题的欧拉(Euler)公式，也称为显式欧拉公式.

2. 基于数值积分的离散化方法，这种方法是把常微分方程在区间$[x_n,x_{n+1}]$上进行积分，对 $f(x,y)$ 在区间上的积分用数值积分公式进行计算，得到离散方程.将式(8.1)在区间$[x_n,x_{n+1}]$上积分，得到

$$y(x_{n+1})-y(x_n)=\int_{x_n}^{x_{n+1}} f[x,y(x)]\,\mathrm{d}x,$$

再将右边积分用数值积分公式进行计算，不同的数值积分公式就会产生不同的离散方程.如用左矩形公式计算右边积分的近似值得到

$$y(x_{n+1})\approx y(x_n)+hf[x_n,y(x_n)].$$

用 y_n, y_{n+1} 分别代替精确值 $y(x_n), y(x_{n+1})$，也构造出了与式(8.3)相同的欧拉公式.

3. 基于泰勒展开的离散化方法，这种方法需假设 $f(x,y)$ 充分可微，利用 $y(x_n+h)$ 在 x_n 处的泰勒展开式得到离散方程.

设 $y(x)$ 是常微分方程(8.1)的一个解，且函数 $f(x,y)$ 充分可微，设 $y(x_n+h)$ 在点 x_n 处的泰勒展开式为

$$y(x_n+h)=y(x_n)+hy'(x_n)+O(h^2),$$

取上式的线性部分，注意到 $x_n+h=x_{n+1}$，$y'(x_n)=f[x_n,y(x_n)]$，可得

$$y(x_{n+1})\approx y(x_n)+hf[x_n,y(x_n)].$$

用 y_n, y_{n+1} 分别代替精确值 $y(x_n), y(x_{n+1})$，从而也构造出了与式(8.3)相同的欧拉公式.

8.2 欧拉方法

8.2.1 欧拉公式及其几何意义

由上一节的离散化过程，我们得到了欧拉公式

$$\begin{cases} y_0=y(x_0), \\ y_{n+1}=y_n+hf(x_n,y_n), \quad n=0,1,\cdots,N. \end{cases}$$

这个公式可以让我们从 y_0 出发，依次求出 $y_1, y_2, \cdots$ 以至 y_N.这种利用欧拉公式求得常微分方程初值问题数值解的方法称为欧拉方法.

欧拉方法的几何意义很明显，因为方程(8.1)的解在 X-Y 平面上为一族积分曲线.其中通过点 $p_0(x_0,y_0)$ 的那条积分曲线就是初值问题(8.1)和(8.2)的解.用欧拉公式求解，其几何意义是：先在初始点 $P_0(x_0,y_0)$ 处做积分曲线 $y=y(x)$ 的切线，切线的斜率为

$f(x_0,y_0)$，切线与直线 $x=x_1$ 的交点为 $P_1(x_1,y_1)$，然后过点 $P_1(x_1,y_1)$ 以 $f(x_1,y_1)$ 为斜率做一条直线，与直线 $x=x_2$ 交于点 $P_2(x_2,y_2)$，…，如此继续下去可得一条折线 $P_0P_1P_2\cdots P_N$，如图 8.1 所示.容易验证，折线各个顶点的纵坐标 $y_n(n=1,2,\cdots,n+1)$ 就是欧拉公式计算所得的近似解，所以欧拉方法也称为折线法.

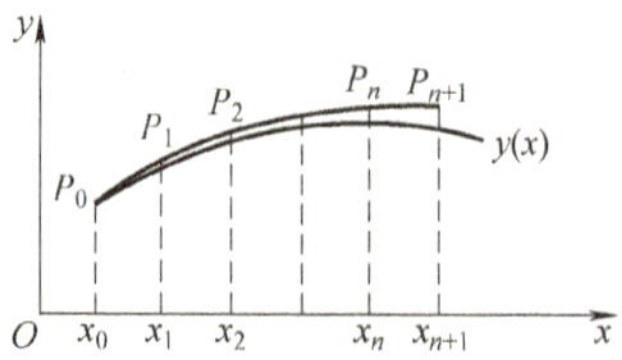

图 8.1 欧拉法的几何意义

欧拉法的几何意义

例 8.2.1 用欧拉方法求解初值问题

$$\begin{cases} y'(x)=y-\dfrac{2x}{y}, & 0<x\leqslant 1, \\ y(0)=1, \end{cases} \tag{8.4}$$

取 $h=0.1$，在区间 $[0,1]$ 上进行计算.

解 可以给出欧拉方法的具体形式为：

$$y_{n+1}=y_n+h\left(y_n-\frac{2x_n}{y_n}\right).$$

此问题的精确解为 $y=\sqrt{1+2x}$，精确解及欧拉方法的计算结果对比见表 8.1.

表 8.1 计算结果对比

x_i	欧拉方法 y_i	精确解 $y(x_i)$	欧拉方法的误差
0.1	1.1	1.0954	0.0046
0.2	1.1918	1.1832	0.0086
0.3	1.2774	1.2649	0.0125
0.4	1.3582	1.3416	0.0166
0.5	1.4351	1.4142	0.0209
0.6	1.5090	1.4832	0.0258
0.7	1.5803	1.5492	0.0311
0.8	1.6498	1.6125	0.0373
0.9	1.7178	1.6733	0.0445
1.0	1.7848	1.7321	0.0527

8.2.2 欧拉公式的变形

在对常微分方程初值问题进行离散化的时候，如果用差商 $\dfrac{y(x_{n+1})-y(x_n)}{h}$ 代替微分方程 $y'(x_{n+1})=f[x_{n+1},y(x_{n+1})]$ 中的 $y'(x_{n+1})$，并用近似值 y_{n+1} 表示 $y(x_{n+1})$，近似值 y_n 表示 $y(x_n)$，则可得

$$y_{n+1}=y_n+hf(x_{n+1},y_{n+1}) \tag{8.5}$$

上式被称为隐式欧拉公式，或后退的欧拉公式.隐式欧拉公式与欧拉公式形式上相似，但计算要复杂得多.欧拉公式是显式的，可以直接由 y_n 计算 y_{n+1}.而隐式欧拉公式是关于 y_{n+1} 的隐式方程，要用迭代

法求解.

如果将欧拉公式和隐式欧拉公式进行算术平均,我们可以得到

$$y_{n+1}=y_n+\frac{h}{2}[f(x_n,y_n)+f(x_{n+1},y_{n+1})], \tag{8.6}$$

式(8.6)被称为梯形公式.梯形公式也是一个隐式公式,同样需要迭代求解.

隐式欧拉公式和梯形公式都具有统一的隐函数形式 $y_{n+1}=\phi(y_{n+1})$,因此对这种隐式方程可以用不动点迭代法来进行求解,通常迭代的初值可以用欧拉公式来提供.隐式欧拉公式的迭代函数 $\phi(y_{n+1})=y_n+hf(x_{n+1},y_{n+1})$,其迭代过程可以写成

$$\begin{cases}y_{n+1}^{(0)}=y_n+hy(x_n,y_n),\\ y_{n+1}^{(k+1)}=y_n+hf(x_{n+1},y_{n+1}^{(k)}),\quad k=0,1,2,\cdots,\end{cases}$$

用迭代公式与式(8.5)相减,得

$$y_{n+1}-y_{n+1}^{(k+1)}=h[f(x_{n+1},y_{n+1})-f(x_{n+1},y_{n+1}^{(k)})].$$

假设 $f(x,y)$ 关于 y 满足利普希茨条件,即

$$|f(x,y_1)-f(x,y_2)|\leqslant L|y_1-y_2|,$$

则有

$$|y_{n+1}-y_{n+1}^{(k+1)}|\leqslant hL|y_{n+1}-y_{n+1}^{(k)}|,$$

当 $hL<1$,即 $h<\frac{1}{L}$时,迭代序列$\{y_{n+1}^{(k+1)}\}$收敛于 y_{n+1}.

而梯形公式的迭代过程可以写成

$$\begin{cases}y_{n+1}^{(0)}=y_n+hy(x_n,y_n),\\ y_{n+1}^{(k+1)}=y_n+\frac{h}{2}[f(x_n,y_n)+f(x_{n+1},y_{n+1}^{(k)})],\quad k=0,1,2,\cdots,\end{cases}$$

我们同样可以得到,只要 $f(x,y)$ 关于 y 满足利普希茨条件,当 $h<\frac{2}{L}$时,迭代序列$\{y_{n+1}^{(k+1)}\}$收敛于 y_{n+1}.

对于隐式欧拉公式和梯形公式的迭代法,实际计算中通常只需要几步迭代就收敛了,但是对于不同的 $f(x,y)$,迭代序列收敛所需迭代步数仍然是不确定的,为了避免这个问题,在精度要求不太高的情形下我们可以每步只迭代一次.

如果我们对梯形公式的迭代公式只迭代一次,就可以得到一种新的方法——改进欧拉方法.这种方法相当于将欧拉公式和梯形公式结合使用:先用欧拉公式求 y_{n+1}的一个初步近似值 $\bar{y}_{n+1}$,称为预测值,然后用梯形公式校正求得近似值 y_{n+1},即

$$\begin{cases}\bar{y}_{n+1}=y_n+hy(x_n,y_n),\\ y_{n+1}=y_n+\frac{h}{2}[f(x_n,y_n)+f(x_{n+1},\bar{y}_{n+1})],\end{cases} \tag{8.7}$$

上式被称为改进欧拉公式,也可写为

$$y_{n+1}=y_n+\frac{h}{2}[f(x_n,y_n)+f(x_{n+1},y_n+hy(x_n,y_n))]$$

或表示成下列平均化形式：

$$\begin{cases}y_p=y_n+hf(x_n,y_n),\\ y_c=y_n+hf(x_{n+1},y_p),\\ y_{n+1}=\dfrac{1}{2}(y_p+y_c).\end{cases}$$

例 8.2.2　用改进欧拉方法求解初值问题(8.4).

解　改进欧拉公式为

改进的欧拉方法

$$\begin{cases}y_p=y_n+h\left(y_n-\dfrac{2x_n}{y_n}\right),\\ y_c=y_n+h\left(y_p-\dfrac{2x_{n+1}}{y_p}\right),\\ y_{n+1}=\dfrac{1}{2}(y_p+y_c).\end{cases}$$

仍取 $h=0.1$,计算结果见表 8.2.

表 8.2　计算结果

x_i	改进欧拉方法 y_i	精确解 $y(x_i)$	改进欧拉方法的误差
0.1	1.0959	1.0954	0.0005
0.2	1.1841	1.1832	0.0009
0.3	1.2662	1.2649	0.0013
0.4	1.3434	1.3416	0.0018
0.5	1.4164	1.4142	0.0022
0.6	1.4860	1.4832	0.0028
0.7	1.5525	1.5492	0.0033
0.8	1.6165	1.6125	0.0040
0.9	1.6782	1.6733	0.0049
1.0	1.7379	1.7321	0.0058

练习 8.2.1　比较用欧拉方法、改进欧拉方法求解初值问题

$$\begin{cases}y'(x)=x-y, & 0<x\leqslant 1,\\ y(0)=0,\end{cases}$$

的数值解,取 $h=0.1$,在区间$[0,1]$上进行计算.

8.3　截断误差和方法的阶

解常微分方程初值问题的单步法可以写成如下的统一形式：

$$y_{n+1}=y_n+h\phi(x_n,x_{n+1},y_n,y_{n+1},h)\tag{8.8}$$

其中，ϕ 与常微分方程的右端函数 $f(x,y)$ 有关，被称为增量函数.如果 ϕ 中不含 y_{n+1}，则此方法是显式的，否则此方法是隐式的.

前面所介绍的欧拉方法和改进欧拉方法的增量函数分别是

$$f(x_n,y_n),\quad \frac{1}{2}[f(x_n,y_n)+f(x_{n+1},y_n+hy(x_n,y_n))],$$

这两个公式都是显式的.隐式欧拉公式和梯形公式的增量函数分别是

$$f(x_{n+1},y_{n+1}),\quad \frac{1}{2}[f(x_n,y_n)+f(x_{n+1},y_{n+1})],$$

这两个公式都是隐式的.

利用数值方法得到常微分方程的数值解 y_n 以后，我们需要分析数值解 y_n 和常微分方程的解 $y(x_n)$ 之间的误差.如果从 x_0 开始考虑每一步产生的误差，直到 x_n.这个误差 $e_n=y(x_n)-y_n$ 称为数值计算方法在 x_n 处的整体截断误差.

通常分析整体截断误差是非常困难的.为此，我们可以先考虑按照数值计算方法计算一步的误差，也就是在计算 y_{i+1} 时假设 y_i 是精确的，此时 $y_i=y(x_i)$，在这种假设下，我们给出局部截断误差的概念.

定义 8.3.1(局部截断误差)　设 $y(x)$ 是常微分方程初值问题的精确解，则

$$T_{n+1}=y(x_{n+1})-y(x_n)-h\phi[x_n,x_{n+1},y(x_n),y(x_{n+1}),h]$$

称为单步法(8.8)的局部截断误差.

局部截断误差通常可以利用泰勒展开得到，例如，对于欧拉方法有

$$\begin{aligned}T_{n+1}&=y(x_{n+1})-y(x_n)-hf(x_n,y(x_n))\\&=y(x_h+h)-y(x_n)-hy'(x_n)\\&=\frac{h^2}{2}y''(x_n)+\frac{h^3}{3!}y^{(3)}(x_n)+\cdots\\&=O(h^2).\end{aligned}$$

截断误差的定义和估计

从局部截断误差的形式我们也可以看出，如果常微分方程初值问题的解为一次函数 $ax+b$，则其局部截断误差

$$T_{n+1}=\frac{h^2}{2}y''(x_n)+\frac{h^3}{3!}y^{(3)}(x_n)+\cdots=0.$$

也就是说在 $y_n=y(x_n)$ 的前提下，由欧拉方法得到的 y_{n+1} 也等于 $y(x_{n+1})$.因此欧拉方法对于解为一次函数的常微分方程初值问题是精确的，从这个角度我们称欧拉方法是一阶方法.对于一般公式我们有以下定义：

定义 8.3.2(方法的阶)　如果求常微分方程初值问题的数值方法的局部截断误差是

$$T_{n+1}=O(h^{p+1}),$$

其中 $p\geqslant 1$ 为整数，则称该方法是 p 阶的，或该方法具有 p 阶精度. p 越大，方法的精度越高. 截断误差里面含 h^{p+1} 的项，称为该方法的局部截断误差主项.

根据定义，我们知道欧拉方法是一阶方法，其局部截断误差主项为 $\frac{h^2}{2}y''(x_n)$.

对于隐式欧拉法，有

$$\begin{aligned}
T_{n+1} &= y(x_{n+1})-y(x_n)-hf[x_{n+1},y(x_{n+1})] \\
&= y(x_h+h)-y(x_n)-hy'(x_{n+1}) \\
&= y(x_n)+hy'(x_n)+\frac{h^2}{2}y''(x_n)+O(h^3)- \\
&\quad y(x_n)-h[y'(x_n)+hy''(x_n)+O(h^2)] \\
&= -\frac{h^2}{2}y''(x_n)+O(h^3) \\
&= O(h^2).
\end{aligned} \tag{8.9}$$

所以，隐式欧拉方法也是一阶方法，其局部截断误差主项为 $-\frac{h^2}{2}y''(x_n)$.

对于梯形公式，有

$$\begin{aligned}
T_{n+1} &= y(x_{n+1})-y(x_n)-\frac{h}{2}[f(x_n,y(x_n))+f(x_{n+1},y(x_{n+1}))] \\
&= y(x_h+h)-y(x_n)-\frac{h}{2}[y'(x_n)+y'(x_{n+1})] \\
&= -\frac{h^3}{12}y^{(3)}(x_n)+O(h^4) \\
&= O(h^3).
\end{aligned}$$

所以梯形方法是二阶方法，其局部截断误差主项为 $-\frac{h^3}{12}y^{(3)}(x_n)$.

利用泰勒展开同样可以证明，改进欧拉方法的局部截断误差为 $O(h^3)$，也是一种二阶方法. 从前面的计算结果见表 8.1 和表 8.2，我们可以看到二阶的改进欧拉方法的精度明显高于一阶的欧拉方法.

8.4 龙格-库塔法

龙格-库塔法是以德国数学家 C.Runge 和 M.W.Kutta 的名字来命名的方法，后人做了不同程度的改进，使此方法至今仍被广泛应用.

根据微分中值定理，存在一点 ξ，使得

$$y(x_{n+1})-y(x_n)=hy'(\xi),\xi\in(x_n,x_{n+1}).$$

从而,

$$y(x_{n+1})=y(x_n)+hf[\xi,y(\xi)],$$

其中 $K^*=f(\xi,y(\xi))$ 可以看作区间 $[x_n,x_{n+1}]$ 的平均斜率.根据这个公式,只要提供一种近似计算平均斜率的方法,就得到一种求解常微分方程初值问题的数值方法.欧拉方法就是简单的取 x_n 处的斜率为 $K_1=f(x_n,y_n)$ 作为平均斜率 K^*,其精度仅为一阶.

改进的欧拉方法的形式可以表示为

$$y_{n+1}=y_n+\frac{h}{2}(K_1+K_2),$$

其中 $K_1=f(x_n,y_n)$,$K_2=f(x_{n+1},y_n+hK_1)$,它是用 x_n 和 x_{n+1} 两个点的斜率 K_1 和 K_2 的算数平均作为平均斜率 K^*,而 K_2 是利用已知信息 y_n 通过欧拉方法来预估的.改进的欧拉方法用了两个点的斜率的平均值作为平均斜率,其精度达到了二阶.

龙格-库塔方法的基本思想就是设法在 $[x_n,x_{n+1}]$ 内用多个点的斜率的线性组合作为平均斜率,以期计算公式达到较高的精度.龙格-库塔法的一般形式为:

$$\begin{cases}y_{n+1}=y_n+h\sum\limits_{i=1}^{m}\lambda_iK_i,\\K_1=f(x_n,y_n),\\K_i=f\left(x_n+\alpha_ih,y_n+h\sum\limits_{j=1}^{i-1}\beta_{ij}K_j\right)\quad(i=2,3,\cdots,m),\end{cases}$$

参数 $\alpha_i,\beta_{ij},\lambda_i$ 与 $f(x,y)$ 无关.如果适当选取这些参数,可以使局部截断误差达到 $O(h^{m+1})$,此时该方法具有 m 阶精度,被称为 m 阶龙格-库塔法.

8.4.1 二阶龙格-库塔法

二阶龙格-库塔法就是 $m=2$ 时的情况,此时龙格-库塔法的公式为

$$\begin{cases}y_{n+1}=y_n+h(\lambda_1K_1+\lambda_2K_2),\\K_1=f(x_n,y_n),\\K_2=f(x_n+\alpha_2h,y_n+h\beta_{21}K_1),\end{cases}$$

我们要适当地选取 $\lambda_1,\lambda_2,\alpha_2$ 和 β_{21},在 $y(x_n)=y_n$ 的假设下,使截断误差

$$y(x_{n+1})-y_{n+1}=O(h^3).$$

为了书写方便,我们记 $f(x,y)$,$\frac{\partial f}{\partial x}$ 和 $\frac{\partial f}{\partial y}$ 在 (x_n,y_n) 处的函数值分别为 f_n,$\frac{\partial f_n}{\partial x}$ 和 $\frac{\partial f_n}{\partial y}$,将 K_1,K_2 代入 y_{n+1},得

龙格-库塔法的思想和构造

$$y_{n+1}=y_n+h\lambda_1 f_n+h\lambda_2 f(x_n+\alpha_2 h, y_n+h\beta_{21} f_n).$$

将$f(x_n+\alpha_2 h, y_n+h\beta_{21} f_n)$在$(x_n, y_n)$处展开得

$$y_{n+1}=y_n+h(\lambda_1+\lambda_2)f_n+h^2\left(\alpha_2\lambda_2\frac{\partial f_n}{\partial x}+\beta_{21}f_n\frac{\partial f_n}{\partial y}\right)+O(h^3)$$

$$\begin{aligned}y(x_{n+1})&=y(x_n+h)\\&=y(x_n)+hy'(x_n)+\frac{1}{2!}h^2y''(x_n)+O(h^3)\\&=y_n+hf_n+\frac{1}{2}h^2\left(\frac{\partial f_n}{\partial x}+f_n\frac{\partial f_n}{\partial y}\right)+O(h^3),\end{aligned}$$

为使$y(x_{n+1})-y_{n+1}=O(h^3)$,$\lambda_1$,$\lambda_2$,$\alpha_2$和$\beta_{21}$需满足

$$\begin{cases}\lambda_1+\lambda_2=1,\\ \alpha_2\lambda_2=\dfrac{1}{2},\\ \beta_{21}\lambda_2=\dfrac{1}{2},\end{cases}$$

该方程组有无穷多组解,满足上述方程组解的公式统称为二阶龙格-库塔法.

若$\alpha_2=1$,则$\lambda_1=\lambda_2=\frac{1}{2}$,$\beta_{21}=1$,此时公式为

$$\begin{cases}y_{n+1}=y_n+\dfrac{h}{2}(K_1+K_2),\\ K_1=f(x_n, y_n),\\ K_2=f(x_{n+1}, y_n+hK_1),\end{cases}$$

这就是改进欧拉方法.

若$\lambda_1=0$,则$\lambda_2=1$,$\alpha_2=\frac{1}{2}$,$\beta_{21}=\frac{1}{2}$,此时公式为

$$\begin{cases}y_{n+1}=y_n+hK_2,\\ K_1=f(x_n, y_n),\\ K_2=f\left(x_n+\dfrac{h}{2}, y_n+\dfrac{h}{2}K_1\right),\end{cases}$$

该公式称为中点公式.

8.4.2 三阶龙格-库塔法

用导出二阶龙格-库塔法的方法同样可得到一族三阶龙格-库塔法,下面我们给出其中一个:

$$\begin{cases}y_{n+1}=y_n+\dfrac{h}{9}(2K_1+3K_2+4K_3),\\ K_1=f(x_n, y_n),\\ K_2=f\left(x_n+\dfrac{h}{2}, y_n+\dfrac{h}{2}K_1\right),\\ K_3=f\left(x_n+\dfrac{3}{4}h, y_n+\dfrac{3}{4}hK_2\right).\end{cases}$$

8.4.3 四阶龙格-库塔法

类似地，我们可以用同样的方法推导更高阶的龙格-库塔法.实际当中，最常用的是四阶龙格-库塔法，其经典格式为

$$\begin{cases} y_{n+1}=y_n+\frac{h}{6}(K_1+2K_2+2K_3+K_4), \\ K_1=f(x_n,y_n), \\ K_2=f\left(x_n+\frac{h}{2},y_n+\frac{h}{2}K_1\right), \\ K_3=f\left(x_n+\frac{h}{2},y_n+\frac{h}{2}K_2\right), \\ K_4=f(x_n+h,y_n+hK_3). \end{cases} \tag{8.10}$$

式(8.10)的推导过程相当繁琐，这里不再赘述，利用它可以得到微分方程精度很高的数值解.

例 8.4.1　取 $h=0.2$，从 $x=0$ 到 $x=1$ 用四阶龙格-库塔方法求解初值问题(8.4).

解　这里，经典的四阶龙格-库塔方法具有形式

$$\begin{cases} y_{n+1}=y_n+\frac{0.2}{6}(K_1+2K_2+2K_3+K_4), \\ K_1=y_n-\frac{2x_n}{y_n}, \\ K_2=y_n+0.1K_1-\frac{2x_n+0.2}{y_n+0.1K_1}, \\ K_3=y_n+0.1K_2-\frac{2x_n+0.2}{y_n+0.1K_2}, \\ K_4=y_n+0.2K_3-\frac{2(x+0.2)}{y_n+0.2K_3}. \end{cases}$$

计算结果对比见表 8.3

表 8.3　计算结果对比

x_i	四阶龙格-库塔法 y_i	精确解 $y(x_i)$	龙格-库塔法的误差
0.2	1.1832	1.1832	0.0000
0.4	1.3417	1.3416	0.0001
0.6	1.4833	1.4832	0.0001
0.8	1.6125	1.6125	0.0000
1.0	1.7321	1.7321	0.0000

比较前面例子的结果，显然龙格-库塔方法的精度要高.而且，虽然龙格-库塔法的计算中每一步要计算四次函数值，计算量比改

进欧拉方法大一倍，但由于这里放大了步长.所以两个例子中的计算量几乎是相同的.

练习 8.4.1 用四阶龙格-库塔法，求解初值问题

$$\begin{cases} y'(x)=x-y, \quad 0<x\leqslant 1, \\ y(0)=0, \end{cases}$$

的数值解，并和前面的练习进行比较.

需要指出的是，龙格-库塔方法的推导基于泰勒公式，因此它要求所求的解具有良好的光滑性质.如果解的光滑性较差，则其数值结果可能不如欧拉方法.因此，实际计算时，需根据问题的具体情况来选择合适的算法.

8.5 单步法的收敛性和稳定性

收敛性与稳定性从不同角度描述了数值方法的可靠性，只有既稳定又收敛的方法，才能给出比较可靠的计算结果.

8.5.1 收敛性

微分方程数值解法是用离散化的方法，将微分方程初值问题化为差分方程初值问题来求解，即对每一个离散点 x_n，得到常微分方程初值问题解 $y(x_n)$ 的近似值 y_n.这些转化是否合理？即当 $h\to 0$ 时，差分方程的解 y_n 是否能无限逼近微分方程的精确解 $y(x_n)$？这就需要讨论数值算法的收敛性问题.

定义 8.5.1 一种数值方法称为是收敛的，如果对于任意初值 y_0 及任意 $x_n\in[a,b]$，都有

$$\lim_{h\to 0} y_n = y(x_n).$$

根据定义，数值方法的收敛性需要根据该方法的整体截断误差 e_n 来判定.我们以欧拉方法为例来分析.

记整体截断误差

$$e_{n+1}=y(x_{n+1})-y_{n+1}$$

为精确解 $y(x_{n+1})$ 与数值解 y_{n+1} 之差，$e_0=0$.假定函数 $f(x,y)$ 充分光滑，则常微分方程初值问题的解 $y(x)$ 二阶连续可微，从而存在 $M>0$，使得

$$|y''(x)|\leqslant M.$$

同时 $f(x,y)$ 关于 y 满足利普希茨条件，假设利普希茨常数为 L.则局部截断误差 T_{n+1} 满足

$$\begin{aligned} |T_{n+1}| &= |y(x_{n+1})-y(x_n)-hf(x_n,y(x_n))| \\ &= \frac{h^2}{2}\left|y''(\xi)\right| \leqslant \frac{h^2}{2}M. \end{aligned}$$

记 $\bar{y}_{n+1}=y(x_n)+hf(x_n,y(x_n))$，有

$$\begin{aligned}|e_{n+1}| &= |y(x_{n+1})-y_{n+1}| \\ &\leqslant |y(x_{n+1})-\bar{y}_{n+1}|+|\bar{y}_{n+1}-y_{n+1}| \\ &= |T_{n+1}|+|y(x_n)+hf(x_n,y(x_n))-y_n-hf(x_n,y_n)| \\ &\leqslant |T_{n+1}|+|y(x_n)-y_n|+h|f(x_n,y(x_n))-f(x_n,y_n)| \\ &\leqslant |T_{n+1}|+(1+hL\|y(x_n)-y_n| \\ &\leqslant \frac{h^2}{2}M+(1+hL)|e_n|,\end{aligned}$$

递推得到

$$\begin{aligned}|e_{n+1}| &\leqslant \frac{h^2}{2}M+(1+hL)\left[\frac{h^2M}{2}+(1+hL)|e_{n-1}|\right] \\ &\leqslant \cdots \\ &\leqslant \frac{h^2}{2}M\sum_{k=0}^{n}(1+hL)^k \\ &= \frac{h^2}{2}M\frac{(1+hL)^{n+1}-1}{(1+hL)-1} \\ &= \frac{hM}{2L}[(1+hL)^{n+1}-1],\end{aligned}$$

因为 $(n+1)h\leqslant b-a$，从而有

$$(1+hL)^{n+1}\leqslant(1+hL)^{\frac{b-a}{h}}\leqslant e^{L(b-a)}$$

所以

$$|e_{n+1}|\leqslant\frac{hM}{2L}[e^{L(b-a)}-1]$$

这表明欧拉方法的整体截断误差为 $O(h)$，因此当 $h\to0$ 时，数值解 y_{n+1} 收敛到精确解 $y(x_{n+1})$.

关于一般的单步法，如果其计算公式为 $y_{n+1}=y_n+h\phi(x_n,y_n,h)$，我们有下面的收敛性结果：

定理 8.5.1　假设单步法具有 p 阶精度，其增量函数 $\phi(x,y,h)$ 关于 y 满足利普希茨条件，且设初值是精确的，即 $y_0=y(x_0)$，则单步法的整体截断误差为 $O(h^p)$.

因此，要判断单步法的收敛性，关键是验证其增量函数 ϕ 是否满足利普希茨条件.

8.5.2 稳定性

在实际计算过程中，除了由数值方法产生的截断误差外，还有因数字舍入产生的误差，而且初值往往也带有误差，这些误差会随着计算的过程传播下去，对后续的计算结果产生影响.我们需要分析误差在传播过程中的增长情况，这就是数值方法的稳定性问题.

稳定性分析比较复杂,在实际讨论时,通常对下述模型方程进行

$$y' = \lambda y, \tag{8.11}$$

其中 λ 为复常数.

稳定性的定义和估计

定义 8.5.2(方法的稳定性) 若用某种数值方法计算 y_n时,对固定的步长 h,所得到的实际计算结果为 $\tilde{y}_n$,且由扰动 $\delta_n = |y_n - \tilde{y}_n|$引起的以后各节点 $y_m(m>n)$ 的扰动为 δ_m,如果总有 $\delta_m \leqslant \delta_n$,则称该方法对所用步长 h 和复数 λ 是绝对稳定的.使得方法绝对稳定的 h 和 λ 的全体称为该方法的绝对稳定区域.绝对稳定区域与实轴的交称为绝对稳定区间.

例 8.5.1 对模型方程 $y' = \lambda y(\lambda<0)$,求欧拉方法和隐式欧拉方法的绝对稳定区域和绝对稳定区间.

解 (1) 欧拉方法的稳定性: 把欧拉方法应用于模型方程,计算公式为

$$y_{n+1} = (1+h\lambda) y_n, \tag{8.12}$$

设实际计算 y_n时产生的误差为 δ,它使 y_{n+1}产生误差 δ_{n+1},记

$$\tilde{y}_n = y_n + \delta, \quad \tilde{y}_{n+1} = y_{n+1} + \delta_{n+1},$$

由式(8.12)得

$$\tilde{y}_{n+1} = y_{n+1} + \delta_{n+1} = (1+\lambda h)\tilde{y}_n = (1+\lambda h) y_n + (1+\lambda h)\delta.$$

于是

$$\delta_{n+1} = (1+\lambda h)\delta,$$

为使误差不扩大,仅需

$$|1+h\lambda| \leqslant 1.$$

因此,欧拉方法的绝对稳定区域为 $|1+h\lambda| \leqslant 1$,绝对稳定区间为

$$-2 \leqslant \lambda h < 0,$$

由于 $\lambda<0$,绝对稳定区间为

$$h \in \left(0, \frac{-2}{\lambda}\right].$$

(2) 隐式欧拉方法的稳定性: 对模型方程,隐式欧拉方法的具体表达式为

$$y_{n+1} = y_n + h\lambda y_{n+1},$$

即

$$y_{n+1} = \frac{1}{1-h\lambda} y_n.$$

类似于欧拉公式的讨论可得,隐式欧拉公式的绝对稳定区域为

$$\left|\frac{1}{1-h\lambda}\right| \leqslant 1,$$

绝对稳定区间为 $h\lambda \leqslant 0$,由于 $\lambda<0$,因此对所有 $h>0$,隐式欧拉方法

都绝对稳定.因此其绝对稳定区间为

$$h\in(0,\infty).$$

8.6　线性多步法

在前面用单步法计算 y_{n+1} 时,已经给出了一系列近似值 $y_0,y_1,\cdots,y_n$,如果充分利用这些信息来获取 y_{n+1},期望得到较高的精度,这就是多步法构造的基本出发点.下面以泰勒展开为工具给出多步法构造的过程.

8.6.1　线性多步法的一般公式

一般多步法可以表示为

$$y_{n+k}=\sum_{i=0}^{k-1}\alpha_i y_{n+i}+h\sum_{i=0}^{k}\beta_i f_{n+i},\tag{8.13}$$

其中,y_{n+i} 为 $y(x_{n+i})$ 的近似;$f_{n+i}=f(x_{n+i},y_{n+i})$,$x_{n+i}=x_n+ih$;$\alpha_i$,$\beta_i$ 为常数,α_0,β_0 不全为零.

当计算需要先给出 k 个近似值 $y_0,y_1,\cdots,y_{k-1}$ 时,称式(8.13)为线性 k 步法.如果 $\beta_k=0$,则称式(8.13)为显式 k 步法,这时 y_{n+k} 可以直接计算获得; 如果 $\beta_k\neq 0$,则称式(8.13)为隐式 k 步法,这时 y_{n+k} 的计算需要类似前面梯形法的过程进行迭代求解.

式(8.13)中的系数可以根据方法的局部截断误差及阶确定,其定义为:

定义 8.6.1　设 $y(x)$ 是初值问题的精确解,线性多步法式(8.13)的局部截断误差为

$$\begin{aligned}T_{n+k}&=L[y(x_n);h]\\&=y(x_{n+k})-\sum_{i=0}^{k-1}\alpha_i y(x_{n+i})-h\sum_{i=0}^{k}\beta_i y'(x_{n+i}).\end{aligned}\tag{8.14}$$

若 $T_{n+k}=O(h^{p+1})$,则称方法是 p 阶的,如果 $p\geqslant 1$,则称方法与微分方程是相容的.

由定义 8.6.1,对 T_{n+k} 在 x_n 处做泰勒展开.由于

$$y(x_n+ih)=y(x_n)+ihy'(x_n)+\frac{(ih)^2}{2!}y''(x_n)+\frac{(ih)^3}{3!}y'''(x_n)+\cdots,$$

$$y'(x_n+ih)=y'(x_n)+ihy''(x_n)+\frac{(ih)^2}{2!}y'''(x_n)+\cdots.$$

代入式(8.14)得

$$T_{n+k}=c_0y(x_n)+c_1hy'(x_n)+c_2h^2y''(x_n)+\cdots+c_ph^py^{(p)}(x_n)+\cdots,$$

其中

$$\begin{cases} c_0=1-(\alpha_0+\cdots+\alpha_{k-1}), \\ c_1=k-[\alpha_1+2\alpha_2+\cdots+(k-1)\alpha_{k-1}]-(\beta_0+\beta_1+\cdots+\beta_k), \\ \vdots \\ c_q=\dfrac{1}{q!}[k^q-(\alpha_1+2^q\alpha_2+\cdots+(k-1)^q\alpha_{k-1})]-\dfrac{1}{(q-1)!}[\beta_1+2^{q-1}\beta_2+\cdots+k^{q-1}\beta_k], q=2,3,\cdots. \end{cases} \tag{8.15}$$

若在式(8.13)中选择系数 α_i 及 β_i，使

$$c_0=c_1=\cdots=c_p=0,\quad c_{p+1}\neq 0.$$

则此时线性多步法是 p 阶的，且

$$T_{n+k}=c_{p+1}h^{p+1}y^{(p+1)}(x_n)+O(h^{p+2}).$$

称上式右端第一项为**局部截断误差主项**，c_{p+1} 称为误差常数.

若要求方法是相容的，则必有 $c_0=c_1=0$，由式(8.15)可得

$$\begin{cases} \alpha_0+\alpha_1+\cdots+\alpha_{k-1}=1, \\ \sum\limits_{i=1}^{k-1} i\alpha_i+\sum\limits_{i=0}^{k}\beta_i=k. \end{cases} \tag{8.16}$$

当 $k=1$ 时，如果 $\beta_1=0$，则由式(8.16)可得

$$\alpha_0=1,\quad \beta_0=1.$$

此时式(8.13)成为

$$y_{n+1}=y_n+hf_n,$$

即欧拉方法.下面就介绍两种常用的多步法推导具体公式.

8.6.2 亚当斯显式与隐式公式

考虑形如

$$y_{n+k}=y_{n+k-1}+h\sum_{i=0}^{k}\beta_i f_{n+i} \tag{8.17}$$

的线性 k 步法.显然式(8.15)中 $c_0=0$，我们通过令

$$c_1=\cdots=c_{k+1}=0$$

来确定系数 $\beta_0,\beta_1,\cdots,\beta_k$，若 $\beta_k=0$(显式法)，则令

$$c_1=\cdots=c_k=0.$$

下面以 $k=3$ 为例，由 $c_1=c_2=c_3=0$ 可得

$$\begin{cases} \beta_0+\beta_1+\beta_2+\beta_3=1, \\ 2(\beta_1+2\beta_2+3\beta_3)=5, \\ 3(\beta_1+4\beta_2+9\beta_3)=19, \\ 4(\beta_1+8\beta_2+27\beta_3)=65, \end{cases}$$

若 $\beta_3=0$，则由前三个方程解得

$$\beta_0=\frac{5}{12},\quad \beta_1=-\frac{16}{12},\quad \beta_2=\frac{23}{12},$$

所以 $k=3$ 的亚当斯显式公式为

$$y_{n+3}=y_{n+2}+\frac{h}{12}(23f_{n+2}-16f_{n+1}+5f_n). \tag{8.18}$$

由式(8.15)求得 $c_4=\frac{3}{8}$,所以它是一个三阶方法,局部截断误差为

$$T_{n+3}=\frac{3}{8}h^4y^{(4)}(x_n)+O(h^5).$$

若 $\beta_3\neq0$,可得

$$\beta_0=\frac{1}{24},\quad \beta_1=-\frac{5}{24},\quad \beta_2=\frac{19}{24},\quad \beta_3=\frac{3}{8}.$$

于是得到 $k=3$ 的隐式亚当斯公式为

$$y_{n+3}=y_{n+2}+\frac{h}{24}(9f_{n+3}+19f_{n+2}-5f_{n+1}+f_n),$$

它是四阶方法,局部截断误差为

$$T_{n+3}=-\frac{19}{720}h^5y^{(5)}(x_n)+O(h^6).$$

8.6.3 米尔尼方法

考虑与式(8.17)不同的另一个 $k=4$ 的显式公式

$$y_{n+4}=y_n+h(\beta_3f_{n+3}+\beta_2f_{n+2}+\beta_1f_{n+1}+\beta_0f_n)\tag{8.19}$$

其中,$\beta_0,\beta_1,\beta_2,\beta_3$ 为待定常数.由式(8.15)可知 $c_0=0$,再令 $c_1=c_2=c_3=c_4=0$ 可得

$$\begin{cases}\beta_0+\beta_1+\beta_2+\beta_3=4,\\2(\beta_1+2\beta_2+3\beta_3)=16,\\3(\beta_1+4\beta_2+9\beta_3)=64,\\4(\beta_1+8\beta_2+27\beta_3)=256,\end{cases}$$

解得

$$\beta_3=\frac{8}{3},\quad \beta_2=-\frac{4}{3},\quad \beta_1=\frac{8}{3},\quad \beta_0=0.$$

即可得显式公式

$$y_{n+4}=y_n+\frac{4h}{3}(2f_{n+3}-f_{n+2}+2f_{n+1}),$$

这称作**米尔尼(Milne)方法**.由于 $c_5=\frac{14}{45}$,故此方法是四阶的,其局部截断误差为

$$T_{n+4}=\frac{14}{45}h^5y^{(5)}(x_n)+O(h^6).$$

线性多步法的收敛性和稳定性涉及线性差分方程理论,相对复杂,本书不再进行讨论.

习题 8

1. 用欧拉方法解初值问题

$$y'=x^2+100y^2,\quad y(0)=0.$$

取步长 $h=0.1$,计算到 $x=0.3$(保留小数点后四位).

2. 用欧拉方法、隐式欧拉方法、梯形方法求解初值问题

$$\begin{cases} y'=x-y+1, \\ y(0)=1, \end{cases}$$

取 $h=0.1$,计算到 $x=0.6$,并与精确解 $y(x)=e^{-x}+x$ 做比较.

3. 用改进欧拉方法解初值问题

$$y'=x^2+x-y,\quad y(0)=0.$$

取步长 $h=0.1$,计算到 $x=0.5$,并与准确解 $y=-e^{-x}+x^2-x+1$ 相比较.

4. 用改进欧拉方法和四阶龙格-库塔法求解初值问题

$$\begin{cases} y'=y+\sin(x), \\ y(0)=1. \end{cases}$$

取 $h=0.1$,计算到 $x=0.5$,比较这两种方法的结果.

5. 对初值问题 $y'=f(x,y)$,$y(x_0)=y_0$,$x_n=x_0+nh$,试用数值积分在区间$[x_n,x_{n+1}]$或$[x_{n-1},x_n]$内对 $y'=f(x,y)$ 两边积分,分别导出以下公式

(1) 梯形公式

$$y_{n+1}=y_n+\frac{h}{2}(f_n+f_{n+1});$$

(2) 中点公式

$$y_{n+1}=y_{n-1}+2hf_n;$$

(3) 辛普森公式

$$y_{n+1}=y_{n-1}+\frac{h}{3}(4f_n+f_{n-1}+f_{n+1}).$$

并给出各公式的局部截断误差.

6. 对模型方程 $y'=\lambda y(\lambda<0)$求改进欧拉公式的稳定区间.

7. 证明:中点公式

$$y_{n+1}=y_n+hf\left(x_n+\frac{1}{2}h,y_n+\frac{1}{2}hk_1\right),\quad k_1=f(x_n,y_n)$$

是二阶的,并求其局部截断误差主项.

8. 求隐式中点公式

$$y_{n+1}=y_n+hf\left(x_n+\frac{h}{2},\frac{1}{2}(y_n+y_{n+1})\right)$$

的绝对稳定区间.

9. 对于初值问题

$$y'=-100(y-x^2)+2x,\quad y(0)=1.$$

（1）用欧拉方法求解，步长 h 取什么范围才能使计算稳定？

（2）若用四阶龙格-库塔方法计算，步长如何选取？

（3）若用梯形公式计算，步长有无限制？

10. 分别用二阶显式和隐式亚当斯方法求解初值问题：

$$y'=1-y,\quad y(0)=0.$$

取 $h=0.2, y_0=0, y_1=0.181$，计算 $y(1.0)$ 并与精确解 $y=1-e^{-x}$ 比较.

参 考 文 献

[1] 李庆扬,王能超,易大义.数值分析[M].5 版.北京:清华大学出版社,2008.

[2] 丁丽娟,程杞元.数值计算方法[M].北京:高等教育出版社, 2011.

[3] DAVID K, WARD C.数值分析:第 3 版[M].王国荣,俞耀明,徐兆亮,译.北京:机械工业出版社,2005.

[4] MATHEWS J H, FINK K D.数值方法:MATLAB 版　第 4 版[M].周璐,陈渝,钱方,等译.北京:电子工业出版社, 2017.

[5] 孙志忠,袁慰平,闻震初.数值分析[M].南京:东南大学出版社, 2002.

[6] 王德人,杨忠华.函数逼近论[M].北京:高等教育出版社, 1990.

[7] 黄友谦,李岳生.数值逼近[M].北京:人民教育出版社, 1987.

[8] 冯康.数值计算方法[M].北京:国防工业出版社, 1978.

[9] SCHAKER L L. Spline functions[M]. New York: John wiley&Sons, 1981.

[10] 李岳生,齐东旭.样条函数方法[M].北京:科学出版社, 1979.

[11] 白峰杉.数值计算引论[M].北京:高等教育出版社, 2004.

[12] WILKINSON J H.代数特征值问题[M].石钟慈,邓健新,译.北京:科学出版社, 1987.

[13] 李庆扬,关治,白峰杉.数值计算原理[M].北京:清华大学出版社, 2000.